UN PEU DE SCIENCE
POUR TOUT LE MONDE

DU MÊME AUTEUR

Galilée, Plon, 2002.
Changer de politique, changer la politique, Éditions de l'Aube, 2002.
Histoires de Terre, Fayard, 2001.
Les Audaces de la vérité (entretiens avec Laurent Joffrin), Robert Laffont, 2001.
Vive l'école libre !, Fayard, 2000.
Toute vérité est bonne à dire, Robert Laffont, 2000.
Dieu face à la science, Fayard, 1997.
Questions de France, Fayard, 1996.
La Défaite de Platon, Fayard, 1995.
L'Âge des savoirs, Gallimard, 1993.
Écologie des villes, écologie des champs, Fayard, 1993.
Introduction à une Histoire naturelle, Fayard, 1992.
De la pierre à l'étoile, Fayard, 1992.
Économiser la planète, Fayard, 1990.
Douze clés pour la géologie (entretiens avec Émile Noël), Belin, 1987.
Les Fureurs de la Terre, Odile Jacob, 1987.
L'Écume de la Terre, Fayard, 1983.
Introduction à la géochimie (en coll. avec G. Michard), PUF, 1973.

Claude Allègre

Un peu de science pour tout le monde

fayard

© Librairie Arthème Fayard, 2003.

Introduction

Ce livre a été écrit comme un devoir, non pas l'un de ceux qu'on écrit en classe, mais un devoir de citoyen de la grande République des Sciences. Alors que celles-ci n'ont, en effet, jamais été si florissantes qu'aujourd'hui, tandis qu'à travers la technologie elles modèlent et façonnent notre vie, stimulant l'économie comme jamais, nous permettant de mieux comprendre le monde dans lequel nous vivons – et même de le modifier –, elles sont de plus en plus ignorées, voire délaissées, quand elles ne sont pas purement et simplement condamnées par le grand public.

C'est ainsi que dans un monde que la rationalité façonne, l'irrationalité tend à prendre le pouvoir, comme le montre l'essor sans précédent des astrologues, cartomanciens et sectes de tout poil.

La raison principale de cette dérive est qu'au nom d'une spécialisation nécessaire, et toujours exigeante, les scientifiques se sont isolés et ont laissé la science s'abstraire peu à peu de la culture générale. Or, il n'y a pas d'avenir pour un savoir humain, quel qu'il soit, en dehors de la culture, et il ne saurait être de culture, dans le monde d'aujourd'hui, qui tienne la science à distance.

Ce livre a pour ambition de mettre à la portée de chacun les grands acquis de la science, y compris les plus difficiles. Il ne s'agit pas d'un ouvrage technique, ni d'un manuel d'enseignement, mais d'un livre de culture générale qui prétend se rendre accessible à l'honnête homme du XXIe siècle.

Si j'y traite beaucoup de Physique, et un peu moins de Chimie, de Biologie, d'Astronomie et de Géosciences, c'est parce que c'est elle qui nourrit d'abord la démarche scientifique. Les Mathématiques en sont le langage privilégié, la Physique en est la substance de base.

Pour bien faire comprendre l'essence des découvertes fondamentales et du cheminement de la pensée scientifique, j'ai évité tout recours au langage mathématique afin de ne pas rebuter ceux qui y sont allergiques. J'ai au contraire privilégié l'aspect historique, humain, vivant de la grande aventure de la science, sans pour autant en sacrifier ni l'esprit ni la rigueur – et à l'occasion la difficulté –, les incertitudes, les erreurs, voire les errements – car la science n'est pas un savoir désincarné, c'est le produit d'une grande aventure humaine, avec ses accélérations, ses saccades, ses périodes de lumière et d'ombre.

INTRODUCTION

Dans cette affaire, mon ambition ultime est de parvenir à faire aimer la science à tout le monde, y compris ceux qui ne la pratiquent pas. J'ose même espérer faire partager à certains l'extraordinaire plaisir intellectuel que nous éprouvons, nous autres scientifiques, à la pratiquer. Un succès même partiel dans cette direction serait pour moi une immense récompense.

Je remercie Vincent Courtillot, qui a relu, corrigé, proposé bien des modifications avec une lucidité, un sens critique, un soin remarquable, Édouard Brézin, Nicole Le Douarin et Jean-Louis Le Mouël m'ont fait l'honneur de lire certains chapitres et m'ont proposé d'utiles suggestions dans des disciplines un peu « excentriques » pour moi, mais aussi Nathalie Goussery qui, en tapant ce texte, m'en a signalé les obscurités, et Joël Dyon, qui a réalisé l'illustration avec le soin et le talent qu'on lui connaît.

1

Atomes, clef du Monde

Atomique, atomisé, atomiseur, énergie atomique, horloge atomique, bombe atomique, nous sommes plongés dans l'atomique.

L'adjectif qui est dérivé du substantif « atome » indique tour à tour la teneur (la bombe), le bien-être (atomiseur), le progrès (énergie ou horloge).

Nous sommes baignés dans l'environnement de l'atome. D'ailleurs, les physiciens, les chimistes, les biologistes, les astronomes et même les géologues nous disent que c'est dans l'atome qu'il faut rechercher la cause de tous les phénomènes, grands ou petits, naturels ou artificiels : l'Eau, le Feu, l'Air, la Terre, le Froid, le Chaud, tout a son explication à l'échelle des atomes. L'atome, c'est la clef du Monde.

L'atome est donc bien le symbole de la modernité, le cœur de l'explication « moderne » du monde. Et pourtant, la notion d'atome remonte à plus de deux mille ans…

La matière est constituée de molécules et de cristaux, ces derniers étant eux-mêmes des assemblages d'atomes semblables ou différents. Aussi minuscules soient-ils – il faut des milliards de milliards de milliards d'atomes ou de molécules pour constituer un gramme de n'importe quelle substance –, ces structures élémentaires sont responsables de toutes les propriétés de la matière. Des matières. Couleur, odeur, dureté, plasticité, poids, volume... tout ce qui fait notre monde sensible trouve son origine au niveau micro-micro-microscopique, celui que l'on nomme parfois l'infiniment petit.

On sait cela avec certitude depuis la fin du XIXe siècle et le début du XXe. Mais sait-on aussi que l'Humanité a mis deux mille trois cents ans pour admettre ce qui est aujourd'hui un lieu commun ?

Deux mille trois cents ans d'incrédulité et d'obscurité !

Sur les bords de la mer Égée, 400 av. J.-C.

Alors qu'à Athènes vivait Socrate, sur les bords de la mer Égée vivait Démocrite, un homme qui devrait être aussi célèbre que lui si les scientifiques faisaient aussi bien leur propre publicité que les philosophes.

Démocrite avait, en effet, découvert, quatre cents ans av. J.-C., que **la matière est constituée par des atomes en perpétuelle agitation et par du vide.**

Son raisonnement était fondé sur l'observation – on dirait aujourd'hui expérience – du mélange du vin et de l'eau.

À cette époque, le vin était stocké et transporté sous forme de pâte. Pour le boire, on dissolvait la pâte dans l'eau. L'eau transparente rougissait petit à petit. Pour que le vin se dissolve dans l'eau, il fallait bien, pensa Démocrite, qu'il soit constitué de petites particules élémentaires qui, se détachant de la pâte, s'isolent les unes des autres et pénètrent l'eau pour lui donner partout cette couleur rouge rosé.

L'eau devait donc elle-même être composée de particules et de vides, puisqu'elle acceptait l'intrusion des particules vineuses et leurs mouvements.

Quelle était donc la force, le moteur, qui incitait le vin et l'eau à se mélanger ?

À cette question essentielle, Démocrite répondit en affirmant que les atomes – ainsi appelait-il les petites particules de substances – sont continuellement agités, et que c'est cette agitation, cette marche au hasard, qui provoque le mélange. Car, selon lui, cette agitation s'opère au hasard.

Pour lui, ces **atomes** sont les constituants élémentaires de la matière, et ils sont **indestructibles**. Ce sont les constituants **ultimes** de tout.

Il affirme que les atomes sont de formes multiples et de couleurs variées. Certains ont des crochets, ils peuvent donc s'accrocher, d'autres sont ronds, d'autres sont longs, d'autres sont des filaments. Chaque atome particulier correspond à une substance différente, dotée de propriétés différentes puisque leurs atomes sont différents.

Ces atomes sont animés de mouvements d'agitation perpétuels, et se déplacent donc dans les vides de l'espace. Ces mouvements sont aléatoires et désordonnés. De temps à autre, ces atomes errants rencontrent, par hasard, d'autres atomes et se heurtent à eux. Parfois, ces collisions atomiques conduisent ces atomes à s'assembler, à se réunir, à se lier entre eux, à se marier, notamment ceux qui sont crochus ou filamenteux – et ce sont ces associations plus ou moins lâches qui constituent la matière liquide ou solide.

Toutes les intuitions de Démocrite, ou presque, ont été confirmées. Les atomes, bien sûr. Mais plus encore le fait que la matière est constituée en partie de vide.

Oui, c'est vrai, en termes de volume, la matière c'est du vide. Songez donc ce qu'est un atome. Un noyau qui contient toute la masse de l'atome et des électrons qui tournent autour et « occupent » l'espace, c'est-à-dire le vide. Songez que si le noyau de l'atome de Carbone était une boule d'un mètre de diamètre, les douze électrons qui gravitent autour et se déplaceraient dans une sphère dont le rayon serait de cent kilomètres (de Paris à Orléans).

La matière, c'est-à-dire moi, vous, la Terre, l'Univers, tout est essentiellement rempli de vide, c'est le mouvement qui est l'essence de la matière, c'est le mouvement qui remplit le vide…

Au début était le Verbe… c'est-à-dire le mouvement.

C'est parce que la matière ordinaire est faite de vide que, dans des circonstances exceptionnelles, elle peut être comprimée pour donner, par exemple, des objets cosmiques étranges qu'on appelle naines blanches, étoiles à neutron ou trous noirs, objets dont la densité est des milliards de fois supérieure à la matière que nous connaissons. Mais qui existent ! Et c'est pour cela qu'on peut imaginer qu'un jour, il y a très très longtemps, la matière de l'Univers, toute la matière du Cosmos, a été concentrée dans un volume de la taille d'une minuscule pointe d'aiguille et s'est brutalement dilatée, pour donner naissance progressivement à la matière qui constitue aujourd'hui l'Univers lors de ce phénomène extraordinaire que l'on appelle le Big-Bang.

Et pris dans ces mouvements de la matière dont les modalités et la nature sont multiples, il y a ceux, particuliers, des atomes qui s'agitent eux aussi sans cesse. Cette agitation des atomes a un nom dans la science moderne, c'est la température. Lorsque vous avez de la fièvre, c'est que vos atomes s'agitent davantage qu'à l'ordinaire !

Bref, il y a plus de deux mille ans, Démocrite avait tout compris, au moins tout entrevu.

Plus de deux mille ans d'oubli et de bévues.

Aristote a tué les atomes !

Ce modèle d'explication de ce qu'est la matière remporte, dans un premier temps, un grand succès. Épicure, autre philosophe grec, l'adopta. Platon, le grand Platon, l'adopta lui aussi, mais comme il était convaincu que la géométrie guidait tout (n'avait-il pas inscrit au fronton de l'Académie : « Nul n'entre ici s'il n'est géomètre » ?), il décida qu'il existait cinq sortes d'atomes, chacun doté d'une forme géométrique définie (par des associations de faces triangulaires !). Autrement dit, si Platon croyait aux atomes, il n'en faisait pas le cœur d'un système.

Après Platon vint Aristote.

Aristote est, dit-on, le plus grand philosophe de l'Antiquité. C'est le créateur de la Logique, c'est le créateur de la méthode scientifique qui combine observation et abstraction, des sciences naturelles aussi. C'est l'inventeur de la Métaphysique. Bref, c'est un type considérable, et il était perçu comme tel dans l'Antiquité.

Il était l'élève de Platon, lui-même élève de Socrate, il a été le professeur d'Alexandre le Grand – un CV à toute épreuve !

Or, nous le constaterons tout au long de cet ouvrage, en sciences, il s'est trompé sur à peu près tout et a causé des dégâts considérables. Et pourtant, sa méthode pour aborder les questions scientifiques était la bonne !

Lucide sur les méthodes, il s'avéra incapable de les appliquer correctement. Arthur Koestler écrit dans *Les Somnambules* (1960) : « La Physique d'Aristote est réellement une pseudo-science dont il n'est pas sorti en deux mille ans une seule découverte, une seule invention, une seule idée neuve. » Jugement sévère, mais hélas vrai.

Aristote s'oppose donc aux atomes et prend le contre-pied de son maître Platon (ce qu'il a fait assez systématiquement d'ailleurs).

Quels sont ses arguments ?

Ils sont de deux types.

D'abord, il refuse de faire la distinction entre la matière et la forme qu'elle prend. Il refuse catégoriquement l'idée que des petites particules animées de mouvements aléatoires quelconques et qui se rencontrent, s'entrechoquent et parfois s'associent, puissent construire une forme quelconque. L'aléatoire ne peut produire que l'informe. Comment des cristaux aux formes géométriques si parfaites pourraient-ils être le fruit du hasard ? Comment la forme pourrait-elle naître spontanément de l'informe ? Cela lui paraît absurde*.

Seconde série d'objections : Aristote considère que la matière est continue, et qu'il n'y a donc pas de place pour le vide. Cette question de l'existence du vide troublera les esprits jusqu'au début du XXe siècle, et même peut-être jusqu'à aujourd'hui.

Aristote adopte finalement la théorie d'Empedocle d'Agrigente (une petite ville romaine du sud de la Sicile) : la matière est composée des quatre éléments – le Feu, l'Air, la Terre, l'Eau.

Ces quatre éléments se combinent pour donner les quatre qualités fondamentales : le chaud et le froid, le sec et l'humide.

À l'aide d'une série d'équations, il décrit ainsi le fonctionnement du monde physique :

Chaud + Sec = Feu
Chaud + Humide = Air
Froid + Humide = Eau

---

* En fait, cette question ne sera véritablement traitée qu'aujourd'hui à partir de la Physique non linéaire.

Mais aussi :
Feu + Terre = Sec
Eau + Air = Humide
Air + Chaud = Feu
Eau + Terre = Froid

Ce système semble cohérent, rigoureux, simple, nul besoin des atomes ! Oui, il est cohérent. Mais il se trouve qu'il est complètement faux.

L'Atome impie !

Aristote ayant parlé, on enterra donc la notion d'atomes. Bien sûr, de temps à autre, certains évoquaient leur souvenir. Peine perdue ! La seule théorie permise était celle des quatre éléments !

Mais ce qui va déterminer l'oubli de la théorie des atomes pendant plusieurs siècles, c'est l'attitude de l'Église catholique, apostolique et romaine qui, elle, condamne la théorie des atomes sans appel sous peine d'être excommunié et purifié par le feu.

En quoi l'Église était-elle concernée par les atomes ? Bien sûr, ils étaient liés à l'œuvre de Démocrite, et ce dernier se présentant comme matérialiste, il était logique qu'elle rejette son œuvre. Mais la raison fondamentale du refus est plus profonde.

Elle touchait, elle touche toujours d'ailleurs, à la question de l'Eucharistie et de ce qu'on appelle, en langage savant, la transsubstantiation.

Qu'est-ce exactement ? Lisons l'évangile selon saint Luc.

« Pendant qu'ils mangeaient, Jésus prit du pain, et après avoir rendu grâce, il le rompit et le leur donna en disant : "Prenez ! Ceci est mon corps."

Il prit ensuite une coupe, et après avoir rendu grâce, il la leur donna et ils en burent tous. Et il leur dit : "Ceci est mon sang, le sang de l'alliance qui est répandue pour vous". »

L'Église catholique considère que lorsque le croyant communie à l'Église, c'est **effectivement** le corps et le **sang** du Christ qu'il absorbe physiquement, réellement. Le chrétien catholique est, si l'on veut, une espèce de cannibale transcendantal…

(L'Église protestante, elle, a rompu avec cette croyance et interprète cet épisode de la Bible de manière métaphorique, mais pour l'Église catholique, c'est un dogme toujours d'actualité depuis le concile de Trente en 1553.)

La théorie atomique semblait en contradiction complète avec ce « phénomène ». Faites d'atomes insécables, éternels, indestructibles, intransformables qui s'assemblent par hasard, comment ces particules pourraient-elles subir la transsubstantiation, se transformer à travers le temps et l'espace puisqu'on ne peut pas les transformer ?

Pour les partisans de la théorie d'Aristote, qui affirme l'association entre forme et « saveur », il « suffisait » de pérenniser l'idée de forme et d'affirmer que la « saveur » change par miracle car il n'y est nullement dit que les atomes sont intransformables !

Nos sens seraient, pour satisfaire au dogme, trompés !

La théorie atomique, elle, refusait fermement de dissocier substance et essence.

Le lecteur trouvera sans doute que ce conflit est bien byzantin, et que du moment qu'on considère qu'il y a miracle, il doit pouvoir se réaliser dans n'importe quelles circonstances.

Les chrétiens modernes, comme le révérend père Mayaud, jésuite et ex-directeur de recherches au CNRS, affirment aujourd'hui : « C'est le mystère de la foi, ça n'a rien à voir avec la Physique. »

Mais les chrétiens savants du Moyen Âge et de la Renaissance depuis Thomas d'Aquin avaient au contraire l'ambition de lier Science et Religion.

« Déchiffrer les lois de la Nature, c'est se rapprocher de Dieu », disait Thomas d'Aquin. En fait, il nourrissait le secret espoir de démontrer scientifiquement l'existence de Dieu. Or, les atomes étaient incompatibles avec la foi catholique, tout au moins avec le dogme.

Cette position va avoir des conséquences terribles. Giordano Bruno défend l'idée d'atome et d'infinité de l'Univers. Il est brûlé vif à Rome en 1600.

Galilée parle d'atomes, cela contribue à sa condamnation à vie en 1633.

Du coup, tout le monde va devenir très prudent.

À quelques exceptions près, cependant.

Le chanoine de Digne, Pierre Gassendi (1592-1655), l'un des esprits les plus remarquables du temps, un peu oublié aujourd'hui, défend fermement l'idée d'atomes et de vide. Il tente hardiment de réconcilier ces notions avec l'Évangile, et dans le cours de sa réflexion découvre, avant tout le monde, la différence entre atomes et molécules (nous allons y revenir).

Mais en son temps Gassendi est bien isolé, et si on ne le condamne pas, on l'ignore, ce qui, pour un intellectuel, est bien pire.

Parmi les anti-atomistes célèbres, il faut citer Descartes (« inutile et incertain », comme dira Pascal, mais le héros de la France !), Leibniz, l'un des plus grands génies du siècle (et ennemi juré de Descartes comme de Newton).

Parmi les atomistes, outre Gassendi, Bruno et Galilée, il faut citer Newton (bien sûr !), Robert Boyle, John Locke, Diderot.

Toutes ces prises de position sont intéressantes pour qui veut faire de l'histoire des sciences ou de la Philosophie, mais elles n'ont apporté aucun fait nouveau, aucune expérience décisive, aucune démonstration ; il s'agit de pures opinions. Or, la Science ne se construit pas sur des opinions mais sur des arguments, dont l'ultime et le plus décisif est toujours l'expérience.

Déjà l'Amérique

L'avancée la plus importante au cours de la période qui a vu la fin de l'Ancien Régime est due à Benjamin Franklin.

Benjamin Franklin était l'ambassadeur de la nouvelle république des États-Unis d'Amérique auprès de la France. Nous avons tous appris à l'école qu'il était un savant et que c'est lui qui a inventé le paratonnerre. On a appris plus récemment, grâce au cinéma, qu'il vivait en France des amours tumultueuses avec des Parisiennes.

Ce qu'on sait moins, c'est qu'il fit sur un des lacs près de Londres une expérience tout à fait astucieuse et remarquable.

Ayant remarqué que l'huile versée sur de l'eau s'étalait à la surface, il prit une cuillerée d'huile d'olive et la versa sur le lac.

L'huile fit une énorme tache, qui s'étala. Elle prit la forme d'une grande ellipse. Benjamin en mesura soigneusement la surface : environ 100 m^2. Eut-il l'idée d'exploiter cette géniale expérience ? Il lui aurait suffi de se rappeler que **surface multipliée par épaisseur égale volume**, donc que la surface de la tache d'huile multipliée par son épaisseur devait redonner le volume d'une cuillerée, soit à peu près un centimètre cube. Donc, qu'on pouvait calculer l'épaisseur de cette couche. S'il l'avait fait, il aurait trouvé 10^{-6} cm – soit 100 angströms.

Je ne sais pas s'il fit ou non le calcul, mais il affirma que les molécules étaient très petites.

Près d'un siècle plus tard, Lord Rayleigh répéta l'expérience, fit, lui, le calcul et obtint l'une des premières estimations de la taille des molécules (50 Å), qu'il publia.

Après les expériences de mélanges de Démocrite, ce fut l'expérience décisive.

Si Démocrite en avait eu lui-même l'idée (les Grecs utilisaient, bien sûr, l'huile d'olive), l'Humanité serait apparue encore plus stupide pendant deux mille ans !

Car une fois acquises, l'expérience du mélange de Démocrite et celle de Benjamin Franklin, il y a tout pour affirmer l'existence des atomes, en calculer la taille et le nombre. Le nombre, en effet, car si l'on suppose que ces atomes (molécules) ont une taille de quelque 10^{-8} cm, leur volume est comme 10^{-24} cm^3 puisque dans un centimètre cube il y en a 10^{-24}. Voilà à peu près le nombre immense* (et qu'on appellera plus tard du nom d'un savant italien, Amédée Avogadro, qui en avait donné une valeur plus précise**).

Mais nous continuons à entretenir le flou entre atomes et molécules ! Quand et comment s'est opérée la distinction entre eux ?

Atomes contre Molécules : match nul !

Nous avons d'abord parlé d'atomes, puis nous sommes passés aux molécules. Quel rapport y a-t-il entre ces deux notions ?

Bien des gens confondent, encore aujourd'hui, atomes et molécules, et l'on ne fait pas grand-chose pour éclairer leur lanterne. Qu'ils se rassurent, les chimistes les plus grands, les plus intelligents, les plus fameux, ceux que nous honorons tous, à qui l'on érige des statues, se sont disputés pendant cinquante ans autour de la distinction entre atomes et molécules vers la fin du XVIIIe siècle. Eux non plus

---

* Il est en fait moindre, car les molécules d'huile ne sont pas sphériques mais en chaîne, chacune occupant plus de volume.
** Le nombre d'Avogadro est 6.023×10^{23}.

ne faisaient pas bien la distinction. Pour les uns la matière était faite de molécules, pour les autres d'atomes... Et chacun campait sur ses positions. Qui avait raison ? Aujourd'hui nous dirions : « Les deux, mon général ! » Chacun avait raison partiellement, mais chacun avait aussi un peu tort.

Revenons aux progrès décisifs qui ont été réalisés essentiellement à la fin du XVIIIe, et surtout au cours du XXe siècle.

C'est d'abord Antoine Lavoisier, ce fermier général que la Révolution a sacrifié (comme aristocrate leveur d'impôts), mais qui eut le temps auparavant de fonder la Géologie stratigraphique et la Chimie (excusez du peu !).

En ce qui concerne la Chimie, domaine qui nous préoccupe ici, Lavoisier fit deux observations capitales.

La première est résumée par l'aphorisme bien connu : « Rien ne se crée, rien ne se perd, tout se transforme. » On voit là poindre non pas une preuve, mais un argument en faveur des thèses de Démocrite sur l'atome indestructible qui se combine, s'assemble à d'autres, mais résiste à tout.

La seconde, c'est qu'il existe des substances qu'on ne peut pas décomposer en composants plus simples. On peut les distiller jusqu'à plus soif, mais on ne les modifie pas. Lavoisier nomme ces substances les **éléments chimiques**.

Les atomes sont insécables et éternels, disait Démocrite. Il en existe de différentes sortes, et c'est cette différence qui détermine les diverses substances. D'où les deux observations de Lavoisier. La première est l'éternité des atomes, la seconde le fait que s'il en existe de plusieurs sortes, ces catégories sont en nombre fini.

Lavoisier disparu, ce sont les chimistes Proust et surtout Dalton qui prirent la suite et continuèrent **d'inventer la Chimie**. Mélangeant des substances ici, observant le résultat là, mesurant, pesant, sentant, distillant, mélangeant, observant, bref, faisant tout ce qu'un chimiste apprend à faire.

Ils parvinrent ainsi à la conclusion suivante.

Lorsque des éléments se combinent pour donner une nouvelle substance qu'on isole puis qu'on décompose à nouveau pour en peser les constituants, on constate que ces derniers sont toujours dans les mêmes rapports, et que ces rapports sont simples. Comme 1 à 2, 1 à 3, 2 à 3, etc.

Le Carbone en brûlant dans l'Oxygène donne du gaz carbonique à raison de 3 grammes de Carbone pour 8 grammes d'Oxygène. On peut aussi fabriquer de l'Oxyde de Carbone (produit plus simple et toxique !) où 3 grammes de Carbone se combinent à 4 grammes d'Oxygène.

En revanche, il n'existe pas de corps simples pour lesquels 3 grammes de Carbone se combinent avec 4,3 ou 6,2 grammes d'Oxygène. Dans **les combinaisons d'éléments, les proportions sont bien définies** – et définies par des nombres entiers.

On voit poindre l'idée que les substances complexes sont des associations de plusieurs atomes de type différent, et que ces substances sont définies par une association d'atomes dans des proportions bien définies qui varient de manière discontinue, conformément à la loi des proportions (et ça marche !). Car lorsque les proportions sont différentes, ça ne marche pas. Autrement dit, il n'y a pas de substance. On ne la fabrique pas !

Ces associations de 2, 3 ou 4 atomes différents pour donner naissance à une nouvelle substance bien définie, dotée de nouvelles propriétés, c'est ce qu'on appelle aujourd'hui des **molécules**.

H_2O (eau), un atome d'Oxygène associé à deux atomes d'Hydrogène, est une molécule. CH_4 (méthane), un atome de Carbone associé à quatre atomes d'Hydrogène, est une molécule. HCl (acide chlorhydrique) est une molécule formée par un atome de Chlore lié à un atome d'Hydrogène, etc.

Mais Dalton, le grand Dalton (1766-1844), le prince des chimistes, se refuse à cette idée. Pour lui, tout est atome. Il y a les atomes simples et les atomes complexes. Il récuse le nom même de molécule. (Pourtant, le concept et le mot sont dans l'air depuis Gassendi.) Lorsque Dalton rédige en 1808 l'ouvrage de base de la Nouvelle Chimie, *A New System of Chemical Philosophy* (la « bible » de l'époque), il n'emploie même pas le mot « molécule ».

À l'opposé, quelque temps après, le Français Joseph-Louis Gay-Lussac (1778-1850) et l'Italien Amédée Avogadro (1776-1850) (on ne saurait être plus contemporain !) travaillent sur les gaz, mais développent, eux, l'idée de molécules en ignorant les atomes ! Pour eux, la matière est faite de molécules. De molécules simples et de molécules complexes.

Atomes simples, molécules simples, atomes complexes, molécules complexes. Ce combat paraît aujourd'hui bien dépassé !

Le code chimique

Le début sera tranché lors du premier Congrès mondial de chimie en 1860 à Karlsruhe (tous les protagonistes étant morts !). On décide alors qu'il existe des **atomes**, et que ces atomes s'assemblent pour donner des **molécules**. (Enfin, il était temps ! Les motions « nègres-blancs » des congrès ont parfois du bon !) Et l'on développe à cette occasion la notation chimique, celle qu'on apprend à l'école*.

---

* Ainsi présenté, le débat Dalton/Gay-Lussac/Avogadro apparaît comme bien sémantique. En fait, l'enjeu était plus profond que cela. Évitons les longs discours et prenons un exemple.

Pour écrire la synthèse de l'eau, Dalton écrivait : $H + O \rightarrow HO$ (ce qui est faux !). Gay-Lussac, lui, écrivait : $2H + O \rightarrow H_2O$ (ce qui est plus exact).

Avogadro, enfin, écrivait $2H_2 + O_2 \rightarrow 2H_2O$. Il faisait réagir deux molécules d'hydrogène avec une molécule d'oxygène. Ce qui est le modèle qu'on retient aujourd'hui.

Mais pour réfléchir dans les conditions actuelles, il faut encore préciser :
$$H + H \rightarrow H_2 \qquad O + O \rightarrow O_2$$
Deux atomes d'Hydrogène donnent une molécule d'Hydrogène. Deux atomes d'Oxygène donnent une molécule d'Oxygène. Comme on le voit, les molécules peuvent être formées par l'association d'atomes de même type, ou d'atomes de type différent.

Chaque type d'atome est doté d'un symbole : H (Hydrogène), He (Hélium), Li (Lithium), C (Carbone). On écrira par exemple :
$C + O_2 \rightarrow CO_2$
Carbone + Oxygène donne Gaz carbonique

À partir de là, les chimistes qui croient en la théorie atomique (ils sont heureusement nombreux) vont faire progresser les choses.

D'abord, on constate que certains éléments ne peuvent se lier qu'à un seul autre atome. Ils n'ont qu'un « bras », qu'un « crochet » comme aurait dit Démocrite. L'exemple type, c'est l'Hydrogène.

On nomme cette capacité des atomes à se lier, leur *valence*.

D'autres peuvent se lier à deux atomes, ils ont deux bras, deux crochets, comme l'Oxygène (H_2O : deux Hydrogène, un Oxygène).

D'autres encore peuvent s'allier à trois atomes, comme l'Azote (N)* pour donner l'Ammoniac, NH_3 (un atome d'Azote, trois atomes d'Hydrogène, c'est l'Ammoniac).

D'autres à quatre, comme le Carbone, CH_4 : le Méthane, un atome de Carbone, quatre atomes d'Hydrogène).

(Décidément, on est bien revenu à l'école ! Encore un effort !)

---

* N est le symbole de l'Azote à cause du Nitre, substance contenant de l'Azote, inflammable et connu depuis l'Antiquité.

Nous commençons à disposer d'un bel outillage conceptuel : des atomes, des molécules, une notation qui permet tout à la fois de consigner la structure dans sa composition et puis aussi la manière dont ces associations se transforment – c'est-à-dire ce qu'on appellera bientôt les réactions chimiques. Ainsi on peut écrire :
Fabrication du Méthane :

C	$+ 2H_2$	$\rightarrow CH_4$
un atome de Carbone	deux molécules d'Hydrogène	une molécule de Méthane

Dès ce moment, on réalise un fait fondamental. **Les molécules** une fois formées par l'assemblage d'atomes ont **des propriétés** (réactivité, odeur, couleur, etc.) **qui n'ont aucun rapport avec celles des atomes qui composent la molécule.** Le tout n'est pas égal à la somme des parties. Un corps humain, ce n'est pas une tête + un tronc + des membres, c'est un tout. « Ce que j'aime en vous, c'est vous », chantait Barbara. Eh bien, c'est la même chose à l'échelle atomique.

La molécule est une entité originale, ce n'est pas un mélange d'atomes, c'est une création nouvelle. L'atome engagé dans une molécule perd ses propriétés individuelles. On ne le « reconnaît » plus – chimiquement s'entend !

La molécule est dotée d'une véritable originalité, une personnalité, si l'on veut. D'ailleurs, le changement de la nature d'un seul atome dans la formule d'une molécule suffit à en modifier radicalement les propriétés. Même lorsque ces molécules sont grosses !

La distinction entre atomes et molécules est donc bien une nécessité. Le monde des atomes et celui des molécules sont distincts, quand bien même le second dérive du premier !

Le fait que l'on attribue à chaque atome de chaque élément chimique un symbole (C pour Carbone, H pour Hydrogène, O pour Oxygène, N pour Azote, etc.) et que pour chaque atome on sache avec combien d'autres atomes il peut se lier, c'est-à-dire sa valence, va permettre à la Chimie d'établir son langage codé. On va pouvoir inventer des molécules sur le papier en écrivant des réactions chimiques.

La Chimie devient alors une science. La science non pas des atomes, mais celle des molécules. Elle est dotée d'un outil de raisonnement théorique et le laboratoire permet de confronter la théorie avec le réel, et, le cas échéant, d'améliorer la théorie…

C'est le début d'une immense, d'une extraordinaire aventure : la création de la matière, l'invention des molécules (on dira la « synthèse » des molécules). Le chimiste est celui qui invente des nouveaux mondes. Sans Chimie, il n'y a pas de technologie. Et le point de départ, c'est le code chimique. Les atomes qui s'assemblent pour donner des molécules selon des règles strictes ! Les métaux que nous manipulons chaque jour, les plastiques variés qui nous facilitent tant la vie, les liquides détergents ou médicaments, tout cela c'est de la Chimie !

Cette Chimie fondée sur les atomes et les molécules, une fois bien assuré ce dispositif théorique, va bientôt inventer de nouveaux composés, de nouveaux produits industriels. C'est elle qui est à l'origine de l'essor industriel de la Grande-Bretagne – et surtout de l'Allemagne au XIXe siècle et au début du XXe. La France restant engluée dans des combats « philosophiques » d'arrière-garde, malgré Pasteur et quelques autres.

Les réactions à l'hypothèse atomique

Au cours de cette seconde partie du XIXe siècle, tandis que progresse à pas de géant cette merveilleuse science qu'est la Chimie, n'imaginons pas cependant que chaque nouvelle avancée dans la connaissance des atomes ait été accueillie par des salves d'applaudissements. La Science n'est décidément pas un long fleuve tranquille, et l'on ne convainc pas si facilement, même les plus grands esprits ! Les idées nouvelles, c'est tellement dérangeant…

Les philosophes se scindèrent en deux camps : les atomistes d'un côté et les anti-atomistes de l'autre.

Ceux qui « soutenaient » les atomes étaient peu nombreux : Nietzsche, Marx et Engels, Bergson. Ceux, en revanche, qui étaient « opposés » aux atomes, comme Hegel, Schopenhauer (violemment contre), Kant (surprenant !), et puis bien sûr Auguste Comte (dont nous allons bientôt reparler) étaient fort nombreux. Plus étonnant, il y avait aussi des chimistes et des physiciens parmi eux.

En Allemagne, l'opposition fut menée par Ernst Mach (l'inventeur du mur du son) et Ostwald (qui fut cependant un temps un ami de Boltzmann, atomiste convaincu et militant dont nous reparlerons). La critique était tellement virulente que Max Planck lui-même avoua dans ses Mémoires qu'il était resté longtemps réticent vis-à-vis de la théorie atomique, alors qu'il fut l'un des pionniers de la théorie corpusculaire quantique. En Angleterre, grâce aux travaux de Dalton puis de Faraday et Maxwell, la théorie atomique s'imposa très vite.

En France, l'opposition fut le fait de savants éminents : Henri Sainte-Claire Deville, Claude-Louis Bertollet (qui disait : « Qui a jamais vu une molécule gazeuse ou un atome ? »), et surtout le plus grand, le plus puissant, le plus acharné, le plus nuisible de tous : Marcellin Berthelot.

Positivement nuisibles

Le drame pour la France fut le lien qui se noua entre le mouvement positiviste d'Auguste Comte et d'Ernest Renan avec les grands chimistes anti-atomistes regroupés autour de Marcellin Berthelot. Ils étaient rationnels, laïques, républicains et positivistes.

Le panache blanc de leur rassemblement fut leur opposition aux atomes. Le malheur était que ces gens étaient puissants. Marcellin Berthelot, professeur au Collège de France, fut aussi secrétaire perpétuel de l'Académie des sciences sur laquelle il régna dix ans. Dix années pendant lesquelles le mot atome fut interdit de séjour à l'Académie !

Auparavant il avait été ministre de l'Instruction publique, et à ce titre avait interdit qu'on parlât d'atomes dans les programmes d'enseignement.

Les dégâts commis par cette « clique » furent considérables. Auguste Comte et Ernest Renan, les « penseurs », se renvoient la balle avec Berthelot et Sainte-Claire Deville, les « savants ». Leurs opinions étaient d'autant plus écoutées qu'ils pensaient fonder une « Religion de la science », comme l'écrira Renan, avec son dogme et ses prêtres. En matière de sciences, c'étaient eux la référence. Un républicanisme laïque intransigeant cimentait cela, et c'est ainsi que les « dîners républicains » se multiplièrent contre « la fausse science » – dîners auxquels participa notamment le jeune normalien Jean Jaurès.

Et au cours de ces agapes savantes, on y allait vraiment de bon cœur. Car il ne faut pas croire que les atomes étaient les seuls condamnés. On bannissait aussi l'emploi du microscope en Biologie, du télescope en Astronomie (car l'instrument déforme la vision, il n'est pas naturel), du calcul des probabilités (car la Nature ne pouvait être que déterministe !).

Pourtant ces gens n'étaient ni stupides, ni ignorants. Berthelot était un grand chimiste, Sainte-Claire Deville aussi. Ils firent des découvertes importantes. Renan fut un grand écrivain. J'ai moins de faiblesse pour Auguste Comte, qui ajouta à ses méfaits une classification des sciences dont le dégât dans les esprits fait encore des ravages aujourd'hui.

Cette conviction anti-atomique eut la vie dure en France. J'ai même connu un professeur de Chimie de la Sorbonne qui au milieu des années 1950, refusait encore de parler d'atomes dans son cours, sous prétexte que personne n'en avait vu (comme Berthollet) !

Je regrette vraiment de n'avoir pas réussi, lorsque j'étais ministre, à faire enlever la statue d'Auguste Comte de la place de la Sorbonne et à la remplacer par celles de Victor Hugo et de Louis Pasteur. Nous nous sommes contentés de lui faire subir une rotation : désormais, il tourne presque le dos à la Sorbonne.

La boîte à outils du chimiste

Mais revenons à la Chimie, qui en dépit des « embarras de Paris », continua de se développer.

Comme nous l'avons dit, le chimiste est un constructeur de mondes. Il opère comme un enfant avec un jeu de Lego. Il dispose d'éléments (les atomes) et les assemble en tenant compte du fait que, selon leur nature, ces atomes sont dotés d'un certain nombre de bras, d'une certaine dimension, etc. En effet, certains atomes ou groupes d'atomes sont gros, d'autres petits : c'est ainsi qu'ils « occupent » plus ou moins l'espace.

Dans ces conditions, il est possible de dépasser le stade de la notation chimique élémentaire, celle que nous avons évoquée jusqu'à présent, et de passer à un jeu à trois dimensions en fabriquant des assemblages moléculaires dans l'espace.

Les règles d'assemblage dépendent d'abord de la capacité des différents atomes de se lier à des congénères, donc de leur valence.

Ainsi l'atome de Carbone qui a quatre bras va-t-il pouvoir s'unir à quatre atomes d'Hydrogène, qui n'ont qu'un seul bras chacun, et fabriquer une molécule tétraédrique CH_4.

Mais les choses se compliquent dès lors qu'on assemble plusieurs atomes d'un même élément.

Avec deux atomes de Carbone, on fabriquera C_2H_6.

De fil en aiguille, on va fabriquer des molécules de plus en plus compliquées, réunissant de plus en plus d'atomes.

Le langage du chimiste va désormais passer de la représentation codée simple CO_2, H_2O, CH_4 à une représentation figurative…

… qui a une explication rationnelle.

Les liaisons fortes et faibles

La Chimie c'est comme l'amour – et d'ailleurs certains disent que l'amour c'est de la Chimie*. Il existe entre les atomes des liaisons fortes, des liaisons faibles, des ruptures et des répulsions. C'est cette variété de liaisons qui est à l'origine de la variété des situations.

À l'intérieur d'une molécule, les liaisons sont fortes, mais certaines sont plus fortes que d'autres. Si bien qu'une réaction chimique, c'est d'abord la

---

* Voir le livre de Jean-Didier Vincent, *La Biologie des passions*, Paris, Odile Jacob, 1994.

rupture d'une liaison qui en fait naître une autre, plus forte. À l'intérieur d'une molécule ordinaire, les liaisons sont en général toutes fortes. Mais quels types de liaison relient les molécules ?

Si, dans 16 grammes de méthane (CH_4), il y a 6.023×10^{23} molécules, qu'est-ce qui les lie entre elles ?

Réponse : des liaisons faibles. Suffisamment fortes pour assurer la cohésion de l'ensemble, mais suffisamment faibles pour permettre au corps de se déformer et de couler. Liaisons fortes, liaisons faibles. Comme en amour, on trouve bien sûr toute la gamme intermédiaire et c'est là que gît le mystère de la subtilité de la Chimie. Car la Chimie est, en effet, une science bien subtile…

La Chimie, c'est une science de création qui suppose beaucoup de subtilité et d'adresse.

Le chimiste n'est pas un graveur qui crée un monde à deux dimensions. C'est un sculpteur dont les œuvres à trois dimensions sont colorées.

C'est un sculpteur de l'infiniment petit. Un infiniment petit qui lie entre elles les molécules, qui les force à s'accoupler. C'est une sorte de sculpteur érotique… moléculaire.

Aux règles élémentaires des valences chimiques, il faut en ajouter une autre, tout aussi fondamentale, à savoir que certains atomes ou motifs élémentaires peuvent s'associer, s'assembler en grand nombre, soit en longues chaînes, soit en trois dimensions. Ce phénomène « associatif » des confréries de molécules ou d'atomes s'appelle la polymérisation.

Ainsi, les atomes de Carbone dans leurs cages tétraédriques CH_4 peuvent se lier les uns aux autres pour donner de longues chaînes de molécules véritablement gigantesques. C'est cette propriété du Carbone de s'associer ainsi qui est à l'origine de la vie, car ce sont ces grandes molécules qui, nous le verrons, constituent les êtres vivants.

Un atome voisin du Carbone, le Silicium, forme lui aussi des tétraèdres, mais cette fois avec l'Oxygène : SiO_4. Lui aussi a une valeur quatre, lui aussi peut se lier à ses semblables, lui aussi se polymérise. C'est cette propriété qui est à l'origine de la fabrication des matériaux terrestres, des minéraux, des roches.

La vie et la Terre, le Carbone et le Silicium, les deux atomes qui ont quatre bras et peuvent fabriquer des confréries moléculaires… Merveilleuse logique, décidément, que celle de la Chimie.

Parmi les liaisons faibles, il en est une qui a pris une importance considérable dans la chimie de la vie, c'est ce qu'on appelle le pont Hydrogène.

Entre deux atomes d'Hydrogène déjà mariés par ailleurs chacun à leur molécule, il existe une attirance mutuelle.

Cette attirance est faible et peut être rompue par exemple par la température, mais elle est souvent suffisante pour assurer la cohésion de la matière, par exemple de l'eau. C'est pourquoi l'eau coule si facilement, mais c'est aussi pourquoi, lorsqu'elle cristallise sous l'effet du froid, elle fabrique ces merveilleux cristaux de neige de forme hexagonale.

Cavitand / Cryptophane

Triple hélicates

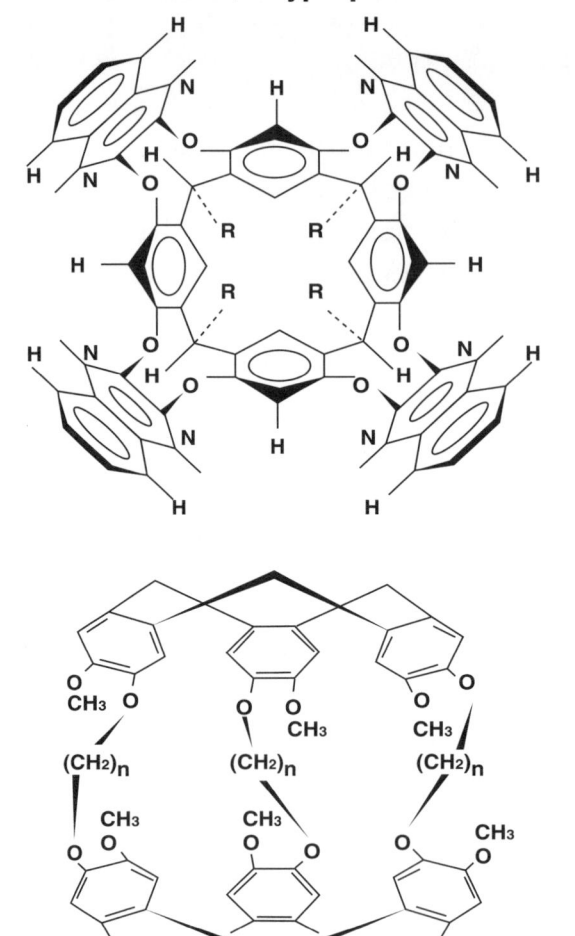

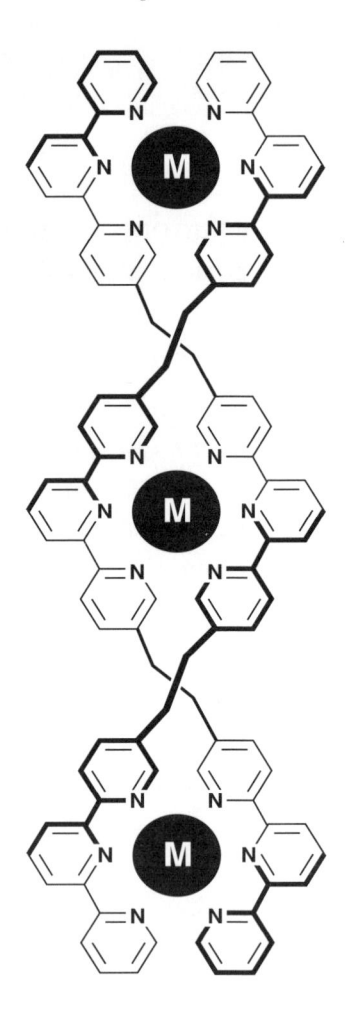

Porphyre

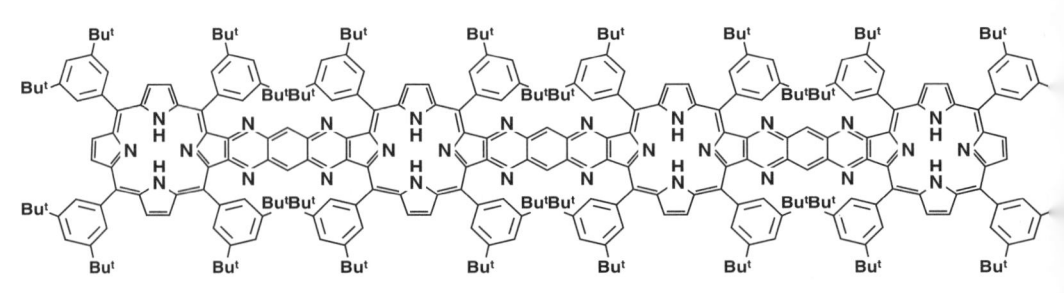

Figure 1.1
Schémas montrant les structures de quelques molécules complexes dites cryptates, inventées par le prix Nobel français Jean-Marc Lehn. Par convention, on ne représente pas dans les angles les atomes de Carbone. En haut à gauche, N = Azote H = Hydrogène O = Oxygène R = un radical. À droite, M est un métal au centre d'une cage. En bas, une porphyrine complexe Bu^t Butadiène.

Nous verrons aussi qu'au sein même de certaines biomolécules, comme la fameuse ADN, les ponts Hydrogène jouent un rôle fondamental. Mais n'anticipons pas. **Pont Hydrogène**, gardons toutefois ce mot en mémoire.

Les cristaux

Les cristaux sont, eux aussi, des molécules supergéantes qui associent des atomes semblables dans les trois directions. Ce sont des polymères tridimensionnels. Mais cette association se réalise autour d'une propriété supplémentaire : la symétrie. Ces assemblages d'atomes forment un treillis, un papier peint tridimensionnel si l'on veut, une sorte de grillage.

Et partout, dans toutes les directions, des liaisons fortes s'exercent entre atomes. C'est le secret de la cohésion des solides. C'est pourquoi ils ne coulent pas, ils sont rigides, cassants souvent, difficiles à déformer.

Or, les symétries des associations d'atomes rejetés à l'infini finissent par donner des symétries externes aux cristaux. Et c'est cela qui explique pourquoi, par exemple, les cristaux ont des faces planes qui se coupent suivant des angles parfaitement déterminés, pourquoi ils offrent ces formes géométriques que nous aimons tant et qui ornent à l'occasion les bagues de nos compagnes.

Les flocons de neige hexaédriques, les cubes de Pyrite (FeS_2) ou de sel de cuisine ($NaCl$) : tous sont des cristaux.

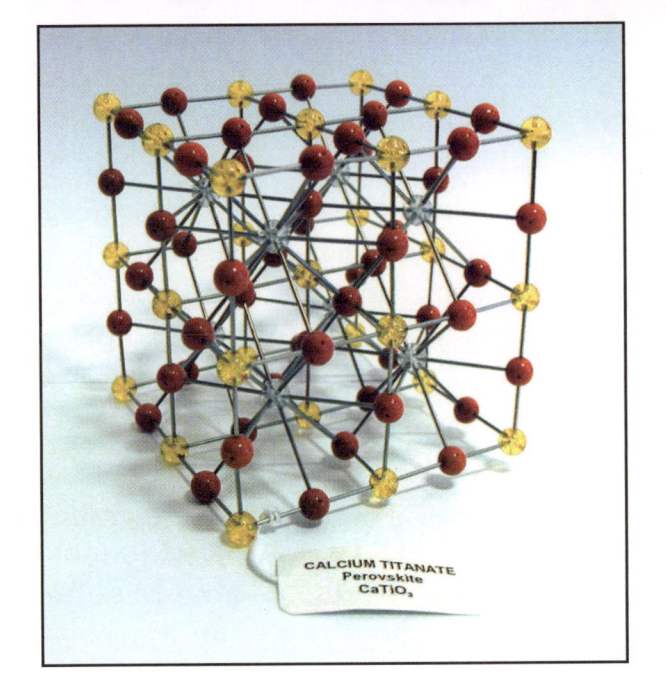

Figure 1.2
Schéma montrant la structure interne d'un cristal. Les atomes sont fixes les uns par rapport aux autres, répartis sur une structure périodique tridimensionnelle. La majorité des solides ont des structures de cristaux.
En haut, structure interne du minéral perovskite, le minéral le plus abonbant de l'intérieur de la Terre.
En bas, cristoballite, une variété de SiO_2 (quartz).

Ces symétries que l'on observe à l'œil nu sont fascinantes, et elles ont été à la base des disciplines étudiant les cristaux et qui sont étroitement associées : la Cristallographie et la Minéralogie.

Cette liaison entre symétrie à l'échelle atomique et à l'échelle visible, c'est-à-dire une symétrie conservée dans le « grossissement » par des facteurs se comptant en milliards de milliards de milliards a été comprise par l'abbé Haüy en 1784 : « Les symétries que l'on observe à l'œil nu, à l'échelle humaine, ne sont que l'expression d'une symétrie plus intime des arrangements à l'échelle de l'infiniment petit, celle de l'atome. » Les études modernes n'ont fait que confirmer sa vision.

La matière et sa variété

Mais pour construire les molécules et les cristaux, quelle est la boîte à outils du chimiste ? De combien d'atomes différents dispose-t-il ?

Dans la matière, il existe 92 atomes différents. Le plus simple (et donc le plus léger) est l'Hydrogène. Le plus complexe (et donc le plus lourd de ceux qu'on trouve à l'état naturel) est l'Uranium.

On explique bien aujourd'hui le pourquoi et le comment de cette transition du simple au complexe. Mais laissons cela pour plus tard…

92 éléments, donc. Combinés deux à deux, puis trois à trois, cela fait 125 580 possibilités de molécules – et l'on peut imaginer, on l'a vu, beaucoup plus complexe. Autant dire que le nombre de

combinaisons moléculaires théoriquement possibles est infini. Il n'est limité que par l'imagination des chimistes. Imagination expérimentale cette fois, car il ne faut pas croire que la fabrication des composés chimiques est une opération simple et facile. Les composés chimiques qui se forment spontanément sont peu nombreux, pour la plupart il faut vaincre une certaine « timidité » (voire une allergie) que les atomes manifestent à s'assembler, il faut que les conditions soient favorables pour que des liaisons atomiques durables s'opèrent. Et pour cela, il faut trouver les bons chemins, les bons intermédiaires. C'est cela le travail du chimiste. Il ne lui suffit pas d'écrire une réaction chimique sur le papier puis de mettre les atomes en présence et d'attendre pour qu'une réaction chimique se réalise ! Il en faut découvrir les conditions à mettre en œuvre, le chemin à emprunter pour aboutir là où il veut aboutir. Et ce n'est pas toujours simple.

La matière, toute la matière, est faite d'atomes et de vide (on dira plus tard d'atomes, **donc** de vide). L'Univers est fait de matière, l'atome est le constituant fondamental de l'Univers avec beaucoup de vide. Mais lui-même, l'atome, de quoi est-il constitué ? Démocrite pensait qu'il était la matière ultime. Nous savons aujourd'hui que ce n'est pas vrai…

2

La chute des graves*

Boules de pétanque et balle de tennis

Lorsque j'étais ministre, j'eus l'idée, décidément hardie, de dire à la télévision que les principes les plus élémentaires de la Physique étaient inconnus de la plupart des gens. Je pris comme exemple la chute des corps, et j'interrogeai :

« Combien de gens savent-ils que si je lâche en même temps une boule de pétanque et une balle de tennis, elles arrivent au sol en même temps bien que leur masse soit très différente ? »

Cette affirmation spontanée provoqua la vive réaction d'un célèbre journal satirique qui, quinze jours plus tard, publia un article pour déclarer que

---

* Grave désignait autrefois un objet pesant, lourd (XVIe siècle). Grave vient du latin *gravis*, qui signifie lourd, et se retrouve dans gravité, gravitation. Mais est également réputée « grave » une chose ou une personne qui a du poids.

mon affirmation était « fausse », que le principe que j'évoquais « n'était vrai que dans le vide, que la résistance de l'air changeait tout ». Et que d'ailleurs ils avaient consulté un professeur de physique qui était de leur avis.

La démarche en soi n'avait rien de répréhensible. Les journaux satiriques ne sont-ils pas faits pour donner des bonnets d'âne aux ministres ?

Ce qui me troublait, c'était que les arguments invoqués étaient strictement identiques à ceux qu'avaient développés les adversaires de Galilée au XVIe siècle, lorsqu'il avait publié son travail sur la chute des graves !

Ce qui était en jeu, bien au-delà de la démarche des journalistes, c'était la manière dont la Physique était perçue. Car dans la chute des graves, la masse ne joue pas (ou presque pas). Le petit décalage créé par la résistance de l'air sur quelques mètres de chute est dérisoire. Ce qui est important, ce n'est pas le dogme dont les savants seraient les gardiens, c'est l'expérience que l'on peut faire soi-même.

Hiérarchie des facteurs, approximation, ordre de grandeur, expérience directe semblent souvent ignorés. C'est pour remédier à cela que Georges Charpak a créé « La main à la pâte » où l'on apprend aux enfants le raisonnement scientifique à partir de l'expérience. Plus modestement, c'est aussi la raison pour laquelle j'ai écrit ce livre.

Galilée et la chute des corps

On a l'habitude de faire remonter l'histoire moderne des lois de la gravitation à Galilée, ou plutôt à Galilée prenant le contre-pied d'Aristote.

Aristote disait que la Terre attire les corps et que cette attraction est proportionnelle à leur masse.

Un gland tombe plus vite qu'une feuille de chêne, c.q.f.d.*.

À l'inverse, à partir d'expériences à la Tour penchée de Pise, Galilée montre qu'une balle de mousquet et un boulet de canon, lâchés ensemble du sommet de la Tour, arrivent ensemble au sol**.

La masse, dit-il, n'intervient pas dans la chute des corps.

Difficile à croire.

Pourtant, je vous invite à nouveau à faire l'expérience vous-même. Faites une boule avec du papier, prenez-la dans une main et prenez un objet lourd de forme compacte dans l'autre main. Lâchez-les ensemble. Comme vous le verrez, ils arrivent ensemble au sol. Répétez l'expérience, modifiez la nature de l'objet, prenez-le très lourd, puis recommencez avec une balle de ping-pong, le résultat sera toujours le même.

Faites l'expérience devant vos amis, l'effet de surprise est garanti !

---

* c.q.f.d = ce qu'il fallait démontrer.
** On ne sait s'il a lui-même réalisé cette expérience, mais la légende le dit.

Vous êtes troublé. Troublé parce que vous avez appris à l'école que les corps s'attiraient proportionnellement à leur masse. Donc que les corps lourds étaient plus attirés par la Terre que les corps légers.

Alors ? Y a-t-il un truc ?

Non.

Vous êtes tout simplement sceptique, comme l'ont été la plupart des collègues de Galilée à l'Université de Pise, puis de Padoue.

Toujours la même critique : Galilée n'a pas tenu compte de la résistance de l'air (comme aujourd'hui !).

Galilée répliqua très simplement. Si la chute dépendait de la masse comme le pensait Aristote, la balle de mousquet devrait être encore au troisième étage de la Tour quand le boulet atteint le sol – tant leurs masses sont différentes.

Autrement dit, comme l'a montré Galilée, c'est Aristote qui n'a pas tenu compte de la résistance de l'air en comparant un gland et une feuille de chêne ! Car la résistance de l'air dépend beaucoup de la forme de l'objet, elle est très forte sur un objet plat, plus faible sur un objet rond (c'est pour cela qu'on fabrique des ailes plates pour les avions).

Bien sûr, si l'on observe l'expérience avec une extrême précision, on s'aperçoit que la résistance de l'air joue son rôle dans l'expérience de la Tour de Pise comme dans celle, plus rudimentaire, à laquelle vous vous livrerez devant vos amis, mais l'effet sera minime, négligeable !

Galilée avait compris cela. Et il a dit lui-même que pour que l'expérience soit totalement « vraie », il faudrait la réaliser dans le vide. Mais, ajouta-t-il, je n'ai pas de vide à ma disposition. Pour y pallier, j'extrapole mon expérience dans l'air en imaginant ce qu'elle serait dans le vide.

Devant les évidences renouvelées, force fut donc aux universitaires (et religieux) fascinés par Aristote d'admettre que Galilée avait raison (sur ce point).

Mais quelle était l'explication, la raison de ce qui est tout de même un paradoxe ?

L'idée qu'a développée Galilée est la suivante. Lorsqu'un corps est au repos, pour le mettre en mouvement, il faut lui appliquer une force. Or, plus le corps est pesant, plus la force pour le faire bouger doit être importante. Chacun sait qu'il est plus difficile de mettre en mouvement un éléphant qu'une souris.

L'inertie d'un corps dépend donc de sa masse*.

Or, d'un autre côté, l'attraction terrestre dépend, elle aussi, de la masse.

La chute des corps est ainsi le résultat de l'action antagoniste de deux forces, l'une (la force d'inertie) tend à maintenir l'objet immobile, l'autre (la force d'attraction terrestre, appelée aussi force de pesanteur) tend à le mettre en mouvement. La masse intervient dans les deux termes, le terme d'inertie et le terme de mouvement : quand on écrit l'égalité des forces, on peut donc éliminer la masse qui est

---

* On l'appellera la masse inertielle.

présente des deux côtés. L'accélération du mouvement ne dépend donc pas de cette masse !

Ce résultat est tout simplement extraordinaire, et comme on va le voir, fondamental. Mais il ne répondait pas à la question essentielle : quelle est exactement la loi de la chute des corps ?

Les musiques des graves

Le génie de Galilée est d'avoir compris que les expériences réalisées à l'aide d'objets lancés verticalement, même du sommet de la Tour de Pise, seraient difficiles à quantifier faute d'une mesure précise du temps, et que pour aller plus loin, il fallait donc changer de cadre expérimental.

En effet, chacun le sait, du temps de Galilée il n'existait pas de chronomètres, et le temps mis par une boule pour parcourir les 40 mètres de la Tour penchée de Pise était de 3 secondes environ.

Pour quelqu'un observant d'en bas, c'était trop rapide. Un... deux... la boule touchait déjà le sol.

Comment faire sans chronomètre ?

Tel fut l'extraordinaire défi auquel était confronté Galilée.

Et si l'on ralentissait le mouvement ?

Si, au lieu de durer 3 secondes, la chute d'une boule mettait 5, 6 ou 7 secondes ? Alors, on pourrait sans doute espérer la mesurer.

Pour ralentir le mouvement de la chute des boules (ou des billes), Galilée eut l'idée de recourir au plan incliné.

Il construisit donc les fameux plans inclinés*, dotés d'une rainure pour guider la boule, puis commença l'expérience. La boule mettait 6 secondes ou 8 secondes à parcourir le plan selon l'inclinaison de ce dernier.

8 secondes, 8 secondes…, un, deux, trois, quatre, cinq, six, sept, huit. Mais c'est mesurable ! se dit Galilée. Cependant, compter à haute voix ne lui apparut pas assez précis. Il fallait inventer autre chose.

C'est ainsi qu'il s'enquit d'un récipient d'eau muni d'un robinet. Sous le robinet, il plaça un autre récipient destiné à recueillir l'eau.

Il lâchait la boule d'une main, ouvrait le robinet simultanément de l'autre. Lorsque la boule arrivait en bas, il fermait le robinet. Puis il pesait l'eau recueillie pour avoir une mesure du temps.

Puis il compliqua ses expériences avec l'aide de ses élèves, aussi admiratifs que dévoués à un maître si exceptionnel qui, de plus, leur apprenait à apprécier le bon vin… C'est ainsi qu'il fit des marques à intervalles réguliers sur le plan incliné et mesura les durées que mettait la bille pour aller d'une marque à l'autre.

Il constata que ces durées croissaient en progression géométrique. **La distance parcourue dépend du temps élevée au carré** (multiplié par lui-même). En 1, 2, 3, 4 secondes, la distance parcourue s'accroît comme $1 \times 1 = 1$, $2 \times 2 = 4$, $3 \times 3 = 9$, $4 \times 4 = 16$, soit comme 1, 4, 9, 16,… 25, etc.

---

* On peut les voir aujourd'hui à Florence.

Pour vérifier ce résultat qui le fascinait, il inventa un stratagème digne des meilleurs metteurs en scène.

Il plaça le long du plan incliné des clochettes, de telle manière qu'elles tintent lorsque la bille couperait le filin qui les reliait. Puis il déplaça à tâtons ces clochettes jusqu'au moment où, en laissant tomber la boule, les tintements se succédaient à intervalles réguliers : ding, ding, ding… il avait mis à profit l'extrême sensibilité de l'oreille au rythme des sons (ce que lui avait appris son père qui pratiquait la musique et les mathématiques).

Mesurant alors les distances séparant les clochettes, il constata qu'elles étaient en progression géométrique.

Ces expériences qui mettent en évidence l'existence du mouvement uniformément accéléré et la loi des distances fonction du carré du temps – on écrit $x = a \cdot t^2$, où a est une constante de proportionnalité – auraient suffi à lui assurer une gloire éternelle. Mais il alla plus loin.

Il constata que, suivant le degré d'inclinaison du plan, la balle tombait de plus en plus vite, et donc qu'elle mettait de moins en moins de temps à parcourir la même longueur.

Il mesura ces temps. Il mesura les angles des plans inclinés. Il quantifia le fait que plus le plan était incliné, plus la chute de la boule était rapide. Il réfléchit… Il chercha… Et il eut alors une idée extraordinaire. Pourquoi ne pas extrapoler les résultats au cas où la pente serait à 90 %, autrement dit où le plan serait vertical ? S'il connaissait la vitesse de chute pour 20 %, 40 %, 60 %, 70 % même, pourquoi ne pas en déduire la loi pour 90 % ?

Ainsi, s'il n'avait pas été capable de mesurer les temps de chute verticaux à partir d'une tour, il les déterminerait indirectement à partir des plans inclinés !

Mais, que direz-vous s'il avait déjà tout trouvé, pourquoi a-t-il fallu attendre près de cinquante ans, c'est-à-dire l'arrivée de Newton sur la scène scientifique, pour comprendre la logique de tout cela et l'exprimer mathématiquement ?

Tout simplement parce que l'appareil mathématique dont disposait Galilée était trop rudimentaire. Il ne connaissait pas l'algèbre. Galilée ne connaissait pas ce qui, vingt ans plus tard, sera un instrument d'usage courant pour les scientifiques. Il n'avait à sa disposition que la géométrie d'Euclide et de Pythagore, ou peu s'en faut. C'était certes beaucoup, mais encore insuffisant pour bien comprendre ! Lorsqu'on lit les ouvrages originaux de Galilée (et je recommande les excellentes traductions publiées récemment*), on reste stupéfait par la longueur et la complexité des démonstrations qui sont toutes fondées sur la géométrie.

La transition Galilée-Newton, c'est le passage de l'utilisation de la géométrie à la maîtrise de l'algèbre – et même un peu plus...

---

* Galileo Galilei, *Dialogue sur les deux grands systèmes du monde*, Paris, Seuil, 1992 ; *Le Messager des étoiles*, Paris, Seuil, 1992.

Rien ne sort du néant !

Ainsi le bond effectué entre Aristote et Galilée est considérable. Aristote pensait que la chute des corps dépendait de la masse, et que cette chute s'opérait à une vitesse uniforme. Galilée montre, au contraire, que la chute des corps ne dépend pas de la masse (dans le vide tout au moins), mais que la vitesse de chute ne cesse de croître avec le temps de chute. Il se produira un saut analogue entre Galilée et Newton.

Résumée ainsi, l'histoire est saisissante. Il aura fallu deux mille ans pour découvrir la vérité et corriger l'erreur initiale d'Aristote ! Malheureusement, c'est de la pure légende. Galilée n'a pas abordé le problème brutalement, et son génie ne s'est pas déployé dans un océan d'ignorance millénaire. Ces idées étaient déjà dans l'air. Oui, Galilée a eu des précurseurs ! Rien ne se crée spontanément, pas plus en sciences qu'ailleurs.

Au XIVe siècle, Albert de Saxe avait déjà compris qu'Aristote avait tort et que la chute des corps ne se produisait pas à vitesse constante. Il avait compris que lors de sa chute libre, tout objet accélérait. Et il avait proposé une loi pour traduire cette accélération du corps en chute libre : il disait qu'un corps tombant est en accélération telle, que lorsqu'il parcourt deux mètres, sa vitesse est le double de celle atteinte à la fin de son parcours de un mètre.

À la même époque, Nicolas Oresme, un des premiers professeurs de la Sorbonne, eut, de son côté, une meilleure intuition encore. Il déclara que la distance parcourue par un objet tombant était proportionnelle à son temps de chute élevé au carré.

L'intuition d'Oresme était juste, car c'est bien la loi que découvrit plus tard Galilée, mais personne ou presque ne le crut, tant les idées d'Aristote imprégnaient l'époque. Être trop en avance sur son temps n'éveille que le scepticisme. Cela caractérise aussi la marche de la Science, hélas !

À peu près à la même époque, l'école d'Oxford établit le même résultat qu'Oresme qu'elle appela rétrospectivement la « Règle de Bacon* », règle selon laquelle un corps pesant (un grave) passant de l'état de repos à celui de chute libre parcourt une distance proportionnelle au carré du temps écoulé depuis le début de sa chute.

Au XVIe siècle, le grand Leonardo da Vinci lui-même s'attaqua lui aussi au problème et avança une loi compliquée. Son travail témoigne qu'il avait parfaitement compris l'erreur d'Aristote.

En somme, Galilée eut le mérite de systématiser et de démontrer expérimentalement ce qu'avait compris Oresme – et ce mérite n'était pas mince –, mais il faut insister sur le fait que son idée ne sortit pas du néant. Et sans doute des recherches historiques montreraient qu'Oresme avait lui aussi des précurseurs.

---

* Du nom de Roger Bacon (1220-1292), franciscain, professeur à Oxford, appelé le « Docteur admirable ».

Les boulets de canon

La seconde conséquence que Galilée tira des expériences sur les plans inclinés fut de se poser la question du mouvement d'un corps en deux dimensions, la hauteur et la longueur. Sur le plan incliné, la chute de la boule n'était pas libre, elle était guidée par la rainure creusée dans la pente. Que se passerait-il si l'on provoquait le mouvement sans le support du plan incliné, en mouvement libre ? Quelle serait la trajectoire d'un objet lancé horizontalement ?

Pour faire l'expérience, il prolongea le plan incliné par un plan horizontal : une table. La boule, une fois parvenue en bas, roulait horizontalement puis tombait sur le sol en suivant une trajectoire de forme parabolique.

Naturellement, Galilée avait en tête l'exploration de la trajectoire du boulet de canon. (Et, en perspective, l'argent dont il pourrait s'assurer auprès des militaires s'il faisait une découverte importante sur ce plan. Dès cette époque, la recherche était fort soucieuse des applications pratiques !)

Il étudia donc attentivement le mouvement d'un objet lancé à l'horizontale, et s'efforça de comprendre pourquoi cette trajectoire dessinait une parabole. Il eut alors l'idée de décomposer le mouvement en un mouvement vertical et un mouvement horizontal. Idée vraiment géniale, à l'origine de ce qu'on appellera plus tard les vecteurs. Il constata alors que le mouvement horizontal était doué d'une vitesse uniforme alors que le mouvement vertical voyait sa vitesse s'accroître constamment – comme lors des expériences de chute libre, et ce quelle que soit la vitesse du mouvement horizontal (voir la figure 2-1).

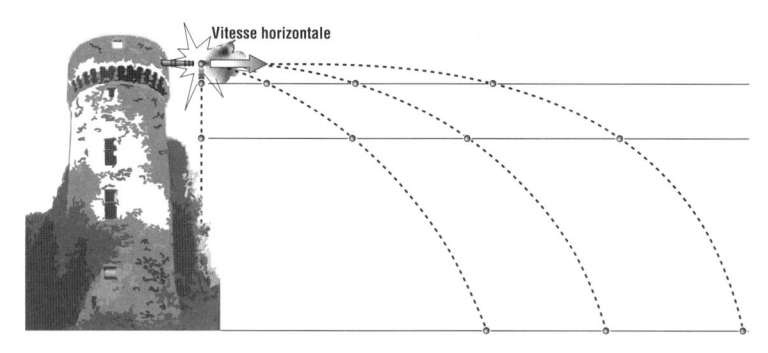

Figure 2.1
On considère, dans ce schéma, un boulet de canon lancé à partir du sommet d'une tour, à des vitesses différentes. On constate que, quelles que soient la vitesse et la distance parcourue par le boulet, **le temps mis pour tomber sur le sol est le même.** Cette expérience montre bien l'indépendance des mouvements horizontaux et verticaux.

Et ce constat lui donna une idée extraordinaire par ses conséquences.

À savoir qu'**un corps lancé avec une vitesse initiale conserve cette vitesse si rien ne gêne son mouvement**. C'est le **principe d'inertie. Si l'on n'applique aucune force sur un corps qui est en mouvement uniforme, il reste en mouvement uniforme, s'il est au repos il reste au repos. La force ne crée pas le mouvement, elle crée le changement de vitesse.** Aristote et les Grecs, eux, on s'en souvient, pensaient que la force crée le mouvement parce que si l'on applique une force à un objet au repos, il bouge. Mais c'est une erreur de conception : ce qui est important c'est qu'un objet au repos qui se met en mouvement est en fait accéléré !

Galilée alla plus loin encore. Il se posa la question de savoir pourquoi la bille qui roule horizontalement sur la table, et atteint le bord de la table, voit sa trajectoire modifiée et suivre une parabole. Si la vitesse change de direction, c'est qu'une certaine accélération agit sur elle, pensa-t-il. Et en effet, à partir du bord de la table, la force de gravitation agit sur elle, ou plutôt peut agir sur elle librement car la table ne fait plus écran au sol. Il avait découvert sans le savoir un principe physique essentiel, à savoir celui de l'action et de la réaction.

Il en déduisit donc qu'une force peut soit accélérer le mouvement, soit en modifier la direction. Réciproquement, si l'on veut modifier la trajectoire d'un projectile, il faut lui appliquer une force.

L'accélération, c'est le changement dans la vitesse d'un objet. Ce peut être un changement de grandeur lorsque la force est appliquée dans la même direction que la vitesse (c'est la notion courante que nous avons de l'accélération en voiture). Ce peut être un changement de direction lorsque la force appliquée fait un angle avec la direction du mouvement (c'est ce qu'on ressent dans un virage).

On peut en déduire que si l'on applique à un objet doté d'une vitesse uniforme une force constamment perpendiculaire à sa trajectoire, l'objet va suivre une trajectoire circulaire. Galilée avait compris et démontré expérimentalement cela.

Cette idée lui permit d'expliquer le mouvement d'une fronde. Force appliquée pour faire tourner la pierre. Puis, une fois lâchée, la pierre suit une trajectoire rectiligne. Fabuleux Galilée !

Cette réflexion sur l'inertie d'un objet (il reste en mouvement s'il est en mouvement, au repos s'il est au repos), à moins qu'une force n'agisse sur lui, va le conduire à découvrir un autre principe appelé, lui aussi, à connaître un fabuleux destin : la relativité du mouvement.

Supposons que nous soyons sur un bateau, voguant à pleine vitesse. Un marin lance en l'air un objet assez lourd. Où va-t-il retomber ? Dans la mer, penseront certains, si la vitesse du bateau est suffisante. Eh bien non. L'objet lancé en l'air retombe au pied du marin. Pourquoi ? Parce que tout objet situé sur le bateau possède la même vitesse que le bateau. L'inertie joue bien son rôle, mais son rôle par rapport à la référence que constitue le bateau.

Cela conduira plus tard Einstein à dire qu'il n'y pas de repère absolu, que toute expérience ne vaut que dans un cadre de référence donné. La même expérience peut être faite aujourd'hui dans le TGV. Lancez-y une balle elle retombera à vos pieds (sauf si le TGV a accéléré à ce moment !).

Galilée avait donc compris cela. Certes, Giordano Bruno l'avait, semble-t-il, compris avant lui, mais c'est bien lui qui a fait de ce principe l'un des fondements de la Mécanique.

Newton, le génie détestable

Et puis vint Newton.

Il naquit en 1642 en Angleterre, l'année de la mort de Galilée, coïncidence symbolique diront les numéristes (la Kabbale en eût tiré des conclusions « profondes »).

Sa mère, veuve remariée, puis veuve à nouveau, le confia à sa grand-mère puis le reprit et eut avec lui des rapports assez complexes. On ne dispose que d'informations éparses sur sa jeunesse, mais tout indique qu'il n'avait rien d'un élève exceptionnel.

Ce que l'on sait de source sûre, en revanche, c'est qu'il fut, à l'âge adulte, tout à la fois un homme peu sympathique et un savant exceptionnel. Beaucoup a été écrit sur Newton, et comme bien des observateurs je n'ai pas une sympathie très prononcée pour cet homme, et cela pour plusieurs raisons.

La première, c'est qu'il ne respectait pas beaucoup l'éthique scientifique. C'est ainsi qu'il n'hésita pas à piller ses contemporains comme Hooke, Flamsteed ou Halley, qui pourtant l'admiraient beaucoup (mais étaient exaspérés par son comportement).

Il puisa par ailleurs dans toutes les ressources des traditions britanniques de l'époque pour humilier ses concurrents, et notamment le pauvre Leibniz. Le seul scientifique contemporain qui échappa un peu aux manœuvres, aux pillages et aux médisances de Newton fut Christiaan Huygens, un Hollandais émigré à Paris. Secret, égoïste, renfermé, ambitieux, refusant le débat, méprisant, il ne se plaisait que dans la polémique acerbe et dédaigneuse, souvent sournoise, ne publiant pas ou avec de gros retards. Bref, Newton était sur le plan personnel tout ce qu'un scientifique ne doit pas être.

La seconde, c'est qu'il détestait les femmes, et, plus encore, les méprisait. Il s'est toujours tenu éloigné d'elles, les accusant d'être des catins, prétendant que chaque fois qu'on lui en présentait une c'était dans le but inavouable de le séduire afin de lui voler ses secrets scientifiques. Seule sa mère échappait à ses sarcasmes… et encore, dit-on.

Pourtant, à un âge déjà avancé, alors qu'il était directeur de la Monnaie, il habita avec une femme : sa propre nièce, que l'on disait « bien faite » et gentille, travailleuse, intelligente, sensible, et qui faisait chez lui fonction de gouvernante. En apparence, il s'entendait bien avec elle. En réalité, il se conduisit aussi d'une manière assez déplaisante : il l'encourageait à séduire les puissants dont il avait besoin pour obtenir promotions et avantages divers.

Mais si Newton n'était pas un personnage très sympathique, il fut l'un des plus grands novateurs scientifiques de tous les temps. Docteur Jekyll et Mister Hyde !

Chacun s'accorde, en effet, pour dire que si l'expression « génie scientifique » a un sens (ce qui reste à démontrer), c'est bien à lui qu'elle s'applique d'abord.

Newton a, en effet, tant apporté à la Science que nous devons faire abstraction de l'homme (dans une certaine mesure en tout cas) pour nous consacrer à l'étude de ses contributions scientifiques d'une manière neutre. Nous nous en tiendrons ici à sa contribution à la Mécanique (et le croiserons à nouveau plus loin, à l'occasion de tel ou tel développement).

Mécanique

Newton va transformer les expériences et les lois de Galilée en principes généraux et lois universelles. Il va fonder la Mécanique, qui est le pilier de la Physique. Mais quel est son apport exact à la Mécanique ? À force de dire qu'il fut un génie, on finirait par oublier le pourquoi de cette affirmation.

On a coutume de dire qu'il a fondé la Mécanique au sens moderne du terme. Il en est le père, quand bien même Galilée en est le grand-père.

Qu'a-t-il fait pour cela ?

Il a prolongé les découvertes de Galilée et les a traduites mathématiquement. Faisant cela, il va établir la relation fondamentale de la Mécanique qui peut s'énoncer ainsi : **l'accélération que subit un corps est fonction de la force qu'on exerce sur lui divisée par sa masse**. On l'a dit, plus la force est grande plus il accélère ; plus sa masse est petite, moins il résiste.

Ensuite, il découvre la loi fondamentale, universelle de la gravitation :
deux masses de grandeur m_1 et m_2 s'attirent en raison de leur produit, mais de manière inversement proportionnelle au carré de la distance qui les sépare $F = G \dfrac{mm'}{R^2}$.

Formule bien connue de ceux qui ont étudié la Physique ou la Mécanique*.

---

* m et m' les deux masses, R la distance, G la constante dite de gravitation.

La « légende » nous dit que la démarche de Newton s'opéra en trois temps.

Premièrement, il étudie Galilée, il le comprend, complète ses expériences et mesure la manière dont un objet qui tombe s'accélère. Or, il apparaît que sa vitesse augmente de 10 mètres par seconde toutes les secondes. C'est l'histoire de la fameuse pomme (qui n'apporte rien en fait puisque Aristote savait déjà que la Terre attirait le gland !).

Là, Newton accomplit le pas décisif. Ce que Galilée avait compris intuitivement, il le formalise. Je veux dire qu'il découvre véritablement la nature, et surtout l'expression mathématique, de cette notion qui nous est aujourd'hui si familière : l'accélération. La vitesse de la vitesse. Vous appuyez sur une pédale de votre voiture et la vitesse augmente. Vous avez accéléré. Galilée avait constaté que la vitesse augmentait au cours de la chute des objets, mais il n'avait pas complètement compris cette notion de vitesse de la vitesse.

La raison ? Nous l'avons dit : il n'avait pas à sa disposition l'extraordinaire outil que constitue l'algèbre.

Newton, lui, est baigné par cette algèbre venue des Arabes, qui, eux-mêmes l'avaient héritée des Indiens via Venise, via l'Italie.

À partir de là, il va écrire : vitesse égale distance parcourue par unité de temps, et puis, poursuivant, il écrira que l'accélération égale augmentation de la vitesse par unité de temps.

C'est sur ce point qu'il introduit une discontinuité fondamentale dans la pensée scientifique : l'approche qu'on appelle différentielle. Cette façon de procéder paraît compliquée à celui qui ignore les conventions et les notations, mais elle est simple dans son essence. Prenons un exemple.

Vous vous rendez à Orléans (distant de Paris de 100 kilomètres), et, pour faire le voyage, vous mettez deux heures. Votre vitesse moyenne a donc été de 50 kilomètres à l'heure. En fait, pour effectuer les vingt premiers kilomètres vous avez mis une heure, et pour faire les quatre-vingts derniers vous avez mis globalement une autre heure. Votre vitesse a donc été de 20 kilomètres à l'heure sur la première partie, et de 80 kilomètres à l'heure sur la seconde.

Mais si vous aviez enregistré exactement tout votre trajet, vous vous seriez aperçu qu'en fait, les 20 premiers kilomètres ont été parcourus à des vitesses différentes selon la portion de route considérée.

30 minutes pour faire les 5 premiers kilomètres (embouteillage à la sortie de Paris) et 30 minutes pour effectuer les quinze suivants.

Pour parcourir les 80 derniers kilomètres, il en est allé de même, et le parcours peut être divisé en deux épisodes.

Mais on peut tout aussi bien segmenter encore chaque portion du trajet.

Ainsi, si l'on considère une distance très courte, il est possible de définir la vitesse exacte, instantanée.

C'est cela la vitesse « différentielle* ». On peut procéder de la même façon pour l'accélération et la calculer à chaque instant.

---

* En fait, c'est la notation différentielle de la vitesse instantanée.

C'est précisément ce qu'a inventé Newton. Une machinerie mathématique qu'on appellera calcul différentiel. Soit un mode de calcul qui utilise comme outil les toutes petites variations de toutes les variables.

Mais laissons ces développements, certes essentiels pour celui qui veut pénétrer la réalité complète, mais qui sont secondaires ici, pour nous concentrer sur un autre aspect des choses.

Newton comprend aussi que Force et accélération sont deux notions presque équivalentes, que l'une est en fait à l'origine de l'autre. Aristote pensait que la Force créait le mouvement. Galilée avait montré que la Force faisait varier la vitesse. Newton affirme clairement que la Force produit l'accélération. À un facteur près (qu'avait fort bien vu Galilée) : la masse. Mais la masse est constante ou peut être ramenée à l'unité (par un choix judicieux ou conventionnel).

La Force, c'est donc l'accélération par unité de masse. Newton identifie l'action à la cause. La Force crée l'accélération, la Force se traduit par une accélération, donc la Force c'est l'accélération (au facteur de conversion masse près).

Et il écrit la relation qui va le rendre immortel : $F = m \cdot a$, c'est-à-dire **Force (F) égale accélération (a) que multiplie la masse (m)**.

Ensuite, il s'intéresse au mouvement de la Lune, avec au départ une intuition : la Lune tourne autour de la Terre parce que cette dernière exerce sur elle une force d'attraction de type gravitationnel. Et il cherche à calculer cette force.

Christiaan Huygens, Hollandais émigré en France, un homme exceptionnel s'il en fut, dont l'élégance morale égalait l'élégance scientifique, avait établi un théorème mathématique portant sur les objets en rotation.

Comme ils sont soumis à la force centrifuge qui tend à les éloigner du cercle, pour qu'ils continuent à tourner, il faut qu'ils soient soumis à une force qui les tire constamment vers le centre. Faites l'expérience vous-même : pour maintenir un objet en rotation autour de vous, il faut constamment tirer sur la corde. Dès que vous la lâchez, l'objet s'éloigne plus encore de vous. C'est le principe de la fronde (ou du lancer du marteau en athlétisme).

Or, Huygens avait établi la relation mathématique entre la vitesse à laquelle tourne un objet et la valeur de cette force. Connaissant l'une, il pouvait calculer l'autre*.

Newton utilise cette propriété. Il connaît la période de rotation de la Lune autour de la Terre. Il ne doute pas que cette rotation soit gouvernée par l'attraction que la Terre exerce sur la Lune. C'est alors qu'il démontre un théorème fondamental, à savoir que la mesure de l'attraction que la Terre exerce sur un corps extérieur peut être écrite de manière très simple. Il n'est en effet nullement besoin de calculer l'attraction que chaque morceau de Terre exerce sur chaque morceau de Lune. Il suffit

---

* $F = m\dfrac{V^2}{R}$, soit avec la relation de Newton $F = ma$, $a = \dfrac{V^2}{R}$ (R : rayon, V : vitesse). Notons que la masse n'intervient pas…

d'étudier l'attraction des deux planètes schématisées chacune par la totalité de leur masse concentrée en leur centre et d'appliquer la loi d'attraction universelle (c'est un théorème qui paraît extraordinaire, mais il se démontre très rigoureusement). C'est ainsi qu'il calcule la force d'attraction Terre-Lune à l'aide de la formule de Huygens (qu'il a redémontrée). Puis il compare le résultat obtenu avec celui qui concerne la pomme qui tombe de l'arbre.

Il calcule, il mesure, il recalcule et… catastrophe, il trouve pour l'accélération (calculée à l'aide de sa fameuse formule accélération = $\frac{\text{force}}{\text{masse}}$) 0.0027 mètre carré par seconde, alors que l'accélération de la pesanteur sur Terre est de 10 mètres par seconde au carré. La Force exercée par la Terre sur la Lune est donc 3 700 fois plus faible que celle que la Terre exerce sur la pomme. Ce n'est pas une mince différence. Il ne comprend pas, il cherche. Il fait intervenir la masse. La Lune a une masse très supérieure à la pomme, c'est vrai. Mais ça devrait donc être le contraire ?

Il a alors une idée : faire intervenir la distance. C'est à ce moment qu'il avance sa seconde loi : **la force d'attraction qui s'exerce entre deux corps est inversement proportionnelle au carré de la distance qui les sépare**. La distance Terre-Lune est à peu près 60 fois le rayon terrestre, donc $(60)^2 = 3\ 600$. Voilà à peu près le facteur de différence qu'il cherchait ! Il considère par conséquent que cette loi est juste.

Comment une telle idée lui est-elle venue ?

Apparemment – une fois encore, c'est la légende qui le dit – en raisonnant par analogie avec la lumière. Si l'on met une bougie au centre d'une pièce, la lumière reçue sur une surface unité située à un mètre est quatre fois plus forte qu'à quatre mètres, neuf fois plus qu'à trois mètres, etc. Plus la sphère d'influence augmente de rayon, plus l'intensité de sa lumière est faible puisqu'elle se distribue sur une surface de plus en plus grande (voir la figure 2-2)*.

C'est du moins ainsi que Newton racontera plus tard sa découverte.

Des esprits plus avertis de la réalité, ou plus malveillants, firent remarquer que cette idée de l'inverse du carré de la distance avait déjà été avancée par Hooke. Mais Newton n'en a cure. Le génie, c'est lui ! Les autres n'existent pas. C'est sans doute pour cela qu'il se montrera si odieux à l'égard de Hooke sa vie durant...

Quoi qu'il en soit, Newton a posé les fondements de la Mécanique, et il les exploite immédiatement. Il calcule en effet les lois qui régissent les mouvements des planètes autour du Soleil, et que Kepler a découvertes en 1610 (nous y reviendrons au chapitre 4).

---

* Ce qui reste constant, c'est le produit de l'intensité lumineuse sur chaque petite unité de surface de la sphère par la surface de la sphère, qui, on le sait, croît comme le carré de son rayon. Et ce produit, ce n'est rien d'autre que l'intensité totale émise par la bougie. C'est cette quantité physique qui se conserve. Dans le cas de la pesanteur, c'est la masse de l'objet situé au centre de la sphère qui se conserve, et qui joue le rôle de l'intensité pour la bougie.

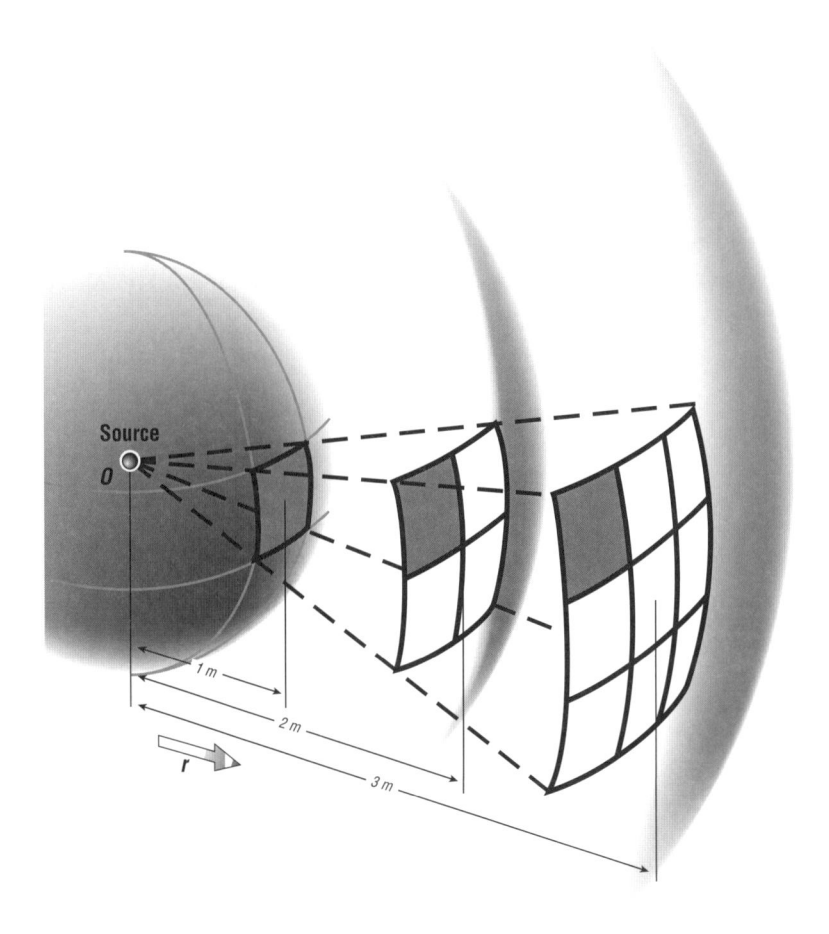

Figure 2.2
Supposons une source lumineuse et découpons un pinceau lumineux :
– à un mètre, il découpe une fraction de sphère ;
– à deux mètres, la surface balayée par le faisceau est 4 fois plus grande, donc l'intensité lumineuse reçue par le faisceau est 4 fois inférieure (en supposant qu'elle ne se perde pas en chemin) ;
– à trois mètres, avec le même raisonnement, l'intensité est divisée par 9.
Or, $4 = 2^2$, $9 = 3^2$.
C'est bien sûr une loi à l'inverse du carré de la distance.

Et, chose merveilleuse, Newton retrouve, à l'aide des lois de cette Mécanique qu'il vient tout juste de fonder, les lois de Kepler. L'observation bien comprise avait précédé l'explication, mais l'explication de Newton donne une extraordinaire cohérence et élégance à l'ensemble.

Les trajectoires elliptiques des planètes, leur vitesse en fonction de leur distance au Soleil et les périodes de rotation des diverses planètes : tout est calculé, il démontre tout. Mathématiquement. Sa théorie investit le royaume de Kepler et lui apporte le support théorique qui lui manquait.

Pour cela, il utilise à coup sûr le fameux calcul différentiel – dont il disputera plus tard la paternité à Leibniz, mais c'est une autre histoire !

Par une pirouette habile, il relie deux des grandes préoccupations de Galilée : la chute des corps et le mouvement des planètes, rapprochement que n'avait pas opéré (ni même tenté) Galilée. Galilée avait été physicien puis astronome. Newton, lui, rapproche les deux disciplines et montre que chute des corps et mouvement des planètes sont deux manifestations d'une même force physique : la force de gravitation. La Science progresse souvent en rapprochant des concepts éloignés, en les unifiant dans une théorie plus générale. C'est une règle fondamentale du progrès scientifique.

La Force à distance

Mais Newton n'est pas satisfait pour autant. Il ne comprend pas comment cette force agit à distance, par quel moyen une masse attire une autre masse.

Comment le Soleil « sait-il » que je suis ici et m'attire-t-il ? Non, décidément, Newton ne comprend pas. Il écrit* : « Qu'un corps puisse agir à distance sur un autre dans le vide sans que rien n'explique par quel moyen cette force est transmise, est, pour moi, une absurdité si grande, qu'à mon avis, quiconque possède une compétence en matière de philosophie ne pourra jamais y céder. »

Les Français de l'Académie royale des sciences récusent catégoriquement la théorie de Newton, qu'ils regardent comme absurde. Si la théorie de Newton était vraie, les planètes s'agglomèreraient toutes autour du Soleil, disent-ils. Ils lui préfèrent Descartes et sa théorie des tourbillons, bien concrets, bien réels, bien palpables. Et il faudra attendre un siècle pour que les Français acceptent l'action à distance !

Bref, Newton ne comprenait pas, les Français, derrière Huygens, Fontenelle et Cassini, étaient hostiles à l'idée, quant à nous, nous ne « comprenons » toujours pas le fond du fond des choses !

Et, pourtant, l'action à distance permet d'expliquer les observations ; bref, « ça marche », il faut donc s'y faire... La Physique, ce n'est décidément pas toujours le bon sens comme on le croit trop souvent, c'est même souvent le contraire... Pourtant, le fait de ne pas bien concevoir ne nous empêche pas d'appliquer des règles, de raisonner, de faire des calculs... que l'expérience vérifiera. Pour réussir

---

* Voir *La correspondance d'Isaac Newton*, vol. 3, p. 253, H.W. Turnbell (éd.), Cambridge University Press, 1977.

un plat, il suffit parfois de bien suivre la recette. Point n'est besoin de comprendre le fond des réactions chimiques dont la casserole est le siège. Mais si la Physique est opératoire, est-elle susceptible de nous apprendre où se cache la vérité profonde ? Prenons un exemple pour éclairer ce point.

L'inverse du carré de la distance est une loi qui traduit une influence qui décroît très vite lorsque cette distance croît. Ainsi, si la distance augmente comme 1, 2, 3, 4, 10, la loi en $\frac{1}{r^2}$ varie comme 1, 0,25, 0,11, 0,0625, 0,001.

C'est donc vrai, la force de la gravitation s'atténue très vite avec la distance !

Mais quelle est la nature de cette force ?

Et puis un autre phénomène va troubler les physiciens. Lorsque la distance entre deux corps diminue, la valeur $\frac{1}{r^2}$ devient très grande rapidement – et même très, très, très grande. Ainsi, si la distance diminue comme 1, 1/2, 1/10, 1/100... la loi varie comme 1, 4, 100, 10 000...

Comment cela se termine-t-il quand r = 0 ? Mathématiquement, un divisé par zéro est égal à l'infini. Mais que veut dire une force infinie ? Ça n'a pas de sens !

Ces questions montrent bien qu'en Physique, on a souvent du mal à « comprendre » les causes ultimes et intimes. On établit des lois, on les applique, on aboutit à de nouveaux résultats, on progresse, mais au fond on n'a pas nécessairement mieux compris la nature cachée des choses ! Constatation décevante sans doute, mais c'est ainsi. Cela n'affaiblit pas pour autant l'efficacité des lois en question ! Concluons, et le propos n'est en rien négatif dans ma bouche, que la Physique est une discipline opérationnelle, non métaphysique (et, que malgré les efforts de certains, elle doit le rester !).

Après Newton

Les physiciens sont des scientifiques dotés d'un solide sens pratique. Malgré les questions soulevées par l'action à distance et la loi de Newton, ils ont continué à appliquer ces lois et à faire des découvertes extraordinaires.

C'est alors que les mathématiques vont s'emparer de la Mécanique et la doter d'une formalisation extraordinaire d'élégance et d'efficacité. À ces développements sont associés les noms d'Hamilton, de Lagrange, de Laplace, et de quelques autres.

Cette science sera si parfaite que Laplace (l'un des savants favoris de Napoléon) pourra affirmer : « Donnez-moi la situation d'un système mécanique à deux corps à un moment donné (masse, vitesse, position) et je peux vous calculer l'histoire passée et aussi son futur. Le mouvement des planètes est une horlogerie entièrement calculable. »

Et lorsque Napoléon, émerveillé par ses exposés, lui disait : « Et que faites-vous de Dieu dans tout cela ? », Laplace lui répondait fièrement : « Sire, je n'ai pas besoin de cette hypothèse ! »

Mais les contributions de ces grands mécaniciens ne sauraient être réduites à la mathématisation de Newton.

Ils introduisirent de nouveaux concepts. Comme celui d'énergie, que nous examinerons plus en détail, de quantité de mouvement – soit le produit de la masse par la vitesse, ces quantités étant conservées dans certaines conditions, comme l'avait déjà compris Huygens.

Ainsi, lorsque je tire au revolver, le recul de l'engin est dû au départ de la balle qui a emporté une quantité de mouvement, quantité qui est compensée par la vitesse de recul du revolver (plus faible parce que la masse est supérieure).

Ils étendront aussi ces principes aux solides en rotation, donc aux planètes, et puis finalement aux liquides, expliquant du même coup les mouvements des fluides au repos et en mouvement. Créant une nouvelle discipline, la Mécanique des fluides, dans laquelle s'illustreront des scientifiques qui mériteraient qu'on leur consacrât tout un chapitre de ce livre, et qui ont pour nom Pascal, Navier, Stokes, Coriolis, etc.

N'entrons pas dans le détail de ces travaux passionnants mais complexes, et contentons-nous de souligner ici que c'est Newton qui les a rendus possibles. Mais si tout cela était bien utile au XIXe siècle, pourquoi enseigner encore ces principes aujourd'hui ? Tout cela ne relève-t-il pas au fond de la vieille Physique ?

Eh bien non. La gravité, la chute des graves, c'est quelque chose de très moderne, de très fondamental, de très actuel. Moderne sur le plan théorique, car nous ne comprenons toujours pas le mécanisme de la force à distance de la gravitation, et les physiciens traquent aujourd'hui les évidences des ondes gravitationnelles qui, comme les ondes électromagnétiques de Maxwell (dont nous parlerons plus loin), se propageraient à la vitesse de la lumière ainsi que l'a expliqué Einstein avec sa théorie de la Relativité.

Ils les recherchent dans les phénomènes astronomiques (où ils pensent les avoir trouvés). Ils les recherchent sur Terre, en mettant en place de gigantesques expériences d'optique (oui, d'optique, nous verrons plus tard pourquoi) exceptionnelles, comme le projet VIRGO entre la France et l'Italie installé aux environs de Pise.

Moderne sur le plan technique aussi, car la gravitation c'est toute l'aventure spatiale, des satellites terrestres aux missions d'exploration planétaires.

Satellites et sondes planétaires

Ce qu'on appelle aujourd'hui mondialisation trouve en grande partie son origine dans la construction des satellites. Ce sont les satellites de communication qui ont en effet permis le transfert d'informations à l'échelle de la planète de manière pratique et instantanée. Un tremblement de Terre se produit-il en Indonésie, les images en sont diffusées le soir même sur tous les écrans du monde.

Et si les opérateurs boursiers agissent désormais à l'échelle de la planète, c'est que les transferts de capitaux sont instantanés. Oui, décidément, cela ne fait pas de doute : la mondialisation est une conséquence de la révolution spatiale.

Les photographies prises depuis l'espace, grâce auxquelles pour la première fois, on voit les continents, les mers, les chaînes de montagne, autrement qu'en représentation sur une carte, ont contribué psychologiquement à renforcer l'idée de globalité. Or, les satellites, c'est une application directe des découvertes de Galilée, de Huygens et de Newton.

Comme le sont aussi ces extraordinaires missions planétaires qui nous ont permis d'explorer, de photographier, de connaître notre système solaire. Que l'on songe à ces vols vers la Lune emportant des astronautes, ces missions sur Mars et Vénus où se sont posés des engins automatiques, cette extraordinaire expédition Voyager qui s'est étendue sur vingt-cinq ans et dont la sonde est aujourd'hui sortie du système solaire, lancée à la découverte de mondes inexplorés... L'espace, c'est certes le rêve devenu réalité, mais l'espace c'est aussi et d'abord l'application des lois de la Mécanique.

Comment peut-on lancer et mettre en orbite un satellite ?

Il faut l'amener à une certaine altitude à l'aide d'une fusée, puis à l'altitude choisie, il faut lui impulser une vitesse parallèle à la surface de la Terre. À partir de là, si la vitesse est convenable, l'attraction gravitationnelle de la Terre exercera sur le satellite une force qui le maintiendra en orbite autour de notre planète.

Dès lors, plusieurs questions se posent, dont la solution théorique est tout entière contenue dans les lois de la Mécanique.

Veut-on une orbite circulaire ou une orbite elliptique ? Nous savons depuis Newton interprétant Kepler qu'en l'absence de précaution particulière quant à la vitesse, l'orbite sera une ellipse. Quand l'orbite est circulaire, comme c'est le cas de la Lune qui tourne autour de la Terre, on montre que la vitesse au lancer (élevée au carré) est proportionnelle à la masse terrestre divisée par le rayon. Ce qui veut dire que plus la vitesse parallèle à la Terre donnée au satellite sera grande, plus son orbite sera basse.

Et si la vitesse n'est pas très grande ? Eh bien le satellite retombera sur la Terre, tout simplement !

C'est d'ailleurs ce qui se produit lorsque le satellite est en orbite basse, car en frottant contre l'air de l'atmosphère sa vitesse diminue, et il finit par retomber sur la Terre, progressivement.

Un satellite de basse altitude a donc une durée de vie très limitée. Pourtant, il faut lui imprimer initialement une vitesse très grande. Cela revient donc très cher !

Oui, mais c'est grâce à lui que l'on peut photographier et observer la Terre avec un si grand soin (et cela plaît beaucoup aux militaires).

Et les orbites plus hautes ? Le principe, pour mettre en orbite un satellite sur une orbite élevée, n'est pas tout à fait le même, car on s'efforce de minimiser la dépense de carburant en utilisant la force de gravitation terrestre. C'est ainsi que les ingénieurs multiplient les astuces en mettant à profit les lois de Newton.

On lance d'abord le satellite sur une orbite circulaire basse. Cette orbite est provisoire, et on l'appelle pour cela l'orbite-parking. Puis on place le satellite sur une orbite elliptique, très allongée, qui va atteindre l'altitude de l'orbite circulaire désirée. Cette orbite elliptique est appelée orbite de transfert. Puis, à l'altitude voulue, on déclenche une fusée qui va, agissant parallèlement à la Terre, propulser le satellite sur son orbite finale circulaire (voir la figure 2-3).

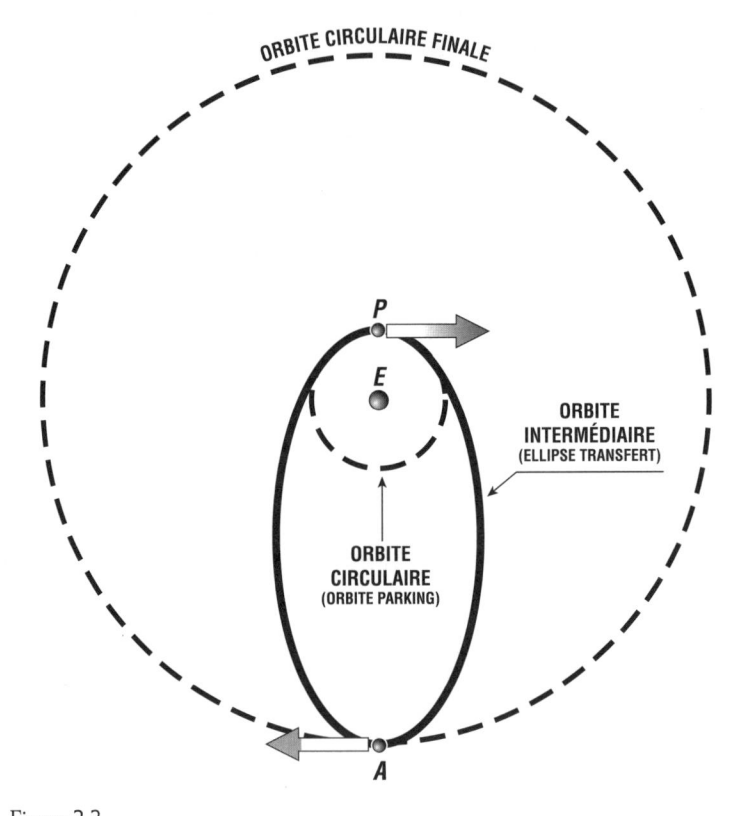

Figure 2.3
Principe du lancement d'un satellite en orbite haute.
On lance d'abord le satellite sur une orbite-parking. Après quelques tours, on place le satellite sur une orbite elliptique. Enfin, lorsqu'il est à l'une des extrémités de l'ellipse, grâce à une impulsion, on l'installe sur son orbite haute.

Toutes ces manœuvres tirent parti des lois de la Mécanique, de l'attraction gravitationnelle, mais aussi des modifications de direction obtenues sous l'effet d'accélérations judicieusement orientées.

Bien sûr, on s'est rapidement aperçu qu'en lançant un satellite à 35 900 kilomètres de la Terre, sa vitesse atteignait 3,07 kilomètres à la seconde, et qu'à cette vitesse et à cette altitude le satellite faisait le tour de la Terre en vingt-quatre heures*. Or, vingt-quatre heures, c'est la période de rotation de la Terre. Le satellite va donc être vu à la même place depuis la Terre s'il est placé sur une orbite équatoriale (voir la figure 2-4). C'est ce qu'on appelle un satellite géostationnaire (la base des satellites de télécommunications).

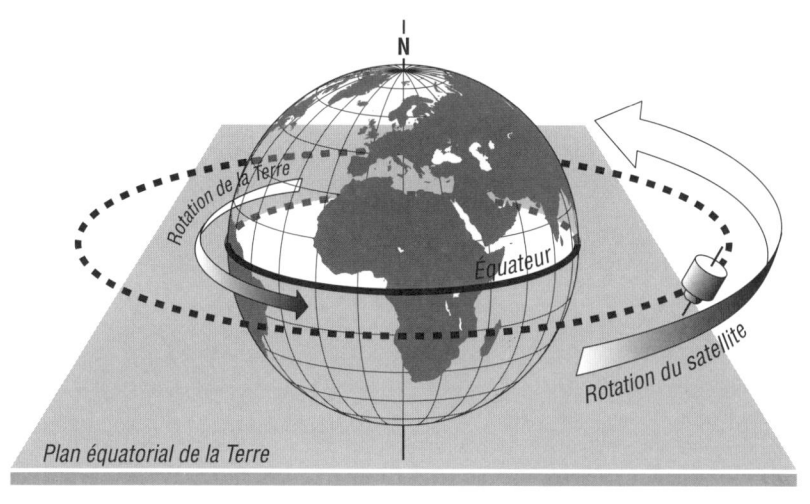

Figure 2.4
Principe du satellite géostationnaire, qui tourne à la même vitesse que la Terre et reste donc fixe par rapport à elle.

---

* À l'aide de la formule $g = \dfrac{V^2}{R}$, vous pouvez avoir le plaisir de le vérifier tout de suite, avec $V = Rw$ et $w = 1$ tour/période T...

Les lois de la Mécanique éclairent ainsi bien des « mystères » de l'espace.

Chacun a vu des astronautes en régime d'apesanteur.

On a beaucoup parlé de la guerre des étoiles. Autrement dit de la mise en place d'un réseau de satellites formant un bouclier étanche en vue de protéger l'Amérique. Objectif qui est en lui-même scientifiquement et techniquement inatteignable, mais ce n'est pas le sujet ici.

À l'occasion de ce projet, diverses discussions ont agité les cercles politiques qui cherchaient à définir le meilleur système. L'idée d'une sentinelle logée dans un satellite protégeant son pays en séduisit certains. D'autres s'attachèrent plutôt à l'idée de bombarder depuis l'espace les pays ennemis. On alla même jusqu'à évoquer un cosmonaute qui, de son satellite, lâcherait une bombe vers le sol, de nuit de préférence...

Idée physiquement absurde en vertu des principes de relativité et d'inertie. Si l'on jette un objet à l'extérieur d'un satellite, il suivra celui-ci et tournera avec lui autour de la Terre ! Car l'objet aura la même vitesse par rapport à la Terre que le satellite. Je renvoie sur ce point à ce que j'ai dit plus haut à propos d'un objet lancé verticalement au-dessus d'un bateau ! J'eus, autrefois, une très intéressante discussion (assez jubilatoire pour moi) avec le Président Mitterrand à ce sujet...

Et pour explorer les planètes, comment fait-on ? On pourrait penser que l'attraction terrestre empêchera toute fusée de s'échapper de l'espace périterrestre. Et de fait, il faut être capable de la doter d'une vitesse verticale supérieure à 11 kilomètres par seconde. C'est ce qu'on appelle la vitesse d'échappement terrestre (ou de libération). Mais là encore, le lancement de cette fusée vers une autre planète ne s'opère pas directement. On utilise au mieux cette extraordinaire force qu'est la gravitation.

En général, on commence par mettre la fusée en orbite autour de la Terre. C'est l'orbite-parking, dont j'ai déjà parlé.

Puis, on saisit l'opportunité des mouvements relatifs des planètes pour faire sortir l'engin de l'attraction terrestre. Lorsqu'il arrive près de la planète à explorer, soit on le rapproche d'elle sans trop diminuer sa vitesse – la sonde va alors s'approcher de la planète sans s'arrêter –, soit on la met en orbite circulaire (ou elliptique) autour de la planète. Enfin, si tel est le but de la mission, on envisagera de descendre le module sur la planète, puis, après son travail au sol, de le remonter, de le remettre en orbite, de le faire rejoindre par une fusée en attente qui l'emportera, dans le mouvement de retour vers la Terre. On peut enfin se servir d'une planète, ou plutôt de sa gravité, pour lancer comme avec une fronde une sonde planétaire vers une troisième planète !

Toute l'astuce consiste à utiliser les mouvements des planètes, les fameuses conjonctions, afin de minimiser les dépenses d'énergie. C'est pourquoi il existe ce qu'on appelle des « fenêtres de tir », c'est-à-dire des moments opportuns pour lancer une sonde vers telle ou telle planète. Ce sont les mêmes conjonctions qui avaient tant fasciné les Ptolémée, Copernic, Tycho Brahe et autres Kepler – et qui ont été si clairement expliquées par Newton.

Il y a là des trésors d'astuces, soutenues par le pouvoir des ordinateurs, indispensables à cette exploration spatiale et dont le chef-d'œuvre, du point de vue mécanique, reste la mission Voyager (voir la figure 2.5). Vingt-cinq ans d'informations continues !

Tout cela est bel et bon, me direz-vous, mais l'essentiel c'est tout de même l'exploration spatiale, ce sont les fusées, le spectacle de Kourou ou de Cap Kennedy, ce sont les décollages impressionnants des fusées qu'Hergé avait fort bien imaginés*. Les fusées, ce n'est pas de la Mécanique**, c'est de la Chimie – comme les feux d'artifice !

Eh bien non ! c'est d'abord de la Mécanique. C'est même l'application directe du fameux principe de la conservation de la quantité de mouvement. Encore un principe pas toujours très bien compris.

Lorsque, en 1919, l'ingénieur américain Robert Goddard proposa de construire une fusée pour atteindre les hautes altitudes, le *New York Times* publia en première page un article pour expliquer que son idée était contraire aux lois de la Physique

---

* *Objectif Lune, on a marché sur la Lune.*
** Cela dit, le chimiste ne vous donnera pas entièrement tort : l'inventivité du chimiste n'est-elle pas nécessaire à la production des réactions et de l'énergie que va utiliser le mécanicien ?

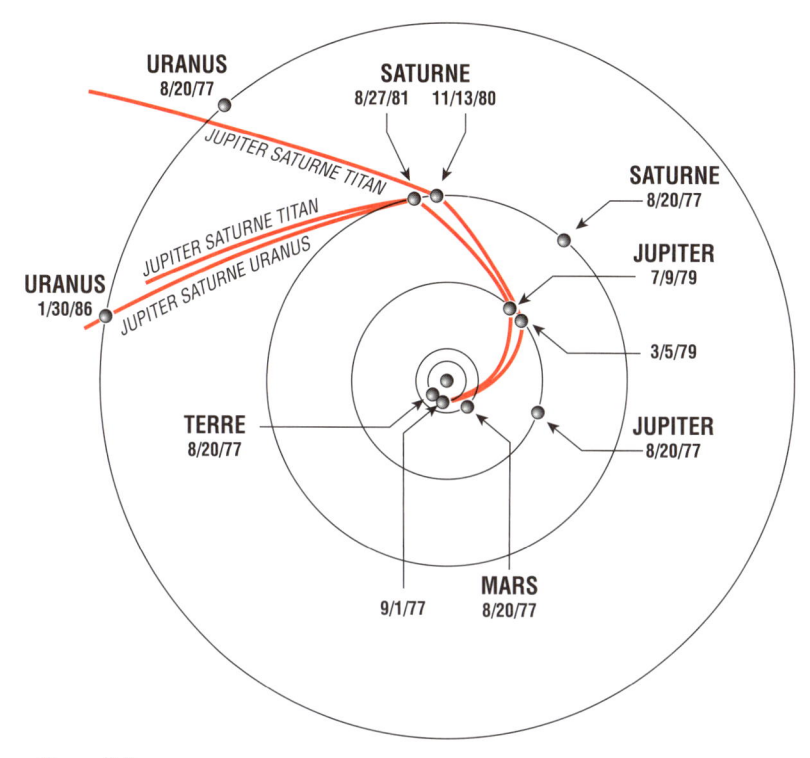

Figure 2.5
Trajectoire de la sonde Voyager qui, lancée en 1977, est sortie du système solaire en 2002. À chaque conjonction avec une planète, la sonde était mise en orbite de manière à suivre la planète, la photographier, l'étudier, puis elle passait à la suivante. Pour minimiser l'énergie et le carburant, on attendait à chaque fois que la conjonction suivante soit favorable.

et que la fusée ne saurait s'élever au-dessus de l'atmosphère dans la mesure où elle ne pouvait s'appuyer sur rien, et le vide empêchant la propulsion. Ces journalistes (et leurs conseillers) n'avaient rien compris au principe de la fusée.

Car une fusée, c'est l'application directe du principe selon lequel la masse multipliée par la vitesse (la quantité de mouvement) se conserve dans un système isolé.

Une fusée expulse du gaz à très grande vitesse, elle expulse même beaucoup de gaz, et cette expulsion imprime en retour une vitesse à la fusée dans la direction inverse (comme l'expulsion d'une balle provoque le recul d'un fusil ou d'un pistolet). Et à chaque instant, ce principe s'applique localement à la fusée en vertu du principe de relativité du mouvement de Galilée : c'est ainsi que la progression de la vitesse s'accumule, provoquant ainsi une accélération. Et l'air n'a rien à voir avec tout cela !

C'est pour tirer profit de ce principe que les fusées sont dotées de plusieurs étages. Elles sont chargées au départ de beaucoup de combustible, mais aussitôt qu'il est brûlé, on les déleste de leur container, afin de s'alléger et d'accroître par là même leur vitesse pour une même « poussée » (si m × v est constante, lorsque je diminue m, v augmente).

C'est ainsi que les fusées ont en général trois étages, chacun d'eux correspondant à une phase d'allégement, et donc d'accélération.

Comment douter que l'aventure spatiale soit vraiment l'une des plus belles illustrations de la Mécanique de Newton ?

3

La lumière

Que la lumière soit, et la lumière fut.

Pendant longtemps, la lumière a été considérée comme le messager des dieux.

« Le ciel où se trouvent les Dieux nous envoie des signaux lumineux qui nous permettent de voir de quoi l'univers est fait. Le Soleil nous éclaire, nous chauffe, rythme nos saisons et nos récoltes et doit bien être l'un des instruments de Dieu pour aider la Terre. » Le thème de la liaison « évidente » entre la lumière et Dieu est constante dans les livres sur le Moyen Âge, ceux de Georges Duby comme ceux de Jacques Le Goff.

L'étude de la lumière visait donc à se rapprocher des dieux.

En fait, très tôt on eut conscience de quelques notions fondamentales.

Le concept de rayon lumineux existait déjà probablement à Sumer et dans l'Ancien Empire égyptien. Il est vrai que le spectacle d'une porte qui s'entrouvre en été alors que la chambre est plongée dans l'obscurité et qui laisse voir de véritables rayons ou le soleil qui perce les nuages après un orage suffisent à en convaincre. À partir de ces observations, déclarer que la lumière avance, se propage en ligne droite suivant la théorie des rayons lumineux est une idée assez naturelle.

Le second élément dont les anciens avaient conscience, c'est la double relation qui existe entre la lumière et le feu. Le feu émet la lumière. Mais une poignée de feuilles séchées en plein soleil l'été s'enflamme spontanément, preuve que le Soleil sait chauffer – et même chauffer fort. Au XVIIIe siècle, on écrira pour définir la lumière : « La lumière est le feu le plus pur. »

L'idée qui sous-tend tous ces raisonnements, c'est que lumière et flammes sont deux réalités d'un même phénomène qui apparaît tantôt sous une forme, tantôt sous une autre, l'une pouvant se transformer en l'autre. On appellera cela plus tard l'énergie.

Pour tout un chacun, ces notions : la propagation en ligne droite, la dualité d'apparence feu et rayons lumineux, le fait aussi que le ciel est une grande source de lumières, renforçaient l'idée première, non seulement d'une origine, mais d'un lien permanent de la lumière avec les dieux. La lumière, c'est le messager de Dieu ! Voilà résumées les propriétés classiques de la lumière.

La nature des rayons lumineux

Pendant longtemps, l'étude de la lumière a été confondue avec celle des rayons lumineux. Ces rayons qui se propageaient en ligne droite étaient constitués, à n'en pas douter, par un flot continu de petites particules minuscules.

La propagation en ligne droite était trop conforme à ce qu'avait enseigné la Mécanique de Galilée pour que nous en doutions.

Et Newton aborda son étude de l'Optique en posant ce postulat : la lumière est composée de particules, les photons, qui sont émises en grand nombre et se propagent en ligne droite à une très grande vitesse.

Cette idée parut suffisante, et l'on se concentra dès lors sur les propriétés des rayons lumineux, leur étude conduisant finalement à la fabrication des instruments d'optique. Nous avons tous appris à l'école les rayons lumineux, les lunettes, les microscopes, les appareils-photo, les miroirs, les objets réels et virtuels, droits et inversés. Tout cela engendrant parfois dans les esprits un mélange hétéroclite et confus de tracés de lignes droites, de brisures, de foyers, etc.

Pourtant, tout se ramène à trois principes simples.

Dans un même milieu, la lumière se propage en ligne droite. Lorsque le rayon rencontre un obstacle, deux cas se présentent. Ou bien il rebondit sur l'obstacle et revient en arrière : on dit alors qu'il est **réfléchi**. Ou bien il pénètre le nouveau milieu (qui est donc transparent) mais en changeant un peu de direction : on dit qu'il se **réfracte**.

Ces phénomènes obéissent à quelques lois mathématiques simples, que nous avons illustrées dans la figure 1 de l'Annexe, et qui ont permis de développer une science fort rigoureuse combinant l'Optique et la Géométrie : l'Optique géométrique.

Contentons-nous de signaler ici que la loi de la réflexion sur une surface plate était connue d'Euclide quatre siècles avant J.-C., et que les Grecs maîtrisaient fort bien la construction des miroirs ; qu'Archimède de Syracuse pensa la réflexion sur les miroirs courbes, et montra en particulier qu'on pouvait concentrer la lumière au foyer d'un miroir s'il avait la forme d'une parabole (on dit qu'il mit ainsi le feu à la flotte romaine qui assiégeait Syracuse en utilisant des miroirs paraboliques géants).

Que les lois de la réfraction furent découvertes par le Hollandais Snell (et honteusement plagiées par notre Descartes national !).

Et que la compréhension profonde et synthétique de la réflexion et de la réfraction fut l'œuvre du magistrat toulousain Pierre Fermat, contemporain de Pascal et de Descartes, et sans doute le plus méconnu de nos « génies », si ce n'est pour sa fameuse « conjecture de Fermat » démontrée par le mathématicien anglais Andrew Wiles... qui lui doit sa gloire (mais, pas son talent)* !

---

* On sait que la réfraction est le phénomène le plus général mais qu'elle se transforme en réflexion, soit que les matériaux sur lesquels tombe la lumière l'imposent (miroirs), soit que l'angle d'incidence soit tel qu'il impose la réflexion totale.

C'est à l'époque de Galilée, au début du XVIIIe siècle, que furent inventées les lunettes astronomiques, les microscopes* et... les lunettes individuelles.

Newton, quant à lui, inventa cinquante ans plus tard le télescope à miroir – dans des circonstances que nous expliciterons plus loin.

Ondes ou particules ?

Christiaan Huygens (1629-1695), dont nous avons déjà parlé, est l'un des plus grands scientifiques de tous les temps (Newton ne s'y était pas trompé et le traitait avec beaucoup d'égards). Sa contribution à la Science est colossale, jugez un peu. Il invente l'oculaire, « négatif » des lunettes, il découvre l'anneau de Saturne et son premier satellite, la rotation de Mars. Il affirme que les étoiles sont des soleils sans doute entourés de planètes (il faudra attendre ces dernières années pour voir cette prophétie confirmée). Il découvre les lois du pendule simple, les lois de l'échappement qui sont à la base de la construction des générations nouvelles d'horloges, il invente, comme on l'a vu au chapitre 2, les notions de force centrifuge pour un corps en rotation, de moment d'inertie, il a l'intuition de la loi de conservation de la quantité de mouvement...

Pour lui, la lumière est une onde, une vibration de l'espace qui se propage comme une ondulation,

---

* Galilée en inventa un mais ne s'en servit point.

comme la déformation créée à la surface de l'eau par le jet d'un caillou.

Rappelons qu'une onde se propage sans transporter la matière. Lorsque vous observez les vagues de la mer et que vous les voyez avancer, ce n'est pas l'eau qui vient vers vous, c'est la vague, l'ondulation, le mouvement (comme on peut s'en assurer par la célèbre expérience du bouchon)*.

Cette notion d'onde qui se propage en laissant la matière sur place (mais pas inerte !) est encore plus nette lorsqu'on constate qu'une vibration se propage dans un solide. Lorsqu'un tremblement de terre qui s'est produit à Tokyo nous parvient à Paris, la matière solide qui constitue le Globe ne s'est pas déplacée à 30 000 ou 40 000 km/h, mais bien la vibration, l'ondulation, que l'on enregistre d'ailleurs sur les sismographes ! Lorsqu'une série de personnes sont alignées et que l'une de celles qui occupent les extrémités lance un message oral avec prière de le faire suivre, le message se propage... et se déforme. C'est une sorte d'onde.

Christiaan Huygens, fils lui-même d'un savant hollandais correspondant et admirateur de Galilée, connaissait bien les vibrations et les ondes. Il les avait étudiées depuis longtemps. Il imaginait que la lumière est une vibration, une onde (ce qui est vrai), mais il pensait qu'il s'agissait d'une onde de

---

* Un bouchon posé sur la mer monte et descend mais demeure à la même place. Ce n'est que lorsque la vague se brise que l'eau déferle.

compression (comme le son) et qu'elle se propageait en comprimant la matière au-devant d'elle.

Newton va bien vite rejeter cette idée en expliquant que la lumière se propage dans le vide de l'espace puisqu'on observe les étoiles ! Et que la lumière ne saurait être une vibration puisque, dans le vide, il n'y a rien à faire vibrer ! Huygens lui répondit en expliquant que tout l'espace, y compris le vide, est rempli d'une substance mystérieuse, impalpable, qu'il appelle l'éther et qui, elle, est susceptible de vibrer et de propager les ondes. Cette notion d'éther fera long feu, nous y reviendrons.

Car ce débat « ondes ou particules » va se perpétuer jusqu'au début du XXe siècle, époque où Einstein va proposer une vision synthétique qui amorcera la grande révolution quantique… Malgré lui.

Newton et les couleurs

Newton ne croit pas aux ondes lumineuses, il est un fidèle partisan des photons, autrement dit des particules de lumière qui, comme des balles microscopiques, se propagent en ligne droite*. Pourtant, il va donner une impulsion extraordinaire à l'Optique.

---

* Newton connaît très bien les ondes. Il a même compris que lorsqu'une onde passe dans un orifice, elle peut rayonner dans toutes les directions. C'est pourquoi, dit-il, si la lumière était une onde, elle ne se propagerait pas en ligne droite. En fait, le phénomène de diffraction existe, mais il ne joue que si la fréquence de vibration est voisine de la taille de l'orifice.

Il réalise une expérience fondamentale, peut-être l'une des plus élégantes jamais réalisées en Physique.

À l'aide d'un prisme* de verre, il décompose la lumière solaire en couleurs – violet, indigo, bleu, vert, jaune, orangé, rouge. Cette décomposition n'est pas inconnue, des Italiens y avaient déjà procédé à l'époque de Galilée, mais ils n'en avaient tiré aucune conséquence fondamentale.

Newton a alors l'idée de recourir à un second prisme, identique au premier. Il le dispose à l'envers dans le faisceau de lumière décomposée et là, miracle !… la lumière sort du prisme à nouveau blanche (voir la figure 3.1).

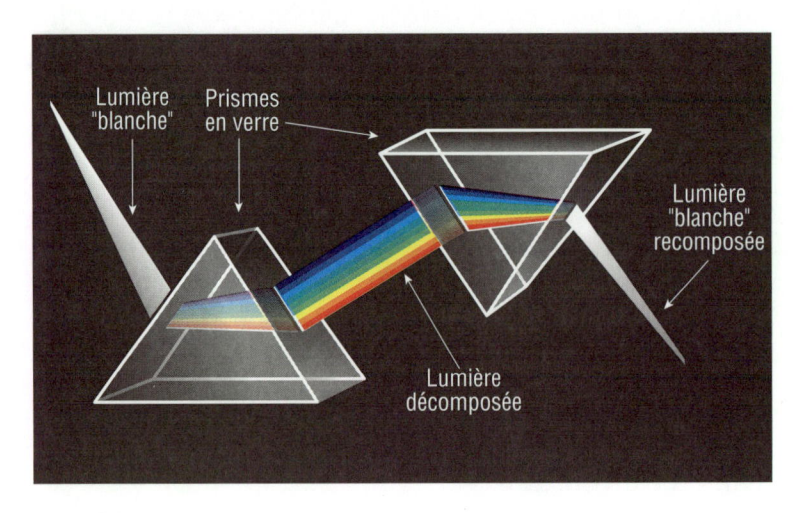

Figure 3.1
L'expérience de Newton est fondée sur l'utilisation de deux prismes.
Avec le premier, il décompose la Lumière blanche en couleurs. Avec le second, il recompose la Lumière blanche à partir des couleurs.

---

* Un prisme est une sorte de pyramide aplatie, un solide dont la section est un triangle isocèle.

Autrement dit, il a recomposé la lumière blanche à partir du mélange des couleurs naturelles.

Newton pousse ensuite un peu plus loin l'analyse.

Après le premier prisme, il isole un à un les rayons colorés, à l'aide de diaphragmes. Il met alors un second prisme parallèle au premier avec l'idée de décomposer chaque couleur en composants plus élémentaires encore. Or, surprise, les couleurs ne se décomposent pas, elles restent pures (ou presque). Lorsqu'un rayon entre rouge dans le prisme il en sort rouge, il entre vert il en sort vert, il entre bleu il en sort bleu.

C'est bien la preuve que la lumière est constituée des sept couleurs fondamentales et de rien d'autre.

Il étaye ensuite sa théorie à partir d'une nouvelle expérience. Il colorie, en effet, les quartiers d'un disque à l'aide des sept couleurs, puis il fait tourner le disque. Ce dernier prend une couleur blanchâtre (c'est une expérience que l'on fait faire aux écoliers et qui ne marche pas toujours très bien !).

Ce faisant, il vient de faire faire à la Physique un pas considérable : la lumière blanche est en fait complexe, il s'agit d'un mélange – le mélange de sept lumières différentes, lumières ayant chacune une couleur caractéristique.

Toutes ces expériences de Newton ont été faites à la suite des recherches auxquelles il avait procédé pour construire un télescope. Il avait d'abord construit une lunette « à la Galilée ». Là, il avait constaté que le bord des images qu'il obtenait était irisé, coloré, et que les couleurs se suivaient toujours dans le même ordre : violet, indigo, bleu, vert, jaune, orangé, rouge.

Il en avait conclu (à tort) qu'on ne pourrait jamais construire une lunette parfaite car on ne pourrait pas éliminer cette décomposition en couleurs sur les bords, qui donnait aux images des contours irisés. Et c'est à la suite de cette constatation qu'il avait fabriqué le premier télescope à miroirs. Pour éviter les lentilles !

C'est donc pour comprendre le phénomène de l'irisation qu'il entreprend d'établir la décomposition de la lumière à l'aide d'un prisme. Heureuse initiative !

Il n'est cependant pas le premier à s'engager sur cette voie : Hooke et Descartes, entre autres, s'étaient livrés à ce type d'expériences avant lui. Mais il fut bel et bien le premier à en comprendre la signification profonde grâce à un montage expérimental plus astucieux que celui de ses devanciers. Ces derniers avaient placé l'écran d'observation à quelques décimètres du prisme. Lui, il l'installe à 10 mètres ! Les couleurs sont certes pâles, mais elles sont nettement séparées et distinctes. Il sera plus aisé de bien comprendre la décomposition de la lumière blanche en couleurs multiples.

Pourtant, Newton reste persuadé que la lumière est constituée par de minuscules particules qui, comme des balles de fusil, se propagent en ligne droite, qu'il suffit d'imaginer qu'il en est de sept sortes !

C'est en faisant « tomber » de la lumière sur une demi-lentille posée sur un plan, que Newton va découvrir un nouveau phénomène surprenant.

Autour de la lentille, il constate en effet l'existence de zones alternativement sombres et claires, il les appelle anneaux, on parlera plus tard volontiers de franges.

Comment expliquer cela ? Newton s'obstine. Il continue à refuser les ondes !

Newton imagine alors un système compliqué, purement mécanique, mais qui ne convainc personne. L'observation des anneaux, elle, demeure dans les esprits savants... sans explication. Mais le fait demeure.

Blanc + Blanc = Blanc ou Noir ?

Le mystère des franges blanches et noires...

Après Newton et son expérience fondamentale, une nouvelle étape va être franchie par Thomas Young (1773-1829).

Thomas Young était doué en tout : en littérature comme en sciences, en musique comme en peinture. Malheureusement, en général, ces génies « multidimensionnels » ne laissent que peu de grandes contributions. Soit ils sont trop dispersés et ne consacrent pas assez de temps à un sujet particulier pour y apporter une contribution décisive, soit ils sont trop exigeants sur qualité et filtrent par trop eux-mêmes ce qu'ils auraient pu apporter : « Je veux être Chateaubriand ou rien », « Ne pas monter bien haut peut-être mais tout seul », tous ces beaux principes qu'on admire littérairement ont stérilisé bien des scientifiques.

Thomas Young, c'est l'opposé. Doué en tout, il réussit en tout ou presque.

Pour ce qui nous concerne, c'est-à-dire la lumière, il réalise donc la deuxième expérience décisive et propose une théorie de la lumière presque exacte (voir la figure 3.2).

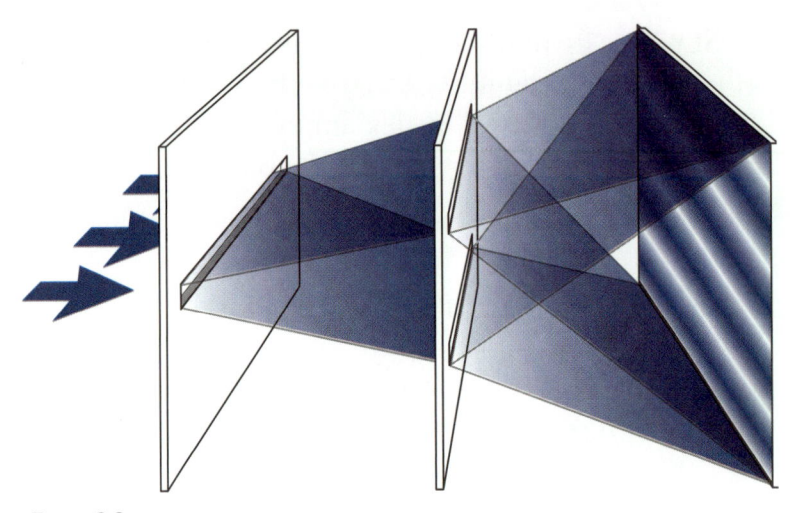

Figure 3.2
Franges d'interférences.
L'expérience des fentes de Young.
On éclaire deux fentes avec la même source lumineuse. Les deux fentes diffractent leur lumière avec une zone commune. Dans cette zone apparaissent des bandes noires et blanches alternées : ce sont des franges d'interférences.

L'expérience fondamentale de Young est celle dite des « franges **d'interférences** » – retenons bien ces noms, ce sont des mots clefs en Physique, de ceux qui rendent un peu plus légère une conversation sur un sujet de physique. **Interférences**, donc.

Si l'on perce une petite fente dans la paroi d'une chambre obscure, on constate que la lumière qui sort de la fente n'est pas exactement conforme à la théorie du rayon lumineux. En effet, une fois passé la fente, le pinceau lumineux s'élargit et éclaire, grâce à un halo d'intensité plus faible, une zone plus large que ne le laissait supposer la taille de la fente. C'est le phénomène de diffraction. (Comment interpréter cela avec des corpuscules ?)

Supposons maintenant que nous percions, non plus une fente mais deux très voisines. Chacune va donner naissance à une zone de lumière étendue.

Plaçons un écran derrière les deux fentes et examinons la zone où les deux halos de lumière se superposent. Nous constatons un phénomène bizarre, étrange et inattendu.

On aurait pu penser que, dans la mesure où deux zones lumineuses se superposaient, la résultante serait encore mieux éclairée, plus lumineuse, plus brillante. Or, à l'inverse, on constate l'existence sur l'écran de cannelures de franges, autrement dit de petites bandes alternativement **noires** (je dis bien noires) et blanches, beaucoup plus brillantes.

Lorsque Thomas Young fit cette expérience, il fut sans doute saisi d'étonnement.

Les bandes brillantes ne lui posaient pas de problème, le phénomène était conforme à l'intuition, à savoir que la lumière renforce la lumière : la lumière provenant d'une fente s'additionnait à la lumière venue de l'autre.

Mais les bandes noires ?

Il fallait se rendre à l'évidence : **en certains endroits de la lumière, plus de lumière donnait de l'obscurité, du noir. L'addition de lumières était noire !**

Vous trouvez que votre lampe n'éclaire pas assez, vous en achetez une autre, vous l'allumez, et au lieu d'obtenir l'éclairage tant attendu de la pièce, vous constatez des rayures noires sur les murs !

Que feriez-vous ? Sans doute retourneriez-vous chez le marchand de la seconde lampe en lui demandant : « Mais en quoi est faite cette lampe diabolique que vous m'avez vendue ? »

Tout cela pour dire combien Thomas Young dut être surpris par le résultat de son expérience.

Il lui fallait comprendre.

Et il comprit... et c'est là son génie.

Il se souvint de cette idée de Huygens suivant laquelle la lumière était une onde. Bien sûr, Newton l'avait balayé d'un revers de main et, comme tout Anglais, il vénérait Newton. Mais... si cet élégant Hollandais avait raison ?

Alors examinons avec lui l'idée que la lumière pourrait bien être une onde.

Une onde, c'est quoi ? C'est la propagation dans l'espace d'une alternance, d'une vibration, d'une suite de valeurs $+1, -1, +1, -1, +1,...$

C'est une sorte de signal morse avec pour caractères $+1$ et -1.

Lorsqu'on réalise l'expérience des fentes de Young, on reçoit sur l'écran, dans la zone où les deux halos de lumière se superposent, des signaux de type $(+1, -1, +1, -1...)$.

Mais la lumière a une vitesse finie et les trajets ne sont pas équivalents pour tous les rayons.

La séquence (+ 1, − 1, + 1, − 1...) est une séquence temporelle, comme les battements du cœur !

Supposons donc qu'en un point donné de l'écran, on reçoive deux rayons lumineux*.

On peut s'attendre à ce que le réultat soit la somme des deux séquences (+/−). Si celles-ci parviennent au milieu à égale distance des fentes, on doit donc additionner (+ 1, − 1, + 1, − 1, + 1, − 1...)+(+ 1, − 1, + 1, − 1, + 1, − 1...).

Ce qui donne (+ 2, − 2, + 2, − 2, + 2, − 2...) c'est-à-dire une alternance identique à l'onde de départ, mais avec une amplitude double. Au lieu de (+) ou (−)1 c'est (+) ou (−)2.

Mais s'il y a un petit « retard » d'une unité, on aura à additionner (+ 1, − 1, + 1, − 1, + 1, − 1...) + (− 1, + 1, − 1, + 1, − 1, + 1...).

Le résultat sera 0, 0, 0, 0, 0, 0... Il n'y aura plus de lumière !

À partir de là, il est aisé d'établir la relation mathématique exacte entre **la distance entre les fentes** et **la distance entre les franges** disons noires.

Mais ce phénomène est-il général pour toutes les vibrations ? Oui, bien sûr. On le réalise avec le bleu comme avec le rouge. On le réalise avec les ondes sonores**.

---

* Beaucoup plus tard, Davisson et Germer réaliseront des interférences avec des électrons. Ce sera le point de départ de la Mécanique quantique, dont le fondement est que les particules sont aussi des ondes à l'échelle microscopique.
** On explique de même la formation des anneaux de Newton.

Thomas Young peut alors déclarer que la lumière est bien une vibration comme le pensait Huygens, mais une vibration « spéciale » qui fait vibrer le milieu universel, même le vide que Huygens avait justement appelé l'« éther ». Puis il ajoute ce point fondamental : la lumière ne vibre pas comme le son dans le sens de sa propagation (à la façon d'un accordéon), mais perpendiculairement à sa direction de propagation.

Ces vibrations, lorsqu'elles arrivent en un lieu, interfèrent, c'est-à-dire s'additionnent (ou se soustraient) et donc, soit se renforcent, soit s'annulent.

Mais, bien sûr, Young connaît fort bien tous les travaux de Newton sur la décomposition de la lumière en couleurs, alors il va plus loin.

En fait, dit-il, la lumière est un mélange de vibrations, et chaque vibration est caractéristique d'une couleur. La lumière se compose donc de sept vibrations qui agissent chacune pour leur propre compte.

Si l'on isole une couleur rouge et que l'on procède sur cette dernière à l'expérience des fentes, on trouve des cannelures rouges et noires. Si l'on isole la lumière bleue, l'expérience de Young reproduit les franges bleues et noires.

C'est ainsi qu'il devint possible de caractériser chaque lumière, chaque couleur par une grandeur caractéristique de la vibration qui la porte. C'est ce qu'on appelle la longueur d'onde. La longueur d'onde, c'est la distance parcourue par une vibration dans le vide lorsque, partant de son maximum (+1 dans l'exemple précédent), elle revient à +1, après être passée par son minimum (-1). Le temps mis à passer par les deux maxima s'appelle la période. La longueur d'onde c'est la longueur parcourue pendant une période.

Mais comment mesurer une telle longueur d'onde ?

Pour y parvenir, Young reviendra à ses expériences d'interférences à l'aide de diverses couleurs. La mesure de la distance des franges permet de déterminer la longueur d'onde.

Quelles sont-elles ? Dans le domaine du visible, la longueur d'onde s'étend de 3 500 Å à 7 200 Å (1 Å ou angström = 10^{-10} mètres). Le violet est voisin de 3 500 Å, le rouge de 7 200 Å.

Un jeune homme timide

En Science, on vénère les « génies », les novateurs, et c'est justice car ils jouent souvent un rôle décisif – et parfois même irremplaçable. Mais il arrive aussi qu'une idée flotte dans l'air, soit mûre à tel moment, et alors le talent consiste à la saisir avant les autres.

Ce fut le cas de Newton d'une part, de Leibniz de l'autre, qui saisirent l'idée du calcul différentiel qui, depuis Fermat, flottait dans l'air, puis qui la firent éclore – et ceci indépendamment l'un de l'autre.

Il en fut de même pour la lumière.

Quelques années après que Young eut réalisé ses extraordinaires études de la lumière, un jeune polytechnicien, Augustin Fresnel (1788-1827), redécouvrit indépendamment toutes les conclusions de Young, les généralisa, les mathématisa – alors même qu'il ignorait tout du travail de son prédécesseur.

On aurait pu penser que Fresnel revendiquerait une priorité qu'il n'avait pas, ou qu'à l'inverse Young mépriserait ce jeune Français venu plus tard que lui « dans l'arène ».

Il n'en fut rien.

Young se montra fort généreux, félicitant Fresnel pour les découvertes qu'il avait déjà faites, soulignant l'apport original du Français. Quant à Fresnel, aussitôt qu'il eut connaissance des découvertes de Young grâce à Arago, il le considéra comme un maître.

Bref, ils se comportèrent l'un et l'autre comme des scientifiques de légende, plus préoccupés de vérité que de gloire individuelle, laissant au second plan leur ego et comprenant que l'éthique scientifique doit passer avant tout.

Quelle belle leçon !

Parce que l'image est belle, pourquoi la cacherait-on ? Leur correspondance est charmante. Fresnel : « [...] J'ai avoué d'assez bonne grâce devant le public, en plusieurs occasions, l'antériorité de vos découvertes [...]. » Young : « J'ai eu pour la première fois le plaisir d'entendre [...] un travail d'optique lu par Monsieur Fresnel qui semble avoir redécouvert par ses propres efforts les lois d'interférence [...]. » On se croirait en des lieux idylliques et qu'on voudrait toujours académiques...

Polarisation

En fait, sans chauvinisme aucun, il apparaît que le travail de Fresnel est beaucoup plus théorique, plus systématique, plus complet que celui de Young (la formation très mathématique, certains disent trop, de l'École polytechnique a donc parfois du bon !). Il a développé en particulier un formalisme mathématique général qui permet d'expliquer tous les cas particuliers que l'on rencontre et que Young n'avait qu'effleurés.

Mais, en outre, il a expliqué un phénomène très particulier, la double réfraction.

Ce phénomène était déjà bien connu. Lorsqu'on éclaire un cristal un peu particulier appelé spath d'Islande, le rayon lumineux incident se scinde en deux rayons réfractés différents. Tout cela était bien mystérieux. Or, Fresnel a montré que si l'on considère avec Huygens que la lumière est une vibration qui vibre dans un plan perpendiculaire à sa direction de propagation, tout s'explique : le spath d'Islande laisse certes passer les vibrations dans deux directions perpendiculaires, mais pas à la même vitesse, pas avec le même « indice de réfraction » : ce cristal décompose donc la lumière en deux composantes et, ce faisant, fait bien apparaître que la lumière d'origine renfermait deux composantes superposées (un peu comme la lumière blanche renferme des couleurs superposées) qu'il sépare.

Si on les remélange, ces deux vibrations reconstituent la vibration initiale.

C'est bien sûr sur ce principe qu'on fabrique aujourd'hui les verres polarisants qui atténuent de moitié l'intensité de la lumière incidente en ne laissant passer la vibration lumineuse que dans un seul plan. Si l'on croise deux verres polarisants, c'est le noir ! Aucune lumière ne passe car les deux plans de lumière sont perpendiculaires. (Faites cette expérience simple avec deux paires de lunettes polarisantes. Vous regardez une source de lumière, en mettant les lunettes en parallèle, puis vous tournez l'une d'elles. À un certain moment, la lumière disparaîtra (noir). Cela prouvera que vous n'avez pas été roulé et que vous avez bien acheté deux lunettes polarisantes !) Comme cette propriété est commune à beaucoup de cristaux, on construira des microscopes polarisants pour étudier les minéraux des roches.

Les raies noires du Soleil

Newton avait montré que la lumière résultait de la combinaison de sept couleurs fondamentales. L'Anglais Wollaston en 1802, puis l'Allemand Fraunhofer en 1814, analysant à l'aide d'un prisme très dispersif la lumière venant du soleil, montrèrent que la lumière solaire pouvait se décomposer en raies de couleur différente. Certaines étaient intenses, d'autres plutôt pâles, mais le spectre était discontinu (voir la figure 3.3).

En jetant de la poudre de Sodium dans une flamme et en analysant la couleur émise à l'aide d'un prisme, Bunsen et Kirchhoff mirent en évidence que le Sodium est doté de raies caracté-

LA LUMIÈRE

Figure 3.3
Raies noires du Soleil.
Voici le spectre solaire, avec de très nombreuses raies noires, telles qu'a pu l'observer Fraunhofer.

ristiques bien définies. Faisant la même expérience avec du Potassium, ils constatèrent que les raies existent mais sont différentes. Ils étudièrent alors tous les corps chimiques possibles et constatèrent que chacun d'entre eux se caractérisait par une signature spectrométrique spécifique. Lorsqu'on mélangeait ces éléments et qu'on les jetait dans une flamme, on retrouvait les diverses raies correspondant aux divers éléments analysés. Par ce moyen, il devenait possible d'analyser, grâce au spectre optique, la composition chimique d'une flamme (et, plus généralement, de toute source lumineuse). C'est ainsi qu'il sera bientôt possible d'analyser la composition chimique du Soleil puis plus tard des étoiles lointaines. On parle de « spectroscopie », puis de « spectrométrie » lorsqu'on rendra cette méthode plus quantitative. Ainsi sont nées l'Astrophysique et la Chimie cosmique. Mais, surprise, au beau milieu de ce spectre solaire coloré du violet au rouge, Fraunhofer identifia des raies noires... oui, surprise !

Newton avait décomposé la lumière avec un prisme, Young et Fresnel avaient fabriqué des franges d'interférences dont une sur deux était noire, mais quelle pouvait bien être l'origine de ces

476 raies noires que l'opticien bavarois Joseph Fraunhofer avait mises en évidence dans le spectre solaire en 1814 ? S'agissait-il d'interférences ? Mais où se produisaient-elles ? Elles avaient une allure beaucoup moins régulière que les franges noires d'interférences. Quelle était leur origine ?

En fait, l'explication est venue en deux temps. Cinquante ans plus tard. Bunsen et Kirchhoff remarquèrent que parmi les raies noires du spectre solaire, deux d'entre elles correspondaient aux raies du Sodium qu'ils avaient identifiées au laboratoire. Ils décidèrent donc de mettre devant le prisme qui analyse la lumière solaire une flamme avec du Sodium. À leur grande surprise, les deux raies sombres devinrent encore plus sombres. Kirchhoff émit alors l'hypothèse suivante : le Sodium de la flamme avait absorbé les raies émises par le Sodium contenu dans le Soleil ! Le Sodium émet et absorbe les mêmes raies ! Extraordinaire.

Kirchhoff en déduisit autre chose. Si, dans le spectre solaire normal, ces deux raies noires qui correspondent aux raies d'émission du Sodium existent bien, c'est qu'entre le soleil et le prisme il existe du Sodium qui absorbe ces mêmes raies. Et il attribua l'absorption du Sodium à l'atmosphère terrestre. Erreur ! Car si l'absorption des raies provient bien d'une atmosphère, c'est de celle du Soleil lui-même !

Autrement dit, si le spectre solaire contient des raies noires, c'est parce que la composition chimique de l'atmosphère solaire filtre, élimine, absorbe certaines raies de la lumière émise par l'intérieur du Soleil, qui est une fournaise comme la flamme de Bunsen. Le soleil émet de la lumière, et en même temps son atmosphère en absorbe.

Ce processus durable (émission/absorption de lumière par la matière) trouvera une explication causale au début du XXe siècle avec la révolution des quanta.

Mais ses conséquences en matière d'observation astronomique sont immédiates. Lorsqu'on reçoit de la lumière provenant d'un astre lointain, celle-ci est la superposition de phénomènes d'absorption que d'émission : émission par les fournaises stellaires, absorption par les couches externes des étoiles, absorption par la matière interstellaire, etc. Quoi qu'il en soit, l'analyse spectrale astronomique, l'analyse des raies absorbées et émises notamment, si complexe du point de vue technique, se révèle être d'une richesse d'informations extraordinaire. Elle permet de déterminer la composition chimique des étoiles (voir la figure 3.4) ! La Cosmochimie était née !

La vitesse de la lumière

Cette lumière, que l'on conçut d'abord comme un faisceau de particules, puis comme un ensemble d'ondes faisant vibrer ce milieu mystérieux qu'était l'« éther », se propage très vite.

Tellement vite que certains, comme Kepler ou Descartes, supposaient que sa vitesse de propagation était infinie. D'autres, comme Galilée ou Newton, pensaient, eux, qu'elle était finie.

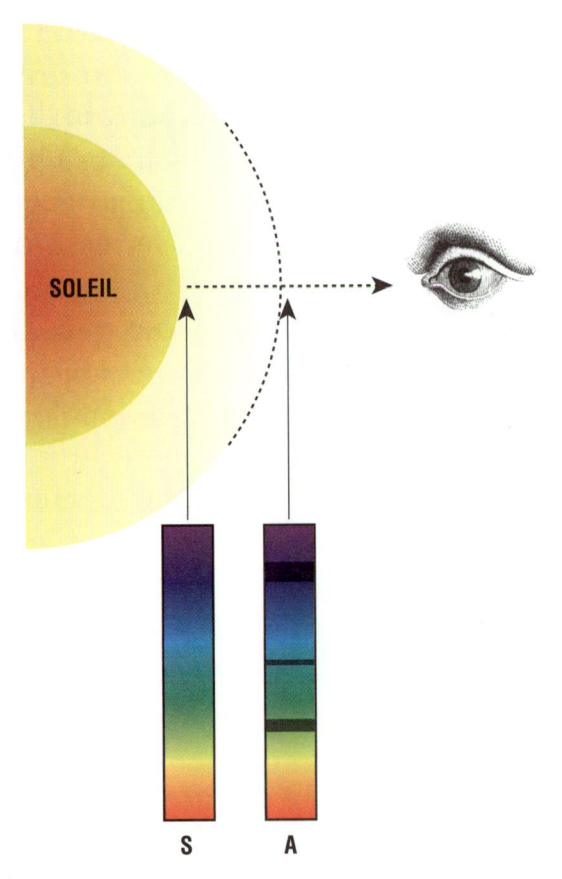

Figure 3.4
Explication des raies noires du Soleil.
Le Soleil émet de la lumière suivant sa composition chimique, et son atmosphère absorbe de la lumière correspondant à cette même composition. D'où l'existence de bandes noires, qui sont les composants chimiques principaux. Elles coexistent avec les bandes d'émission.
Ce principe sera étendu à l'analyse chimique des étoiles, dont on reçoit les raies d'émission et d'absorption.

Galilée avait même tenté une expérience pour la mesurer.

Naturellement, il n'avait pas d'horloge assez précise pour un tel projet, et il ne parvint qu'à dire : « Elle est vraiment très grande ! »

Cinquante ans plus tard, l'astronome danois Römer mit à profit l'une des découvertes de Galilée pour évaluer la vitesse de la lumière. L'un des satellites de Jupiter, Io, tourne autour de Jupiter en 42,5 heures. La Terre, elle, a un mouvement très simple par rapport à Jupiter. Pendant une moitié de l'année, elle s'en rapproche, pendant l'autre moitié elle s'en éloigne. La durée de l'éclipse du satellite Io mesuré de la Terre est plus grande lorsque la Terre s'éloigne de Jupiter que lorsqu'elle s'en approche. Römer en conclut que c'était à la vitesse finie de la lumière qu'on le devait. Mais contrairement à ce qu'affirment les manuels, il ne réalisa pas le calcul. Le premier sera le fait de l'astronome anglais Bradley qui recourut, lui, à l'observation des étoiles. Il trouva à peu près 300 000 kilomètres à la seconde. Ce qui était très bien !

Mais c'est Hippolyte Fizeau, en 1849, qui en donnera véritablement la mesure précise. Fizeau plaça deux lunettes dans le même alignement, l'une à Suresnes, l'autre à Montmartre, séparées de 8 633 mètres (l'alignement parfait ne devait pas être facile à réaliser !). Dans la seconde lunette, Fizeau avait remplacé l'oculaire par un miroir réfléchissant la lumière. Dans la première, il avait placé un miroir semi-réfléchissant qui lui permettrait à la fois d'envoyer de la lumière depuis une lampe très intense et d'observer le rayon de retour. À la sortie de la première lunette, il plaça une roue dentée dont il pouvait faire varier la vitesse. Les dents et les creux étaient « carrés », permettant d'émettre une lumière intermittente clignotante. Mais cette roue dentée permettait aussi d'arrêter la lumière réfléchie par la seconde lunette.

Il remarqua que s'il réglait convenablement la vitesse de la roue dentée, un faisceau lumineux partant de la première lunette – et réfléchi sur le miroir de la seconde – serait arrêté par la dent carrée suivante placée devant l'oculaire de Suresnes. L'observateur de Suresnes observerait alors une « éclipse » de la lueur à Montmartre.

Pour être précis, la roue avait 720 dents, la vitesse de rotation nécessaire était de 12 tours par seconde environ. Il évalua ainsi la vitesse de la lumière à 315 000 kilomètres par seconde.

L'année suivante verra une compétition acharnée entre deux expérimentateurs hors pair, amis puis rivaux, Fizeau et Foucault. Ils s'étaient attaqués à un autre problème de première importance.

La vitesse de la lumière est-elle plus grande dans l'air ou dans l'eau ?

Comme on ne pouvait espérer remplir d'eau la zone comprise entre Suresnes et Montmartre, il fallut imaginer d'autres dispositions. Foucault et Fizeau en inventèrent d'ingénieux, dont les trajets lumineux opéraient sur des distances d'une vingtaine de mètres à partir cette fois d'un miroir tournant très vite. Foucault gagna la compétition et donna le résultat le premier, mais Fizeau le confirma quelques mois plus tard : la **lumière se propage plus vite dans l'air que dans l'eau. On saura bientôt qu'elle se propage encore plus vite dans le vide.**

La lumière était décidément bien une onde... mais une onde très rapide.

Les couleurs

Nous avons dit que la Lumière était de nature ondulatoire, après avoir expliqué que la lumière blanche était constituée par un mélange de couleurs. Puis nous avons vu par quels moyens on avait mesuré la fabuleuse vitesse de la lumière. Quels rapports y a-t-il entre tout cela ? Et notre œil, quel rôle joue-t-il ?

Les anciens pensaient que c'était l'œil qui créait la lumière. On en rit aujourd'hui, mais l'idée était-elle si stupide que cela ?

Tentons de remettre un peu d'ordre dans ce fatras.

La vitesse de la lumière d'abord. C'est la même pour toutes les couleurs dans le vide (et dans l'air sec aussi). Si l'on répète l'expérience de Fizeau avec des lampes de couleurs différentes, on obtiendra à peu près la même vitesse, mais pas tout à fait. Car, lorsque la lumière traverse la matière, elle interagit avec elle et cette interaction dépend de la fréquence de vibration, donc de la couleur.

Dans la matière, les couleurs se propagent donc à des vitesses différentes, et c'est précisément cette différence qui permet au prisme de décomposer la lumière. Mais dans le vide, répétons-le, toutes les couleurs se propagent à la même vitesse.

Nous avons dit que la lumière blanche était constituée par le mélange de sept couleurs fondamentales. Cette division, pourtant bien mise en évidence par l'expérience de Newton, est due uniquement à notre œil et aux sensations que la lumière lui procure. Les fréquences de vibration de la lumière varient de manière continue. Certaines fréquences impressionnent la rétine, ce sont celles qui correspondent au spectre visible. Elles sont sélectionnées par l'œil. Les anciens n'avaient donc pas tort lorsqu'ils attribuaient à l'œil un rôle dans la création de la lumière.

La lumière blanche est celle qui impressionne l'œil. Il existe des fréquences lumineuses plus grandes qui n'impressionnent pas l'œil, ce sont les lumières ultraviolettes, d'autres qui ont des fréquences plus petites, ce sont les infrarouges. On les met facilement en évidence dans la décomposition par le prisme en montrant que de part et d'autres des couleurs visibles il y a « quelque chose » qui chauffe. Ceci peut, bien sûr, être mesuré puis étudié par des moyens plus élaborés. (Il existe des matériaux ou des animaux qui sont sensibles aux couleurs que l'œil humain ne voit pas.)

Les couleurs sont donc « fabriquées » par l'œil.

Dans ce cadre, on peut poursuivre le raisonnement. Toutes les couleurs peuvent être recréées à partir de trois couleurs primaires. À la télévision on utilise trois couleurs – le rouge, le vert et le bleu (voir la figure 3.5) –, que l'on superpose pour obtenir toutes les couleurs.

Lorsque deux couleurs mélangées redonnent de la lumière blanche, elles sont dites complémentaires.

Mélange additif
Couleurs secondaires

Mélange soustractif
Couleurs primaires

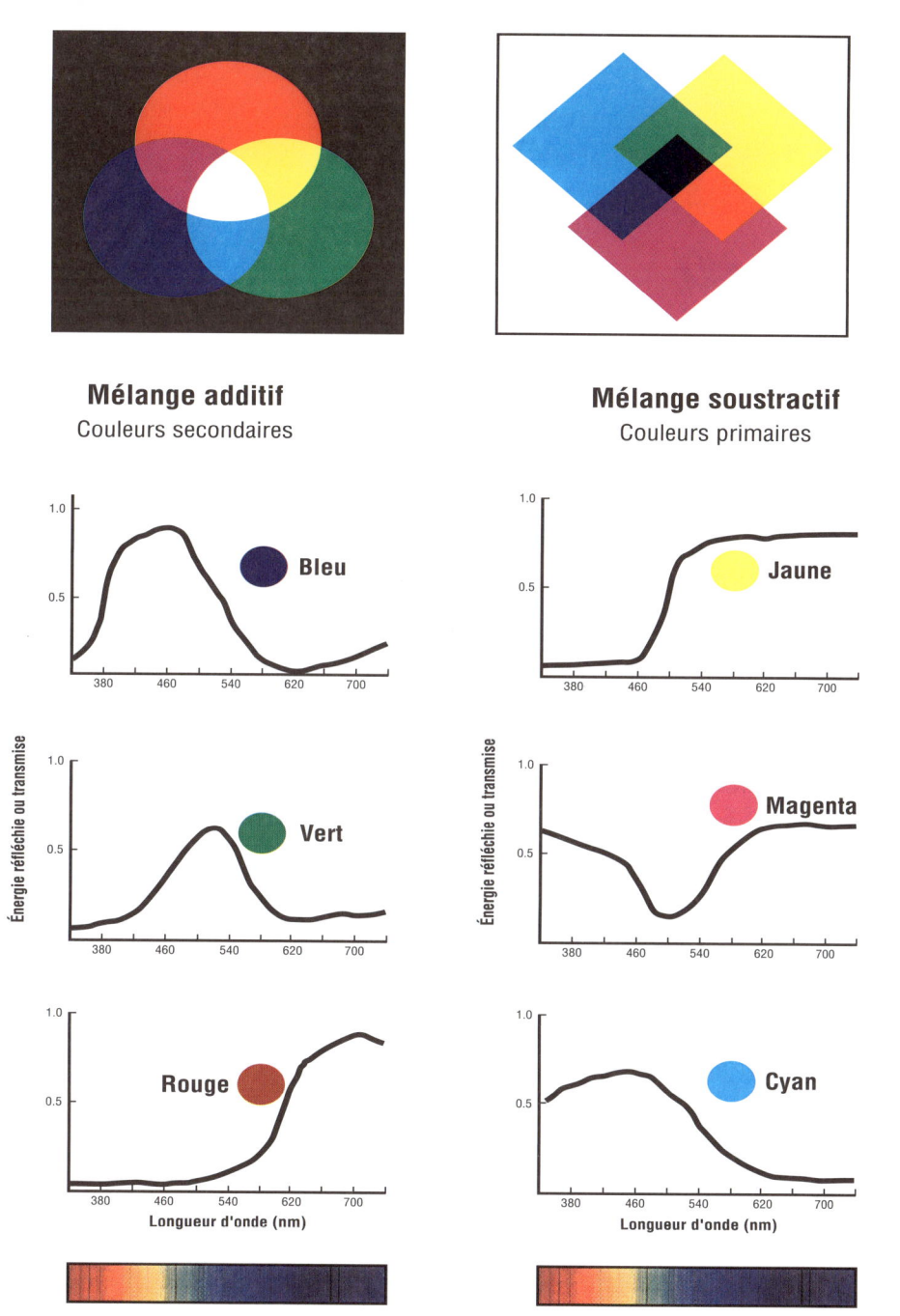

Figure 3.5
Schéma montrant comment les couleurs peuvent s'additionner ou se soustraire.
À gauche, on additionne des couleurs. À partir de trois couleurs fondamentales, Bleu-Vert-Rouge, on fabrique une lumière blanche.
En bas, le « spectre » de chaque couleur est représenté. En les additionnant, on reconstitue de la lumière blanche.
À droite, c'est l'inverse, on filtre de la lumière blanche avec des filtres de couleur Jaune-Magenta-Cyan. Ces filtres successifs éliminent chacun une partie du spectre, et au final on obtient du noir.

À partir du fait que rouge + bleu + vert = blanc, on peut écrire toute une série de relations amusantes.

Comme :

Jaune + bleu = blanc, car jaune = rouge + vert.

On peut aussi procéder à une synthèse de couleurs, non pas en additionnant, en surajoutant, mais en soustrayant des composantes par un filtre. Les trois couleurs fondamentales de la synthèse par soustraction sont les filtres magenta, cyan (un genre de bleu) et jaune (souvent appelés rouge, bleu et jaune par abus). Ce sont les couleurs fondamentales des teintures ou des photographies.

Quelle est l'explication de tout cela ? C'est qu'une couleur ne se caractérise pas par une seule fréquence de vibrations, mais par une distribution de fréquences en continuum. Or, l'œil réagit de manière discontinue à des distributions de fréquences continues. Ainsi, le mélange de couleur par addition ou par soustraction devient intelligible, car ainsi qu'on le voit sur la figure, les spectres des diverses couleurs sont eux-mêmes continus.

Une seconde propriété de l'œil, tout aussi fondamentale, tout aussi spécifique, est ce qu'on appelle la persistance des impressions visuelles.

Dans l'expérience de Fizeau, on avait mis à contribution cette rémanence, soit pour voir le signal briller à Montmartre, soit pour le voir éteint lorsqu'il était obstrué par les créneaux tournants.

Cette propriété de la rémanence de l'œil, que l'abbé Nollet avait découverte au XVIIIe siècle, va être mise à profit dans un appareil extraordinaire inventé en 1895 par les frères Lumière : le cinéma. Pourtant, cette technique a émergé très lentement, et pour la maîtriser, il aura fallu franchir bien des étapes marquées par les noms aujourd'hui oubliés de Dubosc (1841), Cook et Bonelli (1861), le grand Maxwell (1865), Marey (1882) qui tous se sont approchés de la solution, mais tous avec des objectifs purement scientifiques, allant de l'étude des objets tournants (qui donnera la stroboscopie) à l'examen du vol des oiseaux, sans oublier l'application artistique. Des livres entiers ont été écrits sur cette épopée...

Une fois encore, l'évolution des esprits aura été plus lente que celle des techniques.

Quoi qu'il en soit, on peut dire sans risquer de se tromper que le cinéma en couleurs est une invention de l'œil humain. Les animaux ne perçoivent certainement pas un film en couleurs de la même manière que nous alors qu'ils perçoivent comme nous un film en noir et blanc !

4

Les triangles magiques

L'astronomie est peut-être la science la plus ancienne, tant le ciel, surtout nocturne, fascine. Les myriades d'étoiles donnent un tel sentiment d'immensité qu'elles évoquent immédiatement une relation directe avec les dieux (et la lumière qu'elles émettent est là pour renforcer ce sentiment !). Lumière-Astronomie-Dieu, le lien magique.

D'ailleurs, toutes les religions, sous toutes les latitudes, à toutes les époques, ont localisé le royaume des dieux dans le ciel. L'astronomie a donc depuis toujours un parfum divin, et sa confusion avec l'astrologie, confusion qui désespère tous les astronomes modernes, est la cause même de l'intérêt considérable qu'elle a toujours suscité. Claude Ptolémée fabriquait des horoscopes pour les pharaons, comme Tycho Brahe pour le roi du Danemark, comme Johannes Kepler le faisait pour l'Empereur – ou Galilée pour les armateurs vénitiens.

Si le roi d'Angleterre avait créé le statut d'astronome royal et le roi de France un corps de scientifiques spéciaux, les astronomes, ce n'était pas par amour pour la Science. C'est qu'ils voulaient eux aussi qu'on leur prédise l'avenir ! Les astronomes modernes ont donc une certaine dette à l'égard de l'astrologie ! (Même si, comme moi, ils en déplorent les abus modernes.)

Par un pied de nez de l'Histoire, l'astronomie moderne, loin de prédire l'avenir, nous raconte beaucoup le passé, le passé de l'Univers.

C'est moins risqué ! Mais il faut bien le dire, tout aussi merveilleux.

Planètes et étoiles

À l'époque où l'observation des astres se faisait encore à l'œil nu, mais avec l'aide d'appareils de plus en plus sophistiqués – de longs tubes ouverts ou fermés au bout desquels on plaçait son œil et qui étaient liés à des cercles de bois destinés à mesurer les angles dans trois dimensions et dont les noms étaient fort poétiques (armilles, astrolabe, trique trame, alidade), on avait bel et bien distingué les planètes et les étoiles.

On savait déjà qu'il y avait des astres proches et des astres lointains.

Les uns et les autres brillaient dans le ciel nocturne, mais les étoiles étaient fixes alors que les planètes (astres errants) se mouvaient dans le fond du ciel. Elles bougeaient, elles tournaient, certaines d'ailleurs de manière un peu compliquée.

De là était née l'idée, en somme assez naturelle, que les étoiles sont localisées sur une grande sphère fixe, loin, très loin de nous, alors que les planètes se déplacent dans l'espace situé entre la Terre et les sphères des étoiles fixes (on disait la « sphère des fixes »).

Cette distinction entre étoiles et planètes est toujours valable aujourd'hui.

Le critère de distance est toujours parfaitement opératoire, puisque l'étoile la plus proche que l'on puisse voir la nuit, Alpha du Centaure, est située à trois années-lumière* et demie, alors que la planète la plus lointaine, Pluton, est située à cinq heures-lumière (c'est-à-dire 6 000 fois plus proche).

Mais à ce critère s'en ajoute un second, plus fondamental encore. **Les planètes sont des astres froids.** Elles ne sont brillantes que parce qu'elles réfléchissent la lumière du Soleil.

Les étoiles sont au contraire des émetteurs de lumière **des astres brûlants**. Ce sont de gigantesques chaudières nucléaires dont les températures se mesurent en millions ou en milliards de degrés, et qui émettent dans l'espace des quantités d'énergie considérables. Voilà la première distinction à bien faire en Astronomie. À cela s'en ajoute une autre, simple à comprendre mais essentielle : **le Soleil est une étoile**, notre étoile, **et autour de cette étoile tournent les planètes, dont la Terre.**

---

* Une année-lumière est la distance parcourue par la lumière en un an.

Le triangle magique, ou l'outil fondamental de l'astronome

Mais pour comprendre l'Astronomie classique, celle qui cadre tout, il faut quelques connaissances sur les triangles et leurs propriétés.

Oui, je sais, je risque de décourager bon nombre de lecteurs, peut-être aurais-je dû tout renvoyer en annexes, que seuls les lecteurs méthodiques lisent, mais tant pis, je prends le risque.

Je ne vous fais pas revenir sur les bancs de l'école, je ne vous dirai pas : « Tais-toi, mange ta soupe, apprends, tu verras plus tard que c'est utile. » Non, je vous dirai tout simplement : « Les triangles c'est important ! »

Avec des triangles, les anciens (les Grecs, les Babyloniens, les Égyptiens) ont compris une quantité de choses extraordinaires, jugez plutôt : ils ont estimé le rayon de la Terre depuis sa surface – puis la distance Terre-Lune.

Explorant de proche en proche, ils ont par la suite déterminé la distance de la Terre au Soleil, puis le diamètre du Soleil. Avec comme seuls moyens, leurs yeux et des triangles !

N'y a-t-il pas de quoi vous intéresser aux triangles ?

Premier concept. Parmi les triangles, il en est un qui domine tous les autres, c'est le **triangle rectangle**. Celui dont l'un des angles est droit.

Pourquoi domine-t-il les autres ? Le triangle isocèle (deux côtés égaux) ou l'équilatéral (trois côtés égaux) sont pourtant bien plus élégants, me direz-vous. L'un et l'autre recèlent en outre les secrets de la symétrie.

Eh bien non, je persévère, c'est le triangle rectangle le plus important !

D'abord parce que tout triangle peut être divisé en deux triangles rectangles. Il suffit pour cela d'abaisser la perpendiculaire d'un sommet sur un côté (n'importe lequel). Ensuite, parce que avec un triangle rectangle on peut calculer beaucoup de choses.

Vers 550 avant J.-C., le pharaon égyptien Amasis voulut mesurer la hauteur de la grande pyramide de Khéops afin de s'en faire construire une plus haute encore. Mais comment mesurer la hauteur d'une pyramide, objet plein dont les faces sont obliques ?

On lui signala l'existence d'un mathématicien grec qui vivait dans l'île de Milet, et qu'on disait génial (le tam-tam médiatique existait déjà à cette époque !). Thalès prit le bateau, arriva en Égypte et se fit conduire sur le plateau de Gizeh. Il attendit le coucher du Soleil et déclara : « Je reviendrai le moment venu et donnerai alors la hauteur de la pyramide de Khéops » (voir la figure 4.1). Puis il repartit en Grèce, laissant les notables égyptiens dans la plus grande perplexité. Mais quand le moment serait-il venu ?

En octobre, Thalès revint en effet en Égypte. Il monta à nouveau à Gizeh avant le coucher du Soleil. Puis, après avoir mesuré sa propre taille, il fit une marque sur le sable correspondant à la

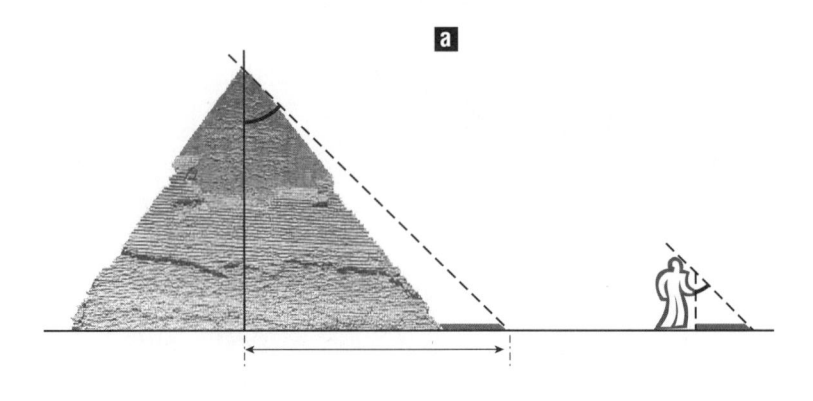

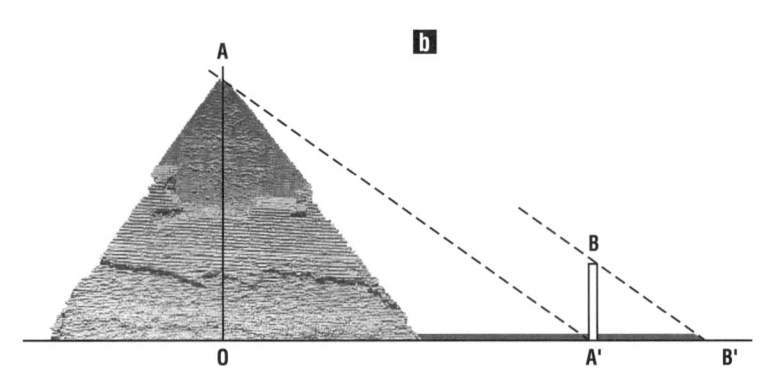

Figure 4.1
a) Méthode utilisée par Thalès pour mesurer la hauteur de la Pyramide de Khéops.
Il fit former aux rayons solaires deux triangles rectangles isocèles dont, pour l'un, il avait mesuré la base (sa taille).
b) Plus tard, il se rendit compte que n'importe quel triangle rectangle semblable faisait l'affaire, à partir du moment où l'on connaissait la hauteur et la longueur de l'un d'eux.

mesure et attendit. Le Soleil se couchait dans un plan perpendiculaire à l'une des bases de la grande pyramide. La gigantesque ombre portée des pyramides se projetait sur le sol. La plus petite ombre de Thalès s'y projetait aussi. Il dit alors aux Égyptiens : « Lorsque mon ombre portée sera de la même longueur que moi, c'est-à-dire à l'endroit où j'ai fait une marque, faites une marque sur le sol correspondant à l'ombre de la pyramide. Vous aurez mesuré sa hauteur. »

C'est ainsi que Thalès montra au monde ce qu'étaient des triangles rectangles isocèles semblables. Ils avaient la même forme, les mêmes angles, le rapport de leurs dimensions était constant, mais ils étaient de taille différente.

En fait, Thalès n'avait pas besoin d'attendre que son ombre portée ait la même dimension que lui, il aurait pu procéder à la mesure à tout moment comme il le comprendra et démontrera plus tard ! Mais peu importe, l'histoire est belle*.

Ce théorème des triangles semblables permet de démontrer facilement que **la somme des angles d'un triangle est égale à un angle plat** (c'est-à-dire 180°).

Quelque temps après, Pythagore démontra un second théorème fondamental en mathématiques : **« Dans un triangle rectangle, le carré de l'hypoténuse est égal**, si je ne m'abuse, **à la somme des carrés des deux autres côtés. »**

Ce théorème est un monument des Mathématiques, et pourtant sa démonstration peut être faite d'une manière très simple en utilisant des constructions géométriques.

---

* André Pichot, *La Naissance de la science*, 2. *La Grèce présocratique*, Paris, Gallimard, coll. « Folio essais », 1991.

Toute cette machinerie des propriétés des triangles sera essentielle en Astronomie. Retenons cette idée : dans un triangle rectangle, il suffit de connaître deux éléments (un angle et un côté), pour tout calculer.

Troisième point : pour un triangle rectangle donné, on peut **mesurer les angles** à partir de deux mots/concepts qui font souvent frémir, mais que je veux vous aider à apprivoiser : le sinus et le cosinus.

Commençons par le sinus. Imaginez que vous montez le long d'une route d'inclinaison constante. Quand vous avez parcouru une distance l (1 000 mètres) le long de cette route, vous vous êtes élevé de la hauteur h (100 mètres).

Eh bien, le « sinus » de l'angle d'inclinaison de la route, c'est tout simplement le rapport h/l. Dans notre exemple : 100/1 000 = 0,1.

Et dans une table de trigonométrie (le résultat est aujourd'hui programmé dans toutes les calculettes ou presque), vous constaterez que si le sinus vaut 0,1, alors l'inclinaison de la route est de 6° (à vérifier).

Si la route ne monte pas, l'inclinaison est égale à zéro, et bien sûr h aussi : vous n'êtes pas plus haut au bout de 1 000 mètres qu'au début. Si la pente est de 30°, le sinus vaut 0,5 : au bout de 1 000 mètres, vous aurez grimpé de 500 mètres.

Et si, au lieu de mesurer de combien vous êtes monté, vous souhaitez mesurer de combien vous avez avancé à l'horizontale (x), eh bien vous pouvez partir du cosinus de l'angle considéré, soit x/l. Voilà, vous savez tout. Vous voyez que ce n'était pas si terrible...

À partir de là, les astronomes ont mesuré une quantité incroyable de choses !

Le rayon de la Terre ? Ératosthène le donna (voir chap. 10).

Ensuite, en s'appuyant sur les éclipses de la Lune, on a pu mesurer le rapport $\frac{\text{diamètre de la Lune}}{\text{diamètre de la Terre}}$ et donc évaluer le diamètre de la Lune, etc. (voir la figure 4.2).

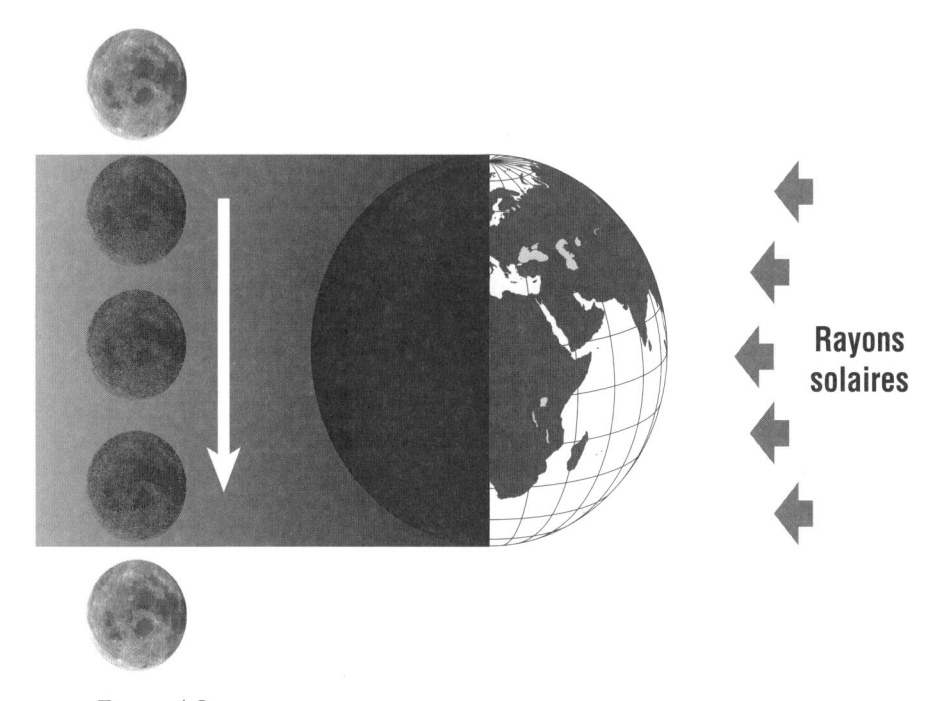

Figure 4.2
Lors d'une éclipse de Lune par la Terre, on mesure la durée que met la Lune pour traverser la zone d'ombre de la Terre.
Si l'on connaît la vitesse de rotation de la Lune autour de la Terre, on en déduit la taille de la Lune par rapport à la zone d'ombre de la Terre, donc par rapport au diamètre de la Terre.

Le mouvement des planètes : Copernic contre Ptolémée

Dans bien des livres, qu'ils soient scientifiques ou non, on parle de la grande révolution introduite par Copernic en 1543. Cette **révolution copernicienne** marquerait, d'après certains, le début de la Science.

C'est, à mon avis, beaucoup d'honneur fait à Copernic, et qui s'explique d'abord par le fait que Copernic était ecclésiastique et que l'Église, qui a écrit à travers ses moines une bonne partie de l'Histoire, voudrait nous faire croire – malgré le procès intenté à Galilée – qu'elle a été un moteur important du progrès scientifique*…

Nicolas Copernic a proposé en 1543 une explication du monde suivant laquelle la Terre tournait autour du Soleil et non l'inverse, contrairement aux théories admises jusque-là et qui remontaient aux Grecs, à Aristote d'abord puis à Ptolémée.

Pour lui, le « centre du monde » était le Soleil et non la Terre. On parle de la théorie héliocentrique (Hélios = Soleil en grec) par opposition à la théorie géocentrique (Geo = Terre en grec) selon laquelle c'est le Soleil qui tourne autour de la Terre. Les arguments donnés sont bien connus : en faveur du système géocentrique le Soleil se « lève » à l'est, est plus haut dans le ciel à midi et se couche à l'ouest, il tourne donc de manière « évidente » autour de la Terre qui, puisqu'elle est le centre, est

---

* Indirectement, c'est incontestable !

fixe par définition*. Les autres planètes tournent, elles aussi, autour de la Terre. Cette vision des choses fait de la Terre le centre fixe du monde, le centre de l'Univers. La Terre, habitat de l'être central de l'Univers, l'Homme, tel était le point de vue d'Aristote qui avait balayé les doutes exprimés par Pythagore, puis par son maître Platon. Mais il fallait bien un jour dépasser les apparences et expliquer, par une théorie élaborée, les mouvements des planètes tels qu'on les observait dans le ciel nocturne. Ce fut l'œuvre de Claude Ptolémée, qui vivait à Alexandrie à l'époque des Lagides (90-168). Il lui avait donné une formulation extrêmement élaborée à l'aide de constructions géométriques astucieuses fondées sur des cercles tournant eux-mêmes sur d'autres cercles (voir la figure 4.3).

Sa construction était si ingénieuse qu'elle lui permettait de prévoir les mouvements des planètes dans le ciel avec une très bonne précision. Grâce à quoi il gagna beaucoup d'argent en fabriquant des… horoscopes.

Cette théorie des trajectoires des planètes et du Soleil tournant autour de la Terre fut la doctrine officielle des Églises chrétiennes jusqu'au…

---

* Cette fixité de la Terre était indispensable pour « démontrer » la rotation du Soleil autour de la Terre, car si la Terre tournait il n'était pas nécessaire de faire tourner le Soleil. C'est pourquoi, à l'occasion des grandes batailles scientifiques, et notamment celles dans lesquelles Galilée s'est trouvé impliqué, on récuse tout autant ce mouvement de la Terre sur elle-même que sa rotation autour du Soleil. C'est pourquoi aussi ces deux mouvements sont parfois confondus.

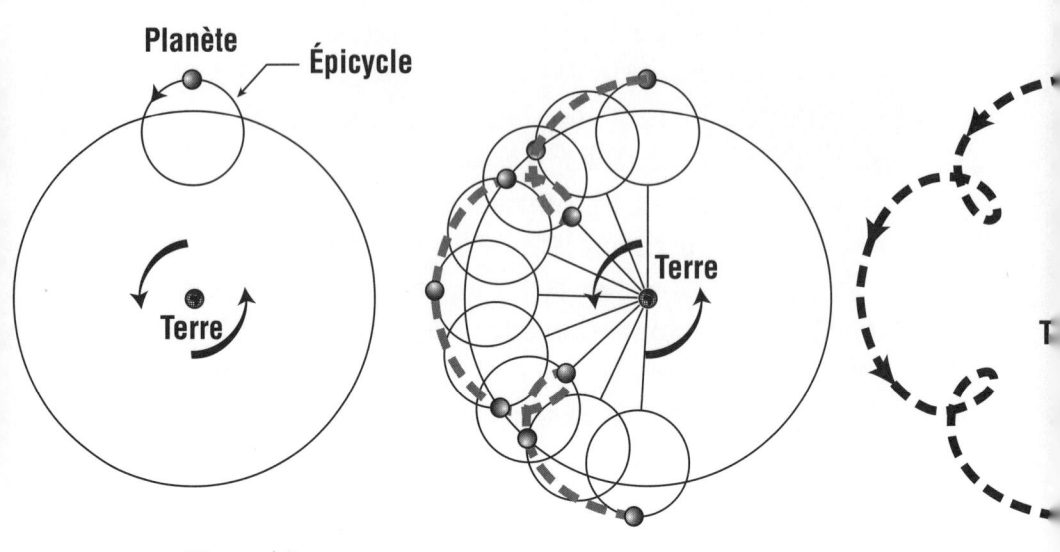

Figure 4.3
Construction imaginée par Ptolémée dans son système géocentrique pour rendre compte des trajectoires des planètes vues de la Terre. Il imaginait une orbite, et sur cette orbite un petit cercle tournait, les planètes étant attachées au petit cercle.
À droite, la trajectoire finale obtenue (qui ressemble beaucoup à la trajectoire de Mercure observée de la Terre).

XVIIIe siècle, et même au début du XIXe. Les savants, quant à eux, ont tourné casaque au XVIIe siècle grâce aux travaux de deux autres géants de la Science : Kepler et Galilée.

Aristarque

Pourtant, bien avant Ptolémée (mais après Aristote, 384-322 avant J.-C.), un autre Grec, Aristarque de Samos (310-230 av. J.-C.), avait déjà proposé l'idée que c'est la Terre qui tourne autour du Soleil et non l'inverse.

Et il l'avait fait sur des bases très sérieuses, qu'on peut qualifier de scientifiques.

Par une méthode de triangulation (encore !), Aristarque avait calculé la distance qui nous sépare du Soleil.

À la demi-lune, il avait vu que les rayons émis par le Soleil étaient perpendiculaires à la droite Terre-Lune (voir figure 4.4).

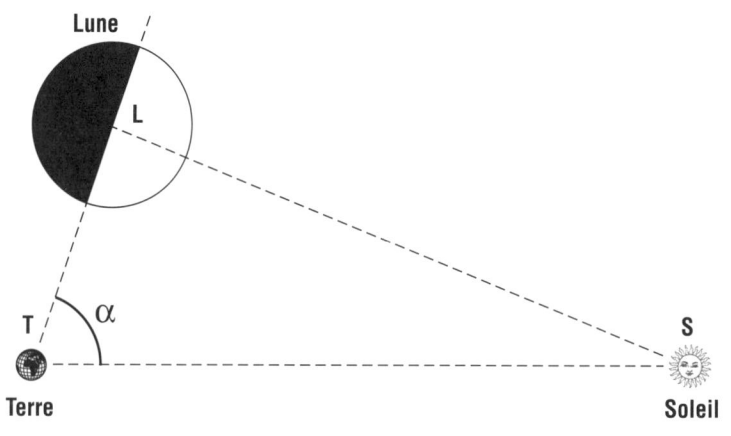

Figure 4.4
Principe de la détermination de la distance du Soleil à la Terre par Aristarque en utilisant la conjonction de la demi-lune.

En visant là où avait disparu le Soleil, il pouvait construire un triangle rectangle dont il connaissait deux des angles. Connaissant la distance Terre-Lune, estimée elle aussi par un exercice de triangulation (il suffit de connaître la taille de la Lune et l'angle sous lequel on la voit), il calcula la distance au Soleil.

Il trouva que le Soleil était 19 fois plus éloigné de la Terre que la Lune.

La vérité est qu'il l'est 400 fois plus. Mais Aristarque ne disposait pas d'instrument pour mesurer précisément des angles si proches de 90°, et l'on comprend que son erreur ait été si grande.

Sa détermination était donc inexacte, mais suffisante pour lui permettre d'affirmer que le Soleil, situé très loin, devait être très gros (s'il est 20 fois plus loin que la Lune alors qu'il a la même taille apparente, c'est qu'il est en réalité 20 fois plus gros, tout simplement) et donc que si l'on admettait que le Soleil tournait autour de la Terre, c'était le très gros objet qui tournait autour du petit, et ceci à une vitesse vertigineuse. Théorie révolutionnaire ?

Suffisante en tout cas pour qu'on l'accuse d'impiété. On lui intenta un procès. Pour le mettre en accusation, on avait fait venir spécialement d'Athènes un sophiste, Cléantre.

Aristarque disparut alors fort opportunément et l'on n'eut plus jamais de nouvelles de lui.

Copernic

Les siècles passèrent…

Un moine polonais, Nicolas Copernic (1473-1543), exhuma alors la théorie d'Aristarque et se mit à construire un modèle de système solaire en suggérant que toutes les planètes (et donc la Terre) tournaient autour du Soleil en vertu de trajectoires circulaires en même temps qu'elles tournaient sur elles-mêmes. Avec, bien sûr, comme objectif principal de parvenir à prédire les mouvements des planètes observées dans le ciel mieux que Ptolémée…

Avec des cercles seuls, son système ne « marchait » pas bien. Il recourut donc lui aussi au principe des petits cercles tournant sur de plus grands, car, vus de la Terre, tous les mouvements des planètes ont des trajectoires compliquées – et aucune ne ressemble à une ellipse simple. Bref, il constituait, lui aussi, une véritable machinerie d'horloger !

En somme, Copernic fabriqua un système aussi complexe que celui de Ptolémée si ce n'est qu'il plaçait le Soleil en son centre, et non pas la Terre.

On ne peut pas dire que son travail en fut facilité. Et ce, d'autant moins que ses tables de prévision du mouvement des planètes étaient un peu moins bonnes que celles qu'avait calculées Ptolémée car il y prit sans doute moins de soin.

Le moine Copernic vivait au milieu d'évêques et d'archevêques une vie agréable et confortable. Se doutant bien que sa théorie risquait de choquer l'Église et les esprits bien-pensants, il la remisa dans ses tiroirs. Mais un jeune stagiaire protestant du nom de Retif trouvant son idée géniale, décida d'en publier quelques extraits : accueil poli, sans plus. Copernic, sous la pression de Rétif, décida donc de publier son ouvrage en entier. Il se préparait à le publier lorsqu'il... mourut. On était en 1543, l'ouvrage parut, intitulé *De Revolutionibus*. Il ne retint que peu l'attention, y compris de la part de l'Église. Seuls les protestants, fraîchement séparés de la branche mère, se déchaînèrent contre le livre : Luther, Calvin, Melanchthon, tous y allèrent de leur couplet vengeur, le traitant de fou dangereux. Mais de réaction de l'Église catholique, point. Copernic était un moine, et personne en son sein ne semblait prêter attention à son livre... Le silence semblait-il la meilleure parade ?

Affaire à suivre...

Tycho Brahe

Le Danois Tycho Brahe (1546-1601) est considéré comme le prince des observateurs astronomiques.

Songez que ses observations du ciel, qu'il s'agisse d'étoiles, d'explosions de Supernovae ou de comètes, figurent encore aujourd'hui dans les catalogues astronomiques alors qu'elles ont été réalisées... à l'œil nu il y a quatre cents ans ! (Pour quelques années, Tycho Brahe a manqué la lunette astronomique qui sera mise en œuvre par Galilée à partir de 1609 – et c'est bien dommage pour la Science.)

Cet homme était un personnage de légende. Noble, hautain, méprisant et tyrannique, dynamique, entreprenant, enthousiaste, il avait réussi à convaincre le roi Frédéric II du Danemark de lui laisser construire dans une île entièrement dévolue à l'Astronomie un observatoire qu'il appela Uranibourg.

Là, dans des bâtiments magnifiques, entouré de serviteurs et d'assistants nombreux qu'il commandait d'une manière totalement dictatoriale, et même brutale, il construisit des appareils de visée et accumula des observations fort précises du ciel, remplissant des livres entiers de chiffres, d'annotations, de remarques fort précieuses. Ce sont elles qui composeront plus tard les Tables d'Uranibourg, catalogue d'observations astronomiques fameux entre tous.

Pourquoi le roi Frédéric II du Danemark s'intéressait-il tant à l'Astronomie ?

Encore et toujours la même réponse : pour se faire confectionner des horoscopes et prévoir l'avenir. Et Tycho Brahe s'y livrait régulièrement, pour le court et pour le long terme.

Malheureusement, le successeur de Frédéric, Christian, avait moins d'intérêt pour l'astronomie et comme Tycho s'était rendu insupportable et exigeant, il lui coupa les vivres. De rage, Tycho Brahe quitta le Danemark.

Fini Uranibourg, finie la ribambelle d'esclaves ! Mais Tycho Brahe trouva rapidement refuge auprès de l'empereur Rodolphe, lui aussi soucieux de connaître son avenir et qui avait créé auprès de lui un poste de mathématicien et astronome impérial (un beau titre !).

Il y nomma Tycho Brahe, le dota d'une belle pension et lui donna le château de Benatky en Tchéquie.

À ce moment, Tycho était parvenu à un tournant. Il avait réalisé que faire tourner toutes les planètes autour de la Terre posait des problèmes géométriques insurmontables, mais, d'un autre côté, renoncer à l'idée de la rotation du Soleil autour de la Terre lui était très difficile.

Dans ce genre de circonstances, pris entre deux feux, on transige.

Quand on a d'un côté les radicaux, de l'autre les socialistes, on fabrique les radicaux-socialistes. Et c'est ce que fit Tycho Brahe.

Il inventa un nouveau système hybride, ni celui de Ptolémée, ni celui de Copernic, mais une combinaison, un mélange des deux.

Les planètes tournent autour du Soleil, mais le Soleil (avec ses planètes accrochées) tourne lui-même autour de la Terre.

Système bâtard, dira Galilée un peu plus tard.

Et puis l'une des observations de Tycho ne collait pas avec son système, c'était le mouvement de la planète Mars vu de la Terre.

C'est un mouvement bizarre, une sorte de (Z) (voir la figure 4.5). Mars semble avancer puis reculer, puis avancer encore. Comment expliquer cela ? Tycho était perplexe. Il ne comprenait pas. On lui parla alors d'un jeune mathématicien, très brillant, qui s'intéressait fort à l'Astronomie. « Mais il s'agit d'un Autrichien protestant, Maître. – Qu'importe, répondit Tycho, s'il est brillant, qu'on le contacte, qu'on lui donne rendez-vous ici à Benatky. Au fait, quel est son nom ? – Johannes Kepler, Maître, et il a vingt-huit ans ans. »

Et c'est ainsi que Kepler devint en 1600 l'assistant de Tycho Brahe, nouant là un extraordinaire marché de dupes.

Tycho avait fait venir Kepler pour qu'il résolve le problème de l'Orbe de Mars, mais naturellement à l'intérieur de son système héliogéocentrique.

Kepler, lui, avait d'autres projets. À ce moment, il avait déjà compris que le système héliocentrique était sans doute le plus probable – mais à condition de modifier un peu le système élaboré par Copernic.

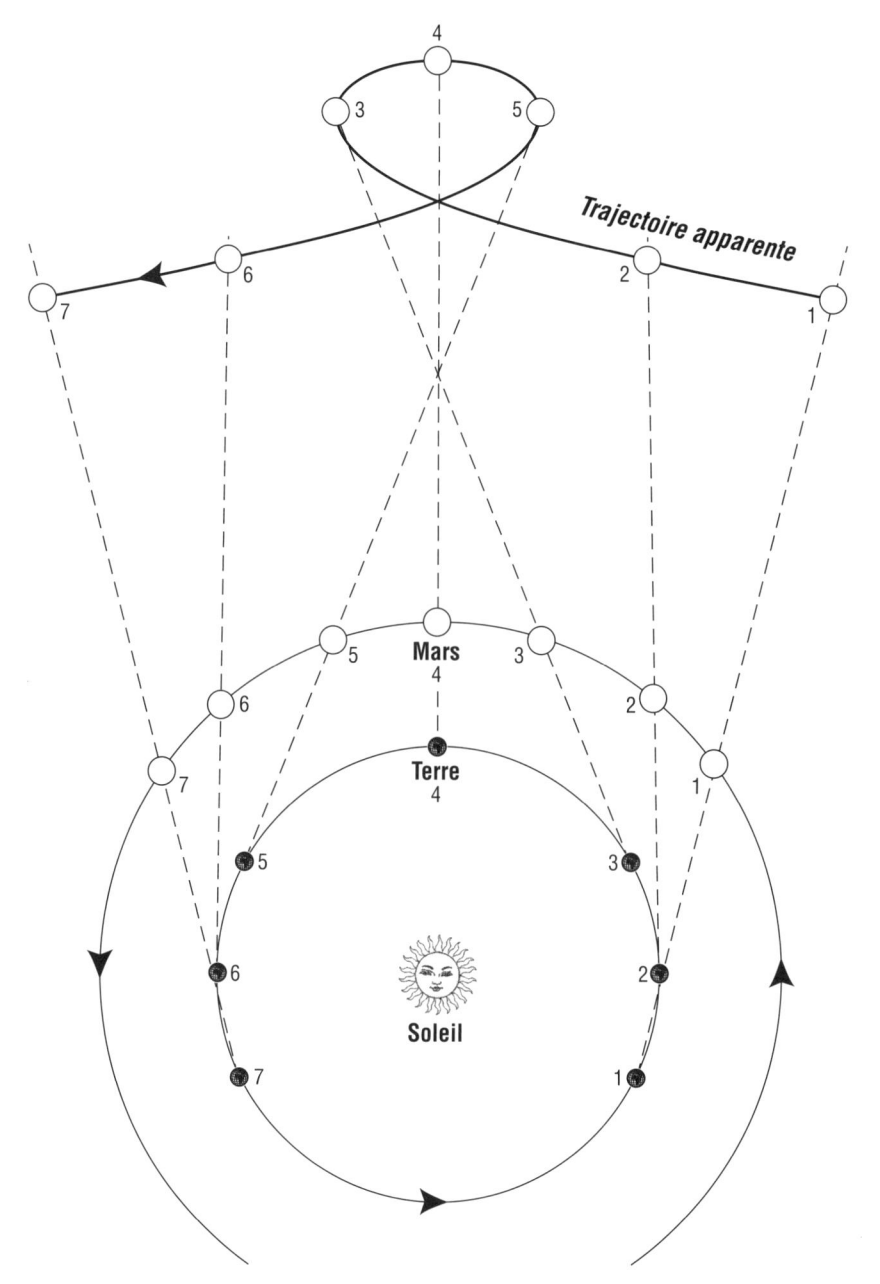

Figure 4.5
En haut, trajectoire de la planète Mars vue de la Terre.
En bas, l'explication par les mouvements relatifs de la Terre et de Mars.

Il s'en vint donc travailler chez Tycho Brahe pour une simple raison, prendre connaissance des milliers d'observations astronomiques que Tycho et ses nombreux assistants avaient accumulées et qui lui permettraient sans doute de démontrer la validité de son système à lui, le seul auquel il croyait, le système héliocentrique « total ».

Les premiers mois de travail furent difficiles. Ces deux fortes personnalités se heurtaient de front. Tycho était le patron, mais Kepler résistait. Excédé, fatigué de ce maître tyrannique, il quitta brusquement la Bohême pour rejoindre sa famille en Autriche. Mais Tycho, tout mégalomane qu'il fût, avait reconnu en Kepler un génie. Il le supplia donc de revenir, lui promettant calme et liberté. Et, après bien des hésitations, Kepler revint.

Une grande amitié entre les deux hommes se noua alors. Tycho commença à écouter Kepler. Il argumentait bien sûr, mais il était troublé par cette théorie héliocentrique plus précise, plus argumentée que ce qu'avait dit Copernic. N'avait-il pourtant pas fait lui-même la moitié du chemin en faisant tourner toutes les planètes, sauf la Terre, autour du Soleil ? Une véritable passion intellectuelle emporta les deux hommes, qui écriront séparément des pages émouvantes sur leur collaboration. Malheureusement, cette période idyllique fut de courte durée. Tycho mourut subitement d'une rétention urinaire. Kepler lui succéda à son poste d'astronome impérial, et, conformément aux volontés de Tycho, hérita des précieuses Tables d'observations. Kepler compléta ainsi le travail de son prédécesseur et le publia en 1609 où il énonce et démontre ses fameuses lois (voir la figure 4.6). Triomphe du système héliocentrique.

Les planètes tournent autour du Soleil sur des orbites qui sont des ellipses dont le Soleil est l'un des foyers.

Les mouvements des planètes suivent des rythmes immuables, lorsqu'elles sont dans la partie proche du Soleil elles accélèrent, lorsqu'elles en sont le plus éloignées elles sont plus lentes (on dira d'une manière plus conforme aux lois mathématiques que les surfaces balayées par le rayon vecteur – c'est-à-dire la droite joignant la planète au Soleil – sont toujours les mêmes pour une même unité de temps !). C'est la loi des aires.

Les périodes de rotation des planètes dépendent de leur éloignement au Soleil : plus elles sont proches, plus leur rotation est rapide. (Kepler donne la formule exacte de cette dépendance.)

À cela, il ajoute que **toutes les planètes tournent dans un même plan, dans le même sens, qu'elles tournent aussi sur elles-mêmes et que toutes ces rotations se font dans le même sens.**

Ce livre est l'une des plus belles œuvres scientifiques jamais réalisée. Sans ordinateur et sans calculette ! Des milliers d'heures de calcul à la main. Et tout cela pour détecter une clef : la nature elliptique des orbites. Lorsqu'on observe aujourd'hui l'orbite des planètes vue de l'Étoile polaire, on constate que les fameuses ellipses de Kepler sont en effet presque des cercles. Mais elles n'en sont pas !

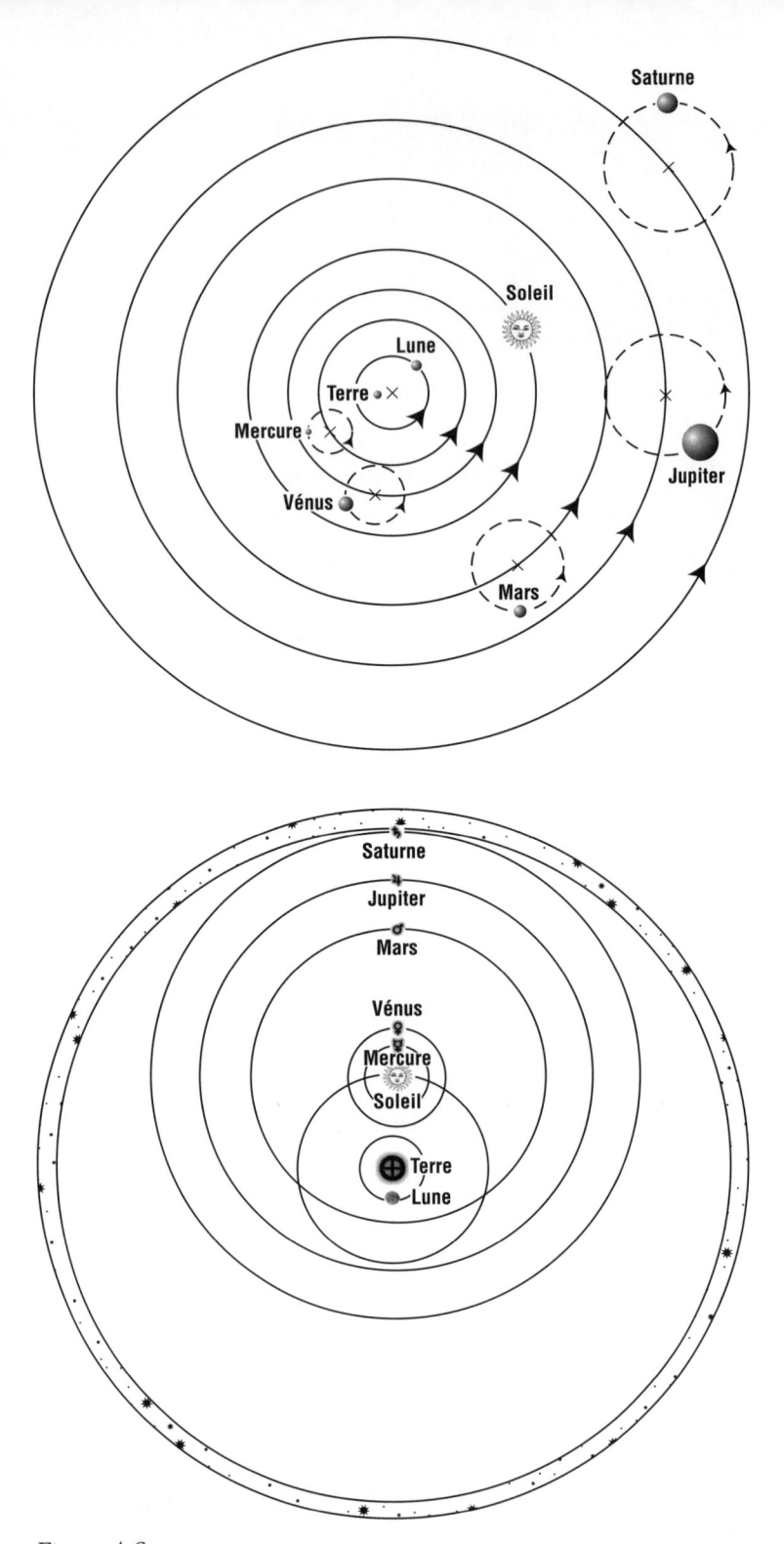

Figure 4.6
Schémas montrant les modèles successifs de :
  Ptolémée
  Tycho Brahe.

Il fallait du génie pour le voir. Une petite différence qui va faire toute la différence.

Galilée

Le rôle de Galilée fut à mon avis aussi grand, immense même, en Astronomie qu'en Physique. Dans la discipline qui nous occupe ici, il inventa véritablement la lunette astronomique. D'abord en améliorant celle qui avait été inventée ailleurs, à Amsterdam ou à Paris. Ensuite, en ayant l'idée de la tourner vers le ciel.

Quelqu'un dira au XIXe siècle : « Galilée n'a pas inventé la lunette, mais il a inventé une chose beaucoup plus importante encore : comment s'en servir. »

Et c'est vrai.

Et pourtant, c'est cette innovation qui lui vaudra tous les ennuis que l'on sait.

Galilée a pendant longtemps enseigné à l'université de Padoue la théorie de Copernic en parallèle avec celle de Ptolémée, mais sans prendre parti (officiellement) en faveur de l'une ou de l'autre. À partir de 1609, il change d'attitude. C'est à cette date qu'il « invente » la lunette astronomique en la tournant vers Jupiter. C'est alors qu'il découvre quatre petits satellites qui tournent autour de la grosse Planète. Ne tient-il pas la preuve que, dans la Nature, ce sont les petits astres qui tournent autour des gros ?

À partir de ce moment, il va prendre parti et défendre officiellement la théorie de Copernic, le système héliocentrique. Mais il faut aussi montrer que la Terre tourne sur elle-même. Pour cela il ajoutera à l'observation des satellites de Jupiter des arguments absurdes à propos des marées terrestres qui affaibliront son dossier scientifique. Tout cela lui vaudra bien des ennuis avec l'Inquisition, comme on le sait, et un procès retentissant en 1633 au cours duquel il devra abjurer publiquement l'héliocentrisme*.

Ce que l'on peut regretter aujourd'hui, c'est que Galilée n'ait pas prêté attention au livre de Kepler. Ce livre fut donc publié en 1609, l'année même où Galilée tournait sa lunette vers le ciel. Kepler eut beau l'adresser à Galilée avec une dédicace flatteuse et chaleureuse, Galilée ne le lut pas (à ce qu'il dit) et le négligea (ce qui est certain).

Pourtant, il y avait là de quoi faire éclater la vérité ! Curieuse coïncidence que le fait que l'Astronomie théorique (Kepler) et l'Astronomie d'observation (Galilée) soient nées la même année !

Et puis, comme on l'a dit plus haut, viendra plus tard Newton qui expliquera tout.

Le Zoo cosmique

Les astronomes se considèrent comme très supérieurs aux zoologistes (comme d'ailleurs les physiciens des particules).

---

* Voir Claude Allègre, *Si j'avais défendu Galilée*, Paris, Plon, 2003.

Pourtant les astronomes, comme les physiciens des particules, ont eu comme préoccupation première de répertorier puis de classer les objets qu'ils observaient. Comme les zoologistes.

Je voudrais ici réhabiliter la démarche de classification qui semble à beaucoup comme un exercice « pédestre » réservé à des esprits peu évolués.

Pourtant, il n'est pas d'exemple dans le développement de la Science des systèmes complexes (et même simples d'ailleurs) où la démarche scientifique n'ait commencé par une classification des observations ou des objets observés.

En Mathématique, on a classé les formes géométriques – droites, cercles, triangles, rectangles, carrés, etc. –, on a classé les nombres pairs, impairs, premiers, rationnels, irrationnels, les équations différentielles, paraboliques, hyperboliques, linéaires, non linéaires…

En Physique des particules, on sépare désormais les hadrons des leptons, les quarts d'après leur « couleur » ou leur « charme »…

En Zoologie, il n'y aurait eu ni théorie de l'évolution, ni Génétique, ni finalement de Biologie moléculaire sans les classifications des êtres vivants des Linné, Buffon, Geoffroy Saint-Hilaire et autres.

En Astronomie, il en va de même. Les classifications, quand elles sont bien faites, induisent les théories. Et j'oserais dire que la quête se poursuit aujourd'hui encore !

La hiérarchie cosmique telle que nous la percevons aujourd'hui est constituée par trois niveaux.

Les planètes. Ce sont des astres qui, on l'a dit, ne fabriquent pas de lumière, qui sont donc froids. Les seules qu'on a observées directement sont celles qui tournent autour du Soleil, mais, indirectement, par les perturbations qu'elles induisent, on a « découvert » récemment l'existence de planètes en dehors du système solaire, tournant autour d'autres étoiles : on les appelle les exoplanètes. Ce domaine de recherche devrait exploser dans les années qui viennent.

Les planètes du système solaire sont divisées en deux classes. Les **planètes internes**, encore appelées **telluriques**, celles qui sont proches du Soleil et dont la nature est fondamentalement rocheuse. Il s'agit de Mercure, Vénus, la Terre, Mars. La Terre étant dotée d'un satellite, la Lune, Mars de deux petits, Phobos et Deimos. ces planètes sont constituées de roches solides, dures, plus ou moins entourées d'atmosphères ténues.

Les **planètes externes**, appelées parfois planètes géantes : Jupiter, Saturne, Neptune, Uranus, Pluton.

Ces planètes géantes sont toutes constituées en majorité de gaz plus ou moins comprimé. Leur composition chimique est peu éloignée de celle du Soleil – de l'Hydrogène, de l'Hélium, un peu de Carbone et d'Azote. Toutes ces planètes géantes ont, tournant autour d'elles, des satellites assez nombreux, elles ont aussi des anneaux faits de morceaux de roches de tailles variables. On croyait autrefois que seule Saturne était entourée de ces anneaux, l'exploration spatiale nous en a fait découvrir la généralité.

Car l'exploration spatiale des planètes a été une aventure scientifique extraordinaire, qui s'est déroulée sur trente ans. On a pesé, ausculté, mesuré, photographié, beaucoup photographié toutes les planètes, et sous toutes les coutures. Désormais la Terre, notre Terre, est « située » parmi ses sœurs. Cette exploration planétaire est un sujet en soi… pour plus tard.

Les étoiles. Elles sont, à l'inverse des planètes, des astres chauds qui émettent une lumière intense. Le Soleil est une étoile parmi beaucoup, beaucoup d'autres.

Les étoiles sont en nombre si grand dans l'Univers que leur étude, leur classification, leur connaissance ont posé, et posent toujours aux astronomes des choix terribles.

Les Galaxies. Ce sont des associations, des sociétés d'étoiles. On a mis très longtemps à comprendre leur nature, car lorsqu'elles sont éloignées, elles apparaissent dans le ciel comme de simples points lumineux, un peu à la façon dont une ville apparaît comme un point lumineux lorsqu'on la photographie à partir d'un satellite.

La classification des étoiles

Dans la hiérarchie des structures que nous venons d'évoquer, l'étoile est centrale.

C'est autour d'elle que tournent les planètes. Ce sont elles qui sont les constituants des Galaxies.

Mais elles sont si nombreuses que l'on ne sait pas très bien par où commencer. Par le Soleil, bien sûr ! Mais après ?

L'astronome est, plus peut-être que d'autres scientifiques, tributaire de ses moyens d'observation.

Tycho travaillait à l'œil nu. Galilée inventa la lunette. Newton inventa le télescope à miroir. Bunsen et Kirchhoff découvrirent les secrets de la spectroscopie optique, c'est-à-dire de la décomposition de la lumière provenant du Soleil et des étoiles, grâce à l'utilisation d'un prisme placé derrière un télescope.

Et l'on peut désormais, en installant un spectrographe (un prisme dans les premiers temps et, ensuite, ce qu'on appelle un réseau) au foyer d'un télescope, viser une étoile et analyser sa lumière.

Une lumière est caractérisée par deux qualités.

La première est son intensité. Une lumière éclaire plus ou moins (une ampoule de 100 watts éclaire plus qu'une bougie). L'intensité est la traduction quantitative de cette propriété.

La seconde propriété signifiante, c'est la composition de son spectre optique. Combien de raies ? Quelles raies ? Quelle est la couleur dominante ?

Ce spectre optique va nous renseigner sur deux caractéristiques essentielles de l'étoile. D'une part sa température, d'autre part sa composition chimique. La relation entre composition chimique et spectre optique a été éclaircie précédemment.

Celle qui lie température et couleur est plus familière à chacun. On sait bien que lorsqu'on met en marche une plaque chauffante, elle est d'abord rouge sombre puis rouge cerise, avant de virer au bleu et enfin au blanc. On peut calibrer ces couleurs en températures.

Au début du XXe siècle, deux astronomes, l'un américain (Russell), l'autre danois (Hertzsprung) ont entrepris de classer les étoiles du cosmos à l'aide de deux paramètres : la couleur (c'est-à-dire la température de surface) et l'intensité lumineuse, la luminosité.

La couleur peut être mesurée directement à l'aide d'un spectrographe (ou mètre). Mais comment mesurer la luminosité d'une étoile située très loin dans le cosmos ?

On sait bien que plus un objet est éloigné et moins il brille. Alors comment faire pour mesurer la luminosité des étoiles si lointaines ?

Le préalable est, bien sûr, de mesurer la distance de l'étoile. Mais comment faire (voir la figure 4.7) ?

Eh bien, comme toujours, en utilisant les triangles. Mais, cette fois, on va retenir comme ligne de base, non pas le diamètre de la Terre, mais le diamètre de l'orbite terrestre. On va donc viser l'étoile en deux journées séparées par six mois (par exemple le 31 décembre et le 21 juillet), mesurer l'angle fait par les deux directions de visées, puis calculer la distance*.

Malheureusement, avec cette méthode « géométrique », on ne peut guère dépasser 100 années-lumière.

---

* Distance Terre-Soleil = 1 Unité Astronomique (UA).
UA = 3,262 années-lumière = 30 milliards de kilomètres.

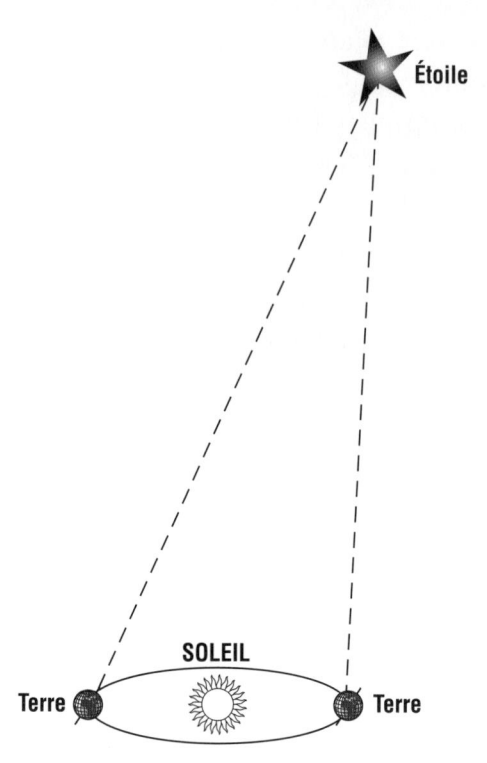

Figure 4.7
Principe de mesure de la distance des étoiles par la méthode dite des parallaxes.

Heureusement, en 1908, l'astronome américaine Henrietta Leavitt fit une découverte extraordinaire. Elle étudia des étoiles particulières, les céphéides, qui présentent une propriété particulière : elles brillent, s'obscurcissent, brillent à nouveau, bref, on a affaire à de véritables clignotants stellaires dont les pulsations sont très régulières.

Après en avoir étudié vingt-cinq, Henrietta Leavitt démontra que celles qui varient le plus lentement sont les plus grosses et les plus lumineuses. Cette luminosité étant susceptible de détermination précise dans la mesure où toutes ces céphéides se trouvaient à des distances inférieures à 100 années-lumière, donc déterminé par la méthode des parallaxes.

La luminosité varie comme l'inverse du carré de la distance (voir la figure 2.2). Ainsi, lorsqu'on connaît la distance et qu'on mesure la luminosité, on peut remonter à la source de la lumière.

Désormais, les chercheurs disposaient d'une méthode capable de déterminer la luminosité intrinsèque (c'est-à-dire sa luminosité non affaiblie par la distance) d'une étoile. Et ce, pour des distances bien plus importantes que 100 années-lumière car il existe des céphéides très lointaines dans l'Univers.

En retour, il serait possible de déterminer la luminosité d'une étoile proche d'une céphéide à partir de la luminosité mesurée et de la connaissance de la distance de la céphéide proche.

Lorsqu'on reporte les résultats des mesures effectuées sur des milliers d'étoiles dans le diagramme Luminosité, Couleur (voir la figure 4.8), on constate qu'elles ne se distribuent pas n'importe comment, mais qu'elles définissent des structures.

Dans ce diagramme, qu'on appelle désormais le diagramme H-R (des initiales d'Hertzsprung et Russell), la grande majorité des étoiles se placent sur une diagonale ondulante qui va des étoiles lumineuses et chaudes vers les étoiles plus pâles et plus « froides ».

Cette diagonale des étoiles banales s'appelle la **Séquence principale**. Sur cette séquence, un peu

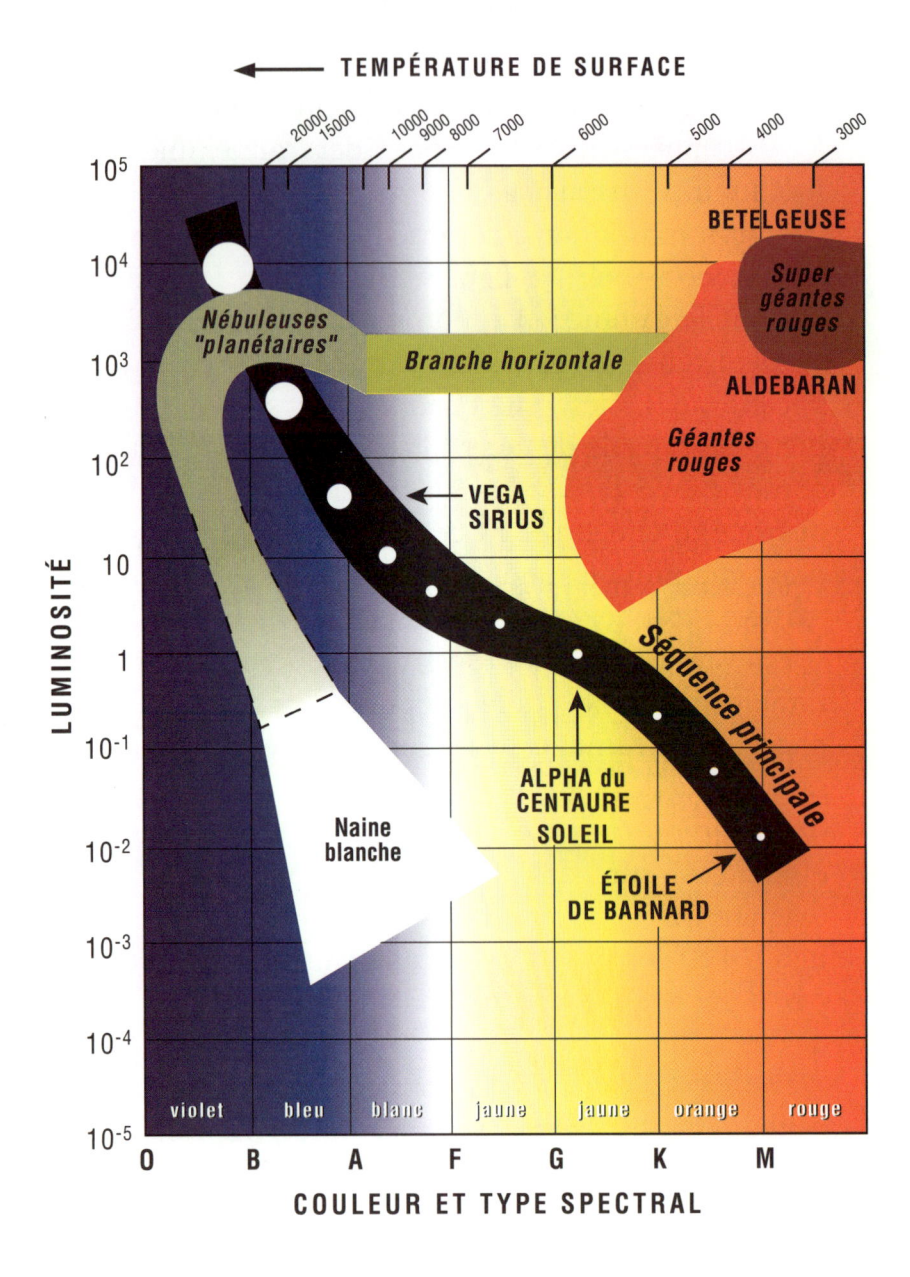

Figure 4.8
Diagramme des étoiles Hertzsprung-Russell (attention : la température augmente en allant vers la gauche).

en dessous de la moyenne, se place le Soleil, notre Soleil. Notre Soleil, qui est donc une étoile banale.

En haut à droite, dans la zone à forte luminosité et à température « faible », des étoiles particulières, grosses, majestueuses : les Géantes rouges, comme Bételgeuse.

En bas à gauche, des étoiles chaudes et faiblement lumineuses, petites, rabougries : les Naines blanches.

C'est à partir de ce diagramme, mais plus encore de son interprétation, que toute l'Astrophysique moderne va se développer... autour d'une interprétation qui fera appel à toutes les ressources de la Physique nucléaire.

Car, au début du siècle, lorsqu'on a mis un peu d'ordre dans cette immensité du ciel grâce au diagramme H-R, on n'avait pas la moindre idée des mécanismes qui sont à l'origine des étoiles et de leur extraordinaire luminosité.

Et lorsque le grand astronome anglais Arthur Eddington, l'astronome royal, professeur à Cambridge, passionné par tout ce qui touche au ciel, et donc aussi par la source d'énergie des étoiles, découvrira les réactions nucléaires que provoque son collègue Ernest Rutherford (voir le chapitre 8) au laboratoire, il aura immédiatement l'intuition du lien qui peut exister entre énergie nucléaire et énergie stellaire.

Confiant son idée à Rutherford, ce dernier lui dira : « Impossible, la température du Soleil est trop faible ! » Ce à quoi Eddington répliquera avec un bon sens de quaker : « J'ai du mal à penser que ce que vous faites dans votre laboratoire, le Soleil ne puisse pas le faire ! »

Mais tout cela est une autre histoire. C'est celle de l'Astrophysique.

Galaxies

Planètes, étoiles, galaxies, telle est la hiérarchie d'organisation de l'Univers. Les distances se mesurent en millions puis en milliards d'années-lumière… Les étoiles se comptent en milliards de milliards… C'est vraiment immense : on a l'impression de toucher à l'infini.

La notion de galaxies a eu beaucoup de mal à émerger en Astronomie.

Au début du siècle, dès que les instruments devinrent assez puissants, que la combinaison de miroirs pour concentrer la lumière fut devenue assez efficace, que l'Amérique commença à consacrer des moyens considérables à l'Astronomie en construisant les télescopes géants de Californie au mont Palomar puis au mont Wilson, les astronomes commencèrent à apercevoir des objets diffus et lumineux éloignés. De quoi s'agissait-il ?

Ils les appelèrent nébuleuses. Certains les pensaient associées à notre galaxie, la voie lactée, d'autres y voyaient des entourages de la voie lactée, d'autres des nuages de gaz s'échappant de la voie lactée.

C'est Hubble qui, en 1920, établit clairement et définitivement que la nébuleuse Andromède était analogue à notre voie lactée, mais distincte d'elle.

Depuis, on a localisé des milliards de galaxies dans le ciel. Lorsqu'elles sont proches (relativement !), on a pu étudier leur structure.

Certaines sont spiralées, avec des bras, certaines sont massives, elliptiques, renflées au centre, d'autres sont intermédiaires.

La Machine à remonter le temps

Ces galaxies se trouvent à des millions, voire à des milliards d'années-lumière. Ce qui veut dire que leur lumière a mis plusieurs millions, voire plusieurs milliards d'années pour nous parvenir ! Et cette lumière nous informe sur ce qui se passait dans la Galaxie en ces temps reculés.

Lorsque nous étudions le Soleil, la lumière a mis huit minutes pour parcourir la distance qui nous sépare de lui. Autant dire qu'on le voit presque « en temps réel ». Lorsqu'on observe l'étoile Alpha du Centaure, on observe cette étoile telle qu'elle était il y a trois ans. Mais lorsqu'on observe la Galaxie d'Andromède, ce sont des événements qui ont eu lieu il y a deux millions d'années dont nous sommes « témoins ».

Lorsqu'on observe des galaxies moyennes, il faut parler de centaines de millions, voire de milliards d'années.

Ainsi le ciel que nous regardons est un tableau diachronique. Comme si, dans une fresque historique, on avait au premier plan la Troisième République, au deuxième Louis XIV, au troisième Philippe le Bel se disputant avec Édouard d'Angleterre. Puis, dans le fond, le pharaon Khéops discutant avec le grand prêtre d'Amon. Le tout sur la même toile.

Observer loin, c'est observer tôt. Dans cette mesure, l'Astronomie est une discipline historique. Et cela parce que la vitesse de la lumière n'est pas infinie.

Un Univers en expansion

Lorsqu'elles sont éloignées, les galaxies apparaissent comme des points lumineux uniques, un peu comme les villes vues de très loin ne laissent apercevoir d'elles que des lueurs sans qu'on puisse distinguer ni les maisons, ni les éclairages des avenues.

On peut ainsi, grâce aux méthodes désormais classiques des astronomes, étudier les galaxies, leur couleur, leurs spectres optiques, comme on le fait pour des étoiles.

Ainsi, vers les années 1929-1930, Edwin Hubble, profitant des nouveaux télescopes de Californie, notamment de celui du mont Wilson, entreprit d'étudier les spectres des galaxies lointaines et mit en évidence un fait extraordinaire : les raies des spectres des galaxies étaient en gros identiques aux spectres d'étoiles, ce qui signifiait que leur composition chimique était voisine, moyennant toutefois une petite différence. La plupart des raies étaient décalées dans le sens des grandes longueurs d'onde, autrement dit vers la couleur rouge. C'est ce qu'on a vite appelé en jargon astronomique le décalage vers le rouge. Comment expliquer cela ?

En recourant à un phénomène dont nous avons tous fait l'expérience et que l'on appelle l'effet Doppler (voir la figure 4.9). Chacun de nous a remarqué que, dans une gare, on distingue très bien le bruit d'un train qui arrive de celui d'un train qui part. Dans le premier cas, les aigus sont dominants, dans le second cas, ce sont les graves. Cela provient du fait que les ondes (sonores) qui viennent vers nous ont des crêtes (de vague) plus rapprochées, donc une « longueur d'onde » plus courte, donc une fréquence plus élevée, un son plus aigu. Au contraire, les ondes qui s'éloignent de nous, comme le train qui part, ont des ondes aux crêtes plus espacées, et c'est pourquoi le son est plus grave.

Lorsque l'émetteur se rapproche, sa fréquence paraît plus aiguë. C'est l'inverse lorsque l'émetteur s'éloigne.

Il en va de même en Optique. Lorsqu'un objet se rapproche, les couleurs sont décalées vers le violet (la longueur d'onde est plus courte, la lumière plus « aiguë »), lorsqu'il s'éloigne, les couleurs sont décalées vers le rouge (la longueur d'onde est plus grande, la lumière est plus « grave »). La conclusion ne faisait aucun doute pour Hubble : les galaxies s'éloignaient de nous !

Hubble entreprit alors de classer ces vitesses d'éloignement et de les relier à d'autres paramètres.

Il constata alors que plus les galaxies étaient éloignées de nous, plus leur vitesse d'éloignement était

Spectres observés

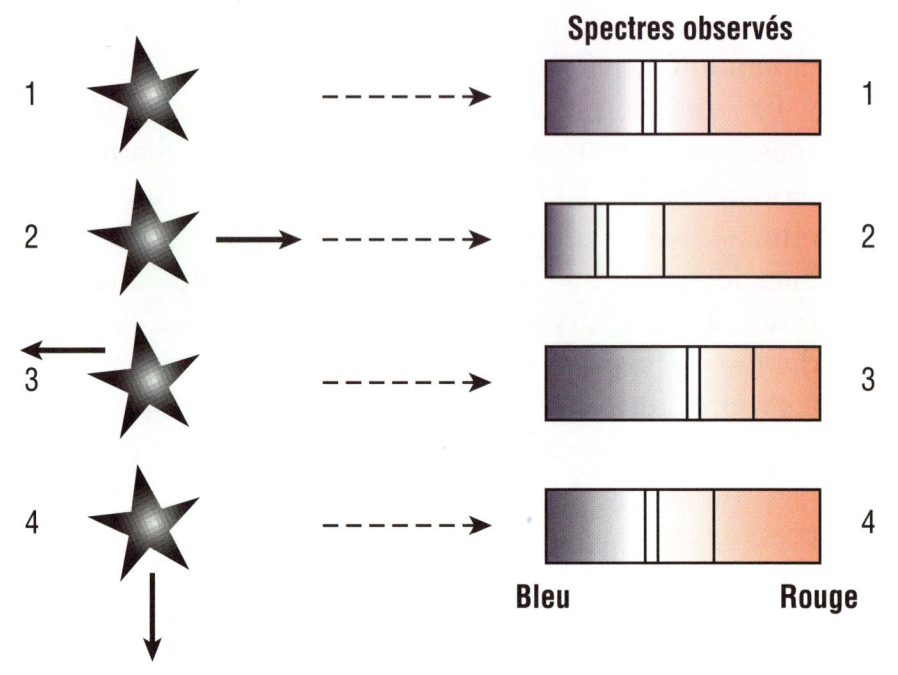

Bleu — Rouge

Figure 4.9
Principe de l'effet Doppler.
Voici quatre étoiles. De bas en haut.
Celle du haut est fixe.
L'étoile du dessous vient vers nous.
L'étoile suivante s'éloigne de nous.
L'étoile d'en bas se déplace parallèlement à nous.
On constate, dans chaque cas, le mouvement de certaines raies caractéristiques dans le spectre optique.

grande. Les plus rapides à s'échapper étaient les plus lointaines. Certes, il planait une certaine incertitude sur la mise en évidence de cette relation car la mesure des distances des galaxies s'opère en supposant qu'elles ont toutes une luminosité initiale identique, et que, par conséquent, leur plus ou moins grande « pâleur » mesure leur plus ou moins grande distance. Pourtant, une fois la mesure prise dans de nombreux cas, la relation sembla vérifiée.

Alors supposons maintenant que l'on remonte le temps.

Le passé que l'on traque pas à pas dans l'explication du phénomène devient intelligible si l'on admet que dans le passé, en un moment très ancien, toute la matière des galaxies est rassemblée en un même point. Puis qu'à partir de là, elles se sont éloignées les unes des autres, les plus rapides étant celles qui sont le plus éloignées de nous (et ce, quelle que soit notre position vis-à-vis du centre, comme le montre la figure 4.10).

Ces observations donnèrent tout à coup de la substance à des spéculations théoriques qu'avaient faites le Russe Friedmann en 1922, et l'abbé belge Georges Lemaître en 1927, à partir de la théorie de la Relativité générale d'Einstein. L'un et l'autre avaient en effet émis l'idée d'un univers en expansion, qui se dilaterait dans des proportions gigantesques.

Pourtant, il fallut attendre quelques années de plus pour voir George Gamow proposer l'idée qu'au début de l'Univers, toute la matière était concentrée en un petit point et que cette matière s'était brutalement éloignée sous l'effet d'un phénomène brutal qu'on appellera plus tard d'un mauvais (mais spectaculaire) nom : le Big-Bang. Mauvais parce qu'il donne l'impression qu'il s'agit d'une explosion, alors qu'il ne s'agit nullement de cela.

Gamow prédit que ce processus soudain très chaud avait dû donner naissance à un rayonnement

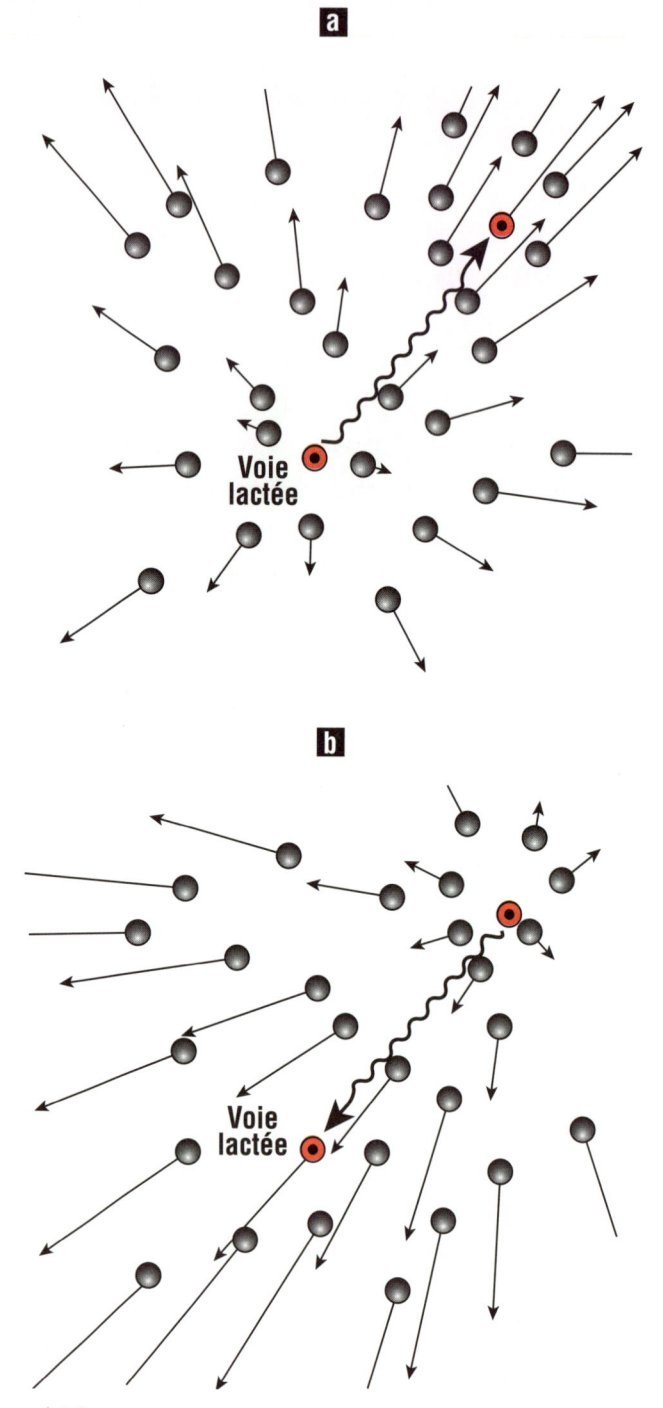

Figure 4.10
Image de l'expansion de l'Univers, qui nous montre que quelle que soit notre position, qui est mobile (représentée en couleur), les Galaxies s'éloignent de nous.

aujourd'hui refroidi à une température de 3° K (au sens du fameux corps noir de Planck dont nous allons parler. Et lorsque, après la guerre, les deux radioastronomes Penzias et Wilson découvriront par hasard le fameux rayonnement, ils confirmeront la prédiction de Gamow et établiront dans les esprits la réalité du Big-Bang.

Pour aller plus loin, imaginer le Big-Bang, ses étapes, l'énergie mise en jeu, il faut faire appel à tous les outils théoriques de la Physique moderne et conjuguer les théories difficiles qu'on appelle Électrodynamique quantique et Relativité.

Tel n'est pas notre propos ici, qui est seulement de montrer les prolongements spectaculaires qu'a permis l'étude de la décomposition de la lumière, autrement dit des spectres optiques.

5

Le mystère de l'énergie, premier épisode

L'énergie, le travail. On ne comprend rien aux sciences si l'on ne sait pas ce que recèlent ces mots. Dans la vie courante, ils ont un sens beaucoup plus général qui n'est pourtant pas si éloigné de leur acception scientifique. C'est ainsi que lorsqu'on parle de la crise de l'énergie ou du travail fourni, ou encore du temps de travail, on n'est pas si éloigné de l'univers de la Physique, comme on va le voir.

Pourtant, ces notions aujourd'hui essentielles, et qui sont à la base de nombreux raisonnements scientifiques comme le fameux principe de conservation de l'énergie, n'ont émergé que peu à peu.

Le premier à avoir parlé d'« énergie » est Galilée, qui avance le mot « energia » sans le définir. Il semble que ce soit le Français Coriolis (surtout connu pour la force qui porte son nom et qui concerne les corps en rotation) qui en ait donné la première définition rigoureuse, au début du XIXe siècle. Ainsi, pendant longtemps, cette notion d'énergie, qui est aujourd'hui centrale en Mécanique, est restée ignorée – ou plutôt non définie. On en subodorait l'importance, mais on ne l'utilisait pas.

Aujourd'hui encore, alors que l'énergie est l'une des références essentielles en Physique, eh bien, on ne sait toujours pas bien la définir. Car l'énergie n'est pas une entité en soi, il n'existe pas d'énergie concentrée ou isolée. Ce que nous pouvons mesurer expérimentalement, c'est la variation de l'énergie d'un système lorsqu'il se produit un changement. Cela paraît incroyable, et pourtant, c'est comme ça. Écoutons Richard Feynman, prix Nobel de Physique, l'un des grands physiciens du XXe siècle : « Il est important de réaliser que dans la Physique d'aujourd'hui, nous n'avons aucune connaissance de ce qu'est l'énergie. »

Cette notion centrale de la Physique se définit indirectement. Tout se passe comme dans les classes élémentaires, où l'on utilise (en Géométrie) la notion d'angle, notion essentielle s'il en est, en évitant soigneusement de la définir trop précisément. L'énergie, dit-on, c'est ce qui peut éventuellement produire du travail. Définition assez vague, on en conviendra.

Et pourtant, opérationnellement, l'énergie est un concept d'une efficacité remarquable.

Le travail

Pour creuser un trou, il faut fournir du travail, pour soulever un poids, il faut fournir du travail, pour déplacer une voiture aussi. Mais nous savons également que ce déplacement peut être obtenu par un moteur à essence ou électrique.

Nous avons donc tous une notion intuitive du travail. En Physique, le travail est défini précisément comme le produit d'une force par le déplacement du mobile sur lequel s'applique cette force.

Si l'on déplace, en le poussant, un objet lourd de cinq mètres, on produit en général plus de travail que si l'on déplaçait le même objet d'un mètre.

Si l'on soulève un carton de 20 kilos plein de livres à un mètre au-dessus du sol, on a effectué un travail moindre que si on le soulevait jusqu'à deux mètres. Dans ce cas, la force qu'on exerce est de sens contraire (et d'intensité un peu supérieure) à la force naturelle d'attraction gravitationnelle que la Terre exerce sur le carton de livres et qui est égale à sa masse que multiplie l'accélération de la gravité (20 kilogrammes $\times$ 10 mètres par seconde au carré).

Le travail à fournir pour soulever un carton de 20 kilogrammes de 2 mètres est donc $20 \times 10 \times 2 = 400$ joules.

Le joule est l'unité de travail quand on exprime la masse en kilogrammes et la distance en mètres. Il ne faut pas oublier de multiplier par l'accélération de la pesanteur, qui vaut environ 10 mètres par seconde au carré.

Si on lâche le carton après l'avoir soulevé de deux mètres, il retombe par terre. La chute du carton de livres correspond à une perte d'énergie (potentielle) et peut être utilisée pour produire du travail.

L'attraction de la Terre a permis de fournir un travail, lui aussi égal à 400 joules.

La meilleure preuve en est que, si l'on avait attaché le carton à un câble passant dans une poulie et accrochée à un autre carton, la chute du premier carton aurait permis au second de remonter à une certaine hauteur.

Comment traduire cela dans le langage de la Physique ? Lorsqu'on a hissé le premier carton sur une étagère à deux mètres, on a transformé le travail fourni en une grandeur stockée sur l'étagère, capable à elle seule de faire redescendre le carton à terre. On dit que le carton posé sur l'étagère possède de **l'énergie potentielle**. Potentielle, parce qu'il faut une action extérieure pour qu'elle s'exprime. Ainsi, tout objet pesant est associé à une énergie potentielle, et cette dernière dépend de sa position dans l'espace (pour nous, essentiellement son éloignement du centre de la Terre).

Dans cette acception, l'énergie est la capacité à produire du travail. Pendant que le carton tombe par terre, cette énergie potentielle se transforme en **énergie effective**, en énergie du mouvement, on dit en **énergie cinétique** (cinétique veut dire mouvement).

Curieuse quantité, qui se stocke ou s'exprime suivant la situation !

Le mystère s'épaissit.

Retour sur Galilée

Lorsque Galilée fit ses expériences à l'aide de billes roulant sur des plans inclinés, il était sur le point de mettre au jour la notion d'énergie et le principe de la conservation de cette énergie. Il avait en effet remarqué que, lorsqu'il prolongeait l'un de ses fameux plans inclinés par un autre plan incliné symétrique et lâchait une bille d'en haut, la bille roulait sur le premier plan, puis continuait son chemin sur le second, remontait à peu près au niveau de départ. Et ceci, quelles que soient les inclinaisons des deux plans inclinés (voir la figure 5.1).

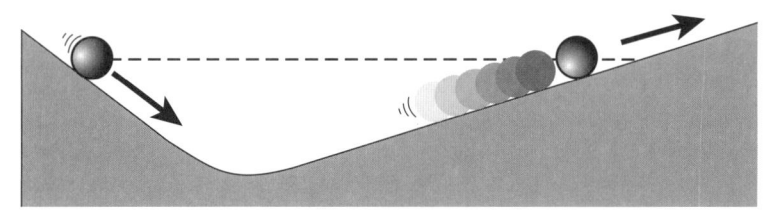

Figure 5.1
Expérience du double plan incliné de Galilée.
La boule lâchée à gauche remonte à droite au même niveau (ou presque).

En langage moderne, il convertissait dans un sens l'énergie potentielle en énergie cinétique, puis, à l'inverse, l'énergie cinétique se transformait en énergie potentielle*.

L'énergie potentielle, c'est l'énergie qui peut être convertie en travail, l'énergie cinétique, c'est celle qui se manifeste par la **vitesse** du corps lorsque le travail

---

* Si la bille ne remontait pas exactement au même niveau, c'est parce qu'il y avait des frottements.

est produit. Ce qu'il y a d'extraordinaire, c'est évidemment que ces deux formes d'énergie puissent se transformer l'une en l'autre. La potentielle, secrète, cachée, et la cinétique, visible, palpable et mesurable.

Les mécaniciens du XIXe siècle postulèrent alors un principe fondamental de la Physique, peut-être le plus général de tous.

L'énergie se conserve. Elle prend des formes diverses, elle se transforme de l'une en une autre, mais au total, elle se conserve.

Elle ne naît pas ex nihilo et ne saurait disparaître : elle est là, présente, mystérieuse et ubiquiste.

Dans l'expérience des deux plans inclinés de Galilée, placés face à face, l'énergie s'est conservée. On peut écrire : énergie cinétique + énergie potentielle = constante.

En utilisant simplement la définition du travail et la loi de Newton sur l'accélération, on montre que **l'énergie cinétique est égale à la masse que multiplie le carré de la vitesse divisé par deux**, alors que **l'énergie potentielle est égale à la masse que multiplient l'altitude et l'accélération de la pesanteur**. Cela paraît compliqué et magique, mais en fait il n'y a rien de plus simple. Quoi qu'il en soit, ces considérations ne sont pas essentielles ici.

En revanche, ce qu'il est important de retenir, c'est que l'énergie n'est pas une notion aussi triviale qu'on croit (c'est ce que je veux dire en la qualifiant de « mystérieuse ») et qu'elle se conserve. Mais une seconde constatation s'impose vite. En vérité, dans l'expérience de Galilée, la bille ralentit à chaque passage, à chaque remontée elle monte moins haut, et finalement elle s'immobilisera dans le creux, entre les deux plans inclinés. Comment interpréter ce phénomène ?

D'abord, il y a le fait qu'une partie de l'énergie se dégrade, sous forme de frottements. Si l'on veut appliquer le principe de conservation de l'énergie, il faut en conclure que les frottements consomment de l'énergie.

Ensuite, il faut constater que la bille s'arrête là où son énergie potentielle est la plus faible, puisqu'une bille posée dans le creux y reste. Elle ne roule pas. On dira en langage de physicien que la position stable de la bille est celle où l'énergie potentielle est minimum.

C'est un principe général, un système se met toujours dans la position où son énergie potentielle est minimum, là où elle est à même de produire le moins de travail.

C'est le principe de la paresse maximum appliquée à la Physique !

La machine à vapeur

C'est sans nul doute en cherchant à remplacer le travail effectué par les animaux et l'homme, et à faire travailler les machines, que les scientifiques ont établi les relations entre le travail et l'énergie d'un côté, la température et la chaleur de l'autre.

Pour faire comprendre cette relation, commençons par une observation simple, presque banale. Vous mettez dans une casserole un peu d'eau. Vous posez sur la casserole un couvercle et vous chauffez. Après un certain temps, le couvercle se soulève (généralement selon un mouvement de va- et-vient).

C'est que la vapeur d'eau a exercé une action sur le couvercle, l'a soulevé, elle a exercé une force avec déplacement : la vapeur d'eau chauffée a donc produit du travail. Une certaine énergie de la vapeur d'eau s'est exprimée. L'énergie calorifique de l'eau s'est transformée en énergie mécanique, illustrée par la vibration du couvercle.

L'explication théorique suit. Faisons un détour par le XVIIIe siècle. Le Français Mariotte et l'Anglais Boyle ont établi, à cette époque, une loi suivant laquelle la pression d'un gaz dépend de la température et de l'inverse du volume dans lequel il est enfermé. C'est la fameuse formule suivant laquelle le produit de la pression par le volume d'un gaz ne dépend que de la température ($PV = NRT$)*.

Plus le volume est petit, plus la pression est grande, plus on contraint le gaz, plus il réagit en poussant les parois.

La cause des mouvements du couvercle est donc l'augmentation de la température du gaz. Mais pour augmenter la température d'un gaz, il a fallu le chauffer, donc lui fournir de la chaleur. Au total, **c'est donc la chaleur qui a produit du travail** par l'intermédiaire de la vapeur d'eau.

Le principe de conservation de l'énergie nous dit effectivement que chaleur et travail peuvent se trans-

---

* Où R est une constante, dite « des gaz parfaits », et N le Nombre de molécules.

former l'un en l'autre, qu'ils constituent deux manifestations de l'énergie (la somme « chaleur dépensée plus travail fourni » reste constante). La transposition inverse vous est bien connue, quand vous frottez vos mains l'une contre l'autre pour les réchauffer...

On avait parlé de la conservation de l'énergie lors de la transformation entre énergie cinétique et énergie potentielle ; on découvre ici la transformation entre énergie mécanique et énergie thermique, entre travail et chaleur.

Mais, comme dans le premier cas, il y a des pertes. Une partie de la chaleur sert à chauffer le métal de la casserole puis l'air qui l'entoure.

Mais ces pertes emportent aussi de l'énergie, et donc ce qui est vrai, c'est que la somme « chaleur + travail + pertes » est conservée.

Le piston

L'engin symbolique de ces relations entre chaleur et travail est le piston, c'est-à-dire un cylindre fermé coulissant dans un cylindre ouvert (voir la figure 5.2). L'intérieur peut être rempli de gaz, l'extérieur est relié à une tige qui fait tourner une roue. La dilatation du gaz déplace le piston. L'énergie thermique se transforme en énergie mécanique.

La roue tourne, entraîne le piston qui va revenir à sa position initiale. Naturellement, pour que le système puisse fonctionner, il faut pouvoir introduire du gaz chaud dans le piston, puis l'évacuer lorsqu'il a produit du travail en déplaçant le piston – et s'est donc refroidi. C'est ce que font les soupapes.

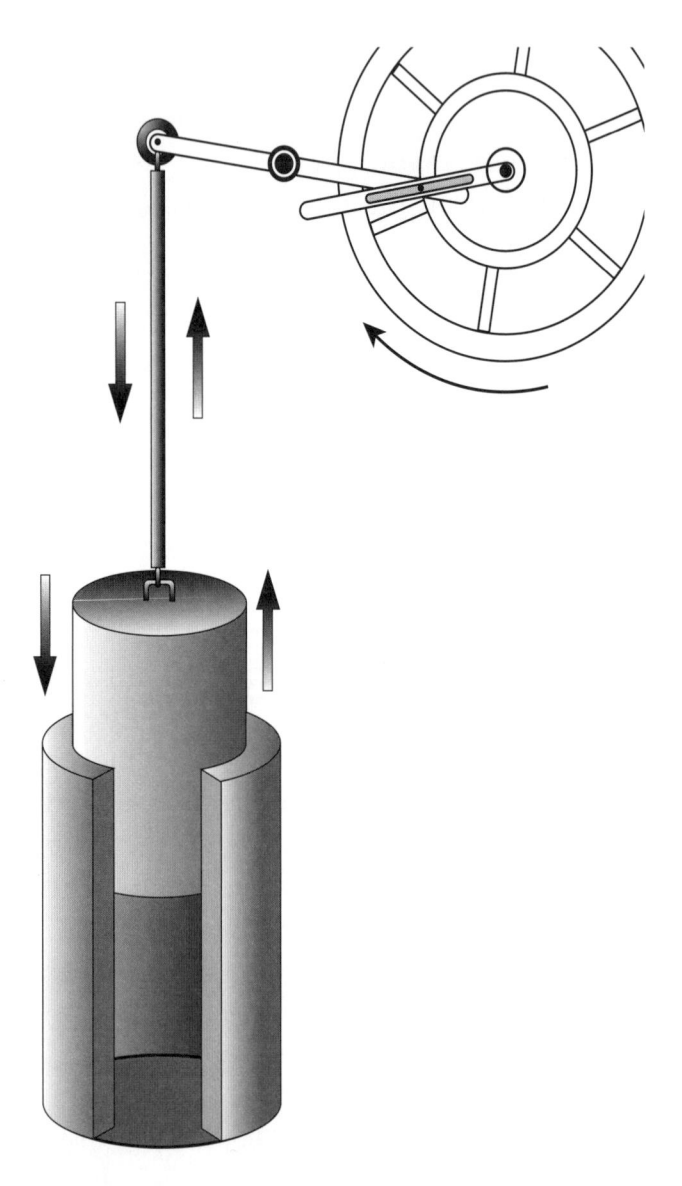

Figure 5.2
Principe du piston qui actionne une roue. Le va-et-vient du piston actionne la roue.

C'est le principe de la locomotive à vapeur. Dans l'automobile, on augmente la force du gaz en provoquant l'explosion. Le piston est repoussé brutalement, on évacue les gaz et on recommence.

Le piston est tellement le symbole de cette transformation chaleur-travail et de la première révolution industrielle que l'une des plus anciennes de nos grandes écoles d'ingénieurs, l'École centrale des arts et manufactures, a pris le piston comme symbole et que ses anciens élèves s'appellent des Pistons, comme les anciens élèves de l'École polytechnique s'appellent des X (le symbole de l'inconnu dans les équations !).

Thermodynamique

D'une manière plus fondamentale, on a développé autour de cette transformation chaleur-travail, puis plus généralement des tranformations de l'énergie, une science que l'on va appeler Thermodynamique.

Cette discipline, surtout dans sa forme classique, est sans doute l'une des plus fascinantes : fondée sur quelques principes simples très généraux, elle permet de déduire des choses très concrètes et d'effectuer des calculs très précis.

Quels sont ces principes ? Ils sont simples, presque évidents. L'énergie se conserve, la chaleur s'écoule du chaud vers le froid et jamais l'inverse, toute transformation s'accompagne de pertes – et le mouvement perpétuel est donc impossible.

Pourtant, c'est à partir de là, avec de belles mathématiques et pas mal d'astuces, qu'on a construit une puissante science de l'énergie. Et lorsque certains économistes voulurent transformer leur discipline en une science, comme en a eu l'ambition l'ingénieur Walras au début du siècle, ils cherchèrent à imiter la Thermodynamique en partant de quelques principes simples (par exemple : « chaque acteur économique cherche à maximiser sa satisfaction et minimiser sa dépense », etc.)*.

De l'énergie interne de la matière à la Chimie

Poursuivons notre quête des origines de l'énergie. Cette énergie calorifique qui a permis de fabriquer du travail, d'où vient-elle ?

De la combustion du charbon !

Les réactions chimiques comme la production $C + O_2 \rightarrow CO_2$ produisent de l'énergie. Dans une chaudière comme dans notre corps** ! D'autres en consomment. C'est ce que l'on va découvrir au milieu du XIXe siècle.

C'est en effet en mesurant la chaleur produite par les réactions chimiques à l'aide d'appareils

---

* Ils ont obtenu des résultats intéressants, mais, comme on le sait, se sont heurtés à des difficultés pour les appliquer efficacement au monde réel, car bien des principes économiques s'appliquent mal à la réalité et la notion d'équilibre, si utile en Thermodynamique, est beaucoup plus problématique en économie…

** Le processus est le même. Nous « brûlons » des substances carbonées pour produire notre énergie, comme le fait la machine à vapeur qui brûle du charbon pour produire son énergie. Mais la combustion biologique a lieu à basse température (heureusement), grâce aux enzymes que nous examinerons plus tard.

appelés calorimètres* qu'on s'est aperçu que si certaines réactions chimiques produisent de l'énergie (de la chaleur), d'autres en absorbent. En langage savant, les premières sont dites **exothermiques** (on les utilise pour réchauffer). C'est le cas de la combustion du charbon. Les secondes sont dites **endothermiques** (on les utilise alors pour refroidir).

Marcellin Berthelot, l'homme qui ne croyait pas aux atomes, va devenir vers la fin du XIXe siècle, le pape de la Thermodynamique chimique. Un pape brillant, actif et efficace, comme quoi les choses ne sont pas toujours simples.

Après des centaines d'expériences précises et variées, Marcellin Berthelot énonce un principe : **les substances chimiques contiennent en leur sein de l'énergie qu'elles peuvent échanger lors d'une réaction chimique.**

Puis il en énonce un second : **une réaction chimique se produit si le résultat conduit à une énergie totale inférieure à la somme de celles des produits de départ**, c'est-à-dire si la réaction a dégagé de l'énergie, donc de la chaleur.

Il applique ainsi à la Chimie le principe de la Mécanique suivant lequel tout système est en équilibre stable lorsque son énergie potentielle est minimum**.

---

* Ils permettent de mesurer l'augmentation de température de matériaux dont les propriétés sont toujours les mêmes.
** Nous verrons plus loin que ce principe n'est pas suffisant pour prédire les réactions chimiques.

L'énergie interne contenue dans les substances chimiques n'est-elle pas une énergie potentielle susceptible de s'exprimer lors des réactions chimiques ? Lorsqu'on perd de cette énergie chimique qui s'en va en vapeur, on perd du potentiel, et l'on se trouve dans la situation de la bille qui descend le plan incliné.

Ceux qui (contrairement à Berthelot) adopteront la théorie des atomes et des molécules donneront à ces manifestations énergétiques de la matière une interprétation microscopique, mécanique.

Les atomes sont liés les uns aux autres pour former des molécules. Ces liaisons chimiques, ces liens si l'on veut, mettent en jeu une énergie. Pour libérer les atomes, il faut **casser ces liaisons**, et pour cela fournir de l'énergie : c'est pourquoi pour dissocier un corps et libérer les atomes qui le constituent, il faut, par exemple, le chauffer fortement.

L'énergie fournie de l'extérieur fait vibrer les atomes, et si elle est assez grande, les vibrations sont telles qu'elles cassent les liaisons chimiques et libèrent les atomes.

Ainsi exprimées, les transformations chimiques, les réactions chimiques apparaissent comme autant de processus de transformation d'énergie. Cassures de liaisons libérant ici de l'énergie, formation de liaisons absorbant là de l'énergie. À chaque fois le bilan s'exprime par un plus ou un moins. Il y a les réactions qui chauffent et les réactions qu'il faut chauffer.

La matière, on le sent, on le pressent, est une immense réserve d'énergie. Cette énergie de la matière, l'homme va l'utiliser en deux étapes, l'énergie chimique, celle qui lie les atomes et qu'on va utiliser dans la combustion, puis celle, plus mystérieuse, du cœur même des atomes, l'énergie nucléaire sur laquelle nous reviendrons brièvement.

La notion d'énergie nous a déjà permis de rapprocher des domaines en apparence très éloignés : la Mécanique, la Thermodynamique, la Chimie. C'est déjà extraordinaire, mais on est loin du compte ! Car nous ne savons toujours pas… ce qu'est l'énergie. On peut calculer ses transformations, calculer ses réserves, raisonner à partir d'elle, mais nous en sommes toujours au même point : nous l'appréhendons comme ce qui permet de **produire du travail**, à travers une série de transformations complexes.

Quelle est la mesure de l'énergie ?

Nous avons dit et répété que nous savions mesurer l'énergie et ses transformations. Quelle est l'unité d'énergie ?

La question des unités est l'une des plaies de la Physique, et elle joue un rôle non négligeable, selon moi, dans le rejet de cette discipline par les élèves. Bien sûr, au fond, tout est simple, il suffit de s'en tenir aux définitions. Oui, mais voilà, au cours du temps les unités de mesure ont varié. Ainsi, pour l'énergie, on a utilisé à un moment ou à un autre **l'erg**, la **calorie**, le **newton** × **mètre**, le **kilowatt-heure** – et aujourd'hui l'unité officielle est le **joule**. On s'y perd !

Le système actuel est fondé sur le fait qu'on mesure les longueurs en mètres, les masses en kilogrammes, les temps en secondes (MKS) alors que l'ancien système était le **CGS** (centimètre, gramme, seconde).

Voilà une source de confusion qui perdure parce que les habitudes ont la vie dure : par exemple, les chimistes continuent à comptabiliser leur énergie en calories et les anciens livres sont écrits en CGS. Et ne parlons pas des unités anglo-saxonnes (pouce, livre, etc.).

Le joule est le travail (donc l'énergie exprimée) effectué par le déplacement vertical d'une masse de 1 kilogramme sur une distance de 1 mètre. Notons que cette formule est indépendante de la vitesse – c'est la puissance qui fait intervenir le temps. On a donc développé une unité dérivée pour caractériser cette **puissance**, le **travail effectué par unité de temps**. L'homme puissant est celui qui peut produire beaucoup de travail en peu de temps. Cette puissance se mesure en watts.

Du coup, l'énergie, qui est donc la puissance par unité de temps, peut aussi s'exprimer en watts × seconde, ou en kilowatts × heure. C'est une unité plus courante d'énergie (comme vous le voyez en payant votre facture d'électricité).

De ce premier contact avec cette grandeur mystérieuse, retenons deux points essentiels.

Les diverses formes d'énergie (capacité à produire du travail) se transforment les unes dans les autres.

L'énergie se dégrade sans cesse, et il s'en dissipe notamment à l'occasion de toute transformation. C'est pourquoi tous les efforts technologiques sont focalisés sur l'objectif de minimiser les gâchis d'énergie, d'économiser l'énergie, d'améliorer le rendement !

Économie d'énergie ? Ça doit vous rappeler quelque chose…

6

La Fée Électricité

L'électricité est sans doute la découverte la plus extraordinaire, la plus inattendue et la plus importante aussi du XIXe siècle. Et comme l'a dit Édouard Brézin, l'ancien président du CNRS, ce n'est pas en cherchant à améliorer l'éclairage à la bougie qu'on a découvert l'électricité !

Pourtant, l'électricité n'est pas, comme la radioactivité ou le laser, une découverte moderne. Elle était connue depuis les Grecs !

On savait qu'en frottant une baguette d'ambre avec une peau de chat, on pouvait attirer spontanément des poussières ou de petits copeaux de sureau. On avait fait la même expérience avec une baguette de verre, et l'on attirait alors d'autres poussières, si bien que pendant un temps on a parlé d'électricité vitreuse ou d'électricité résineuse. Benjamin Franklin, dont nous avons déjà parlé, remarqua que les objets chargés d'électricité résineuse attiraient les objets chargés d'électricité vitrée, et en vertu du fait que les contraires s'attirent, il parla d'électricité positive et négative et émit l'idée que l'électricité était une sorte de fluide doué d'une propriété qui était en excès ou en déficit (ce qui finalement n'est pas faux).

Au XVIIIe siècle, on avait multiplié les expériences pour comprendre la nature de ce fluide électrique. La principale accélération dans l'exploration du phénomène est due à la découverte de la pile électrique par l'Italien Alessandro Volta. Ce dernier démontre que des disques de zinc et d'argent séparés par un tissu imbibé par une solution légèrement acide et reliés par deux fils électriques fabriquent de l'électricité. Cette électricité, on peut facilement la mettre en évidence, il suffit pour cela de relier les deux fils à deux petites billes suspendues à un fil. Les deux billes s'attirent, en effet, immédiatement. Si, au contraire, on relie les deux billes à la même sortie de la pile, ces deux billes se repoussent.

On avait bien la preuve de l'existence de ces deux électricités, positive et négative, de Benjamin Franklin. C'est aussi dans cette expérience que gît le principe de l'électromètre, c'est-à-dire de l'instrument permettant d'évaluer la force créée par l'électricité : pour y parvenir, on prendra la mesure des angles de déviation des deux fils (voir la figure 6.1).

La grande propriété de la pile Volta, c'est qu'on peut en fabriquer une série et les additionner les unes aux autres (on dit les mettre en série) pour produire de l'électricité de plus en plus « intense ».

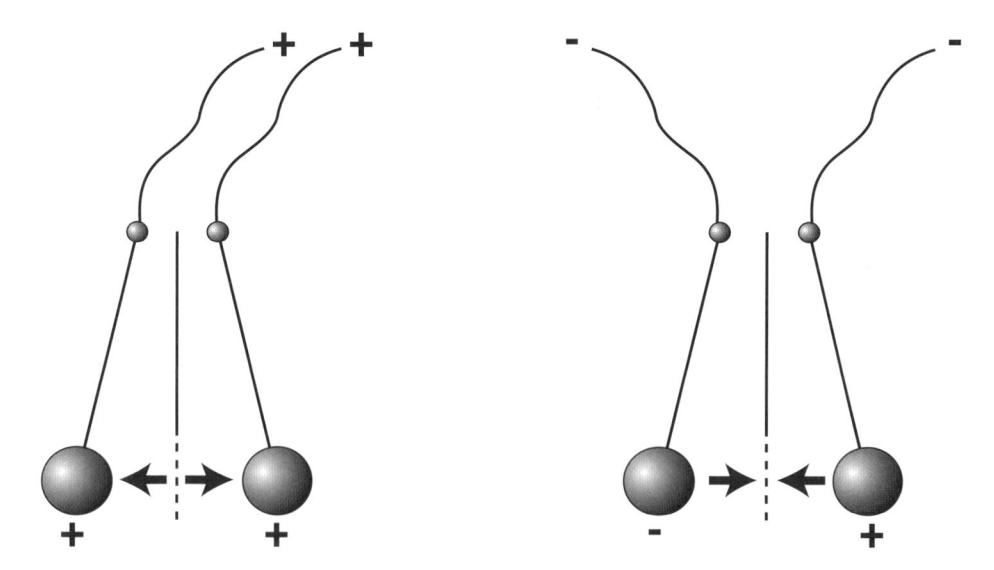

Figure 6.1
Principe de l'électromètre.
Soit deux fils reliés à des boules métalliques identiques. Suivant qu'on lie les deux boules à des bornes de batteries positives ou négatives, elles s'attirent ou se repoussent.

À partir de là, les études sur l'électricité ont fait un bond en avant considérable, grâce au travail d'André-Marie Ampère, mais peut-être plus encore Michael Faraday.

Michael Faraday

Au milieu du XIXe siècle, cet homme sans formation scientifique, apprenti relieur de son état, embauché par Davy comme technicien à la Royal Institution, incapable d'utiliser les mathématiques, ce que pourtant tout bon physicien doit savoir faire, a réalisé l'une des œuvres scientifiques à la fois expérimentale et théorique les plus extraordinaires de l'histoire des sciences. C'est lui qui a ouvert la porte à la Physique moderne et à notre compréhension de l'électricité et à la révolution technologique.

A priori, la notion d'électricité est mystérieuse. Deux éléments de matière possédant des charges électriques se repoussent ou s'attirent suivant que ces charges sont identiques ou opposées. Ce critère ne faisant que traduire le fait qu'elles s'attirent ou se repoussent !

L'essence de cette propriété est vraiment de l'ordre du mystère. Qu'est-ce qu'une charge électrique ? D'où vient-elle ?

À partir de cette propriété élémentaire reliant l'action mutuelle des charges électriques suivant leurs signes, Faraday a pu établir que les corps solides pouvaient être classés en deux catégories : ceux qui conduisent l'électricité, c'est-à-dire qui transmettent les charges électriques (si l'on charge le bout d'un fil négativement – ou positivement –, l'autre bout est chargé de manière identique), et qu'on appelle conducteurs, et ceux qui ne conduisent pas l'électricité, qu'on appelle isolants.

Cette distinction est fondamentale. On utilise pour votre installation électrique des fils de cuivre, on pourrait utiliser des fils d'or (mais c'est cher), mais certainement pas du nylon ! Le nylon n'est pas conducteur de l'électricité !

À partir de là, on s'est posé la question de savoir si l'électricité pouvait fournir du travail.

Si l'on place une petite particule électriquement chargée positivement entre deux plaques, l'une chargée positivement et l'autre négativement, la particule est attirée par la plaque négative. Cette attraction est telle que la particule va parcourir l'espace en accélérant pour aller se coller contre la plaque négative. Vous avez dit accélération...

L'électricité qui attire la particule est donc capable d'exercer une force. Cette force entre deux charges électriques est mathématiquement analogue à la force de gravitation : elle est proportionnelle au produit des deux charges électriques et inversement proportionnelle à la distance élevée au carré*. C'est la loi découverte par Coulomb.

Si l'électricité développe une force, et provoque un déplacement, c'est qu'elle est capable de développer un travail, il doit donc exister une **énergie électrique** comme il existe une **énergie chimique** ou une **énergie mécanique**.

Effectivement, toutes les grandeurs qu'on a rencontrées pour l'énergie se transposent en électricité. **Le travail électrique** se mesure par le produit de la charge électrique multiplié par une grandeur que nous connaissons tous, intuitivement **le « voltage », la différence de potentiel électrique** (de 110, on passe à 220 volts).

L'unité de différence de potentiel électrique est le volt, qui par glissement a donné le nom familier de « voltage** ».

Le **travail par unité** de temps, c'est ce qu'on appelle la **puissance**, on l'a dit ; la quantité de charges déplacées par unité de temps est ce qu'on

---

* Toujours cette loi en inverse du carré de la distance qui est celle de la sphère d'influence.
** Ce potentiel peut s'exprimer aussi en mettant en mouvement les charges. Le voltage est alors le travail effectué par unité de charge.

appelle **l'intensité du courant électrique**. D'après ce que nous venons de voir, la puissance électrique, c'est donc tout simplement le voltage multiplié par l'intensité (P = V.I). La puissance se mesure en watts, ou en kilowatts (1 000 watts), ou en mégawatts (un million de watts), l'intensité se mesure en ampères. Donc 1 watt = 1 volt que multiplie 1 ampère.

Dans la matière, même dans ce qu'on appelle les conducteurs, les charges électriques ne se déplacent pas si facilement que dans le vide entre deux plaques électriquement chargées. Chacun d'entre nous a appris à son cours de Physique la loi d'Ohm. L'intensité du courant électrique qui passe dans un conducteur est égale au voltage que divise la résistance. C'est le fameux V = R.I.

On peut faire une analogie entre le courant électrique et un fluide qui s'écoule. Un fluide s'écoule d'autant plus vite dans un tuyau reliant deux réservoirs que la différence de niveau des réservoirs est grande et que, dans le tuyau, il y a peu de résistance, peu de frottement des parois, etc. Lorsqu'il y a une grande résistance, le fluide passe mal : il va frotter contre les parois et perdre de l'énergie.

Pour l'électricité, il en va de même. La différence de niveau, c'est le voltage ; la vitesse d'écoulement du fluide, c'est l'intensité du courant. La puissance dissipée par un courant électrique dépend de l'intensité du courant au carré et de la résistance du conducteur*.

---

* On établit cela facilement : si V = R.I. et P = V.I. on remplace V par sa valeur P = VI^2.

Si cette puissance dissipée est grande, elle va échauffer le fil électrique : il pourra même devenir lumineux en virant au rouge puis au blanc. C'est là l'origine de la lampe électrique.

D'une manière plus physique, le courant électrique, c'est le mouvement de charges électriques déclenché pour compenser la **dissymétrie de distribution** de ces charges que représente **le voltage**.

L'électron

Ici, nous ne respecterons pas la chronologie des découvertes, car cela nous obligerait à des longueurs inutiles.

Anticipons donc un peu en disant que les atomes sont constitués par des noyaux portant des charges électriques positives, autour desquels tournent les électrons, particules minuscules qui, elles, portent des charges électriques négatives. Les électrons sont les agents du courant électrique.

Dans un solide, les noyaux atomiques sont disposés dans des positions fixes, obéissant à des règles de symétrie à trois dimensions (le « papier peint » à trois dimensions dont nous avons parlé pour les cristaux). Les électrons, eux, tournent autour des noyaux. Dans certaines substances, les liens électrons-noyaux sont forts, les électrons ne peuvent pas trop s'éloigner de leur noyau de rattachement. Ces substances ne peuvent pas propager des charges électriques. Ce sont des isolants.

Chez d'autres solides, au contraire, certains électrons (très externes par rapport aux noyaux) sont faiblement liés à eux. Ils peuvent se déplacer un peu... avec leurs charges. Ces substances, qui permettent le transport des charges électriques, sont des conducteurs de l'électricité (on dit des conducteurs tout court).

Tous les matériaux sont en équilibre électrique. Autrement dit, les charges positives et négatives sont en général proches, en quantités égales et s'annulent. Si une charge négative (un électron) s'éloigne dans une direction, elle détruit cet équilibre local et fait apparaître du même coup une charge positive par défaut. C'est comme si une charge positive avait migré dans la direction opposée à l'électron.

Le courant électrique c'est cela. Dans le conducteur, les électrons parcourent chacun un petit trajet (et curieusement assez lentement, disons à une vitesse de moins de 1 millimètre par seconde), mais de proche en proche, ils « repoussent » les autres électrons – comme lorsque, sur une série de boules alignées, on tape sur la boule située à une extrémité : on sait que l'ébranlement se transmet alors à toutes les boules (où l'on retrouve les ondes...). Et les ondes sont plus rapides que les charges !

La charge positive se déplace dans la direction opposée.

Le courant électrique, c'est ce mouvement de l'ébranlement, de l'onde des charges. Et lui, il est très rapide.

Plus il y a d'électrons qui se déplacent, plus l'intensité du courant est forte. La résistance électrique, celle de la loi d'Ohm, ce sont les obstacles à cette mobilité, c'est l'attraction que les noyaux atomiques exercent sur les électrons et qui gêne leur mouvement. Cette attraction, cette gêne, est une perte d'énergie, c'est comme les frottements dans l'expérience de Galilée. Ainsi, le transport d'électricité s'accompagne presque toujours de pertes. Sauf…

Sauf dans certains métaux comme le Plomb, le Mercure, le Tantale ou l'Étain qui, portés à des températures très basses, proches du zéro absolu* (− 273° centigrades, soit 0° Kelvin), offrent une résistance nulle à la propagation du courant électrique.

On les appelle des **supraconducteurs**. Si l'on fait passer un courant dans une boucle de supraconducteur, il tourne éternellement. Excellent moyen pour stocker l'énergie ! Oui, mais pour obtenir de très basses températures, il faut dépenser de l'énergie, beaucoup d'énergie, et donc finalement, ce n'est pas très intéressant. Il y a dix ans, on a découvert des composés qui sont supraconducteurs à des températures beaucoup plus hautes que le zéro absolu (+ 130° absolus ou Kelvin). Ces travaux suscitent un immense espoir. Mais les températures nécessaires restent encore très froides et très chères (en énergie donc en argent) mais on continue à chercher car si l'on parvenait à fabriquer des matériaux supraconducteurs à température ambiante, alors on disposerait là d'un moyen extraordinaire pour stocker l'énergie électrique.

Car c'est bien là le problème : l'énergie, on la produit, on peut la transporter, mais il faut vite la consommer sinon elle se perd, elle se dissipe…

Mais on est encore loin de ces rêves !

---

* Nous le définirons plus loin.

Le magnétisme

Pourtant, quelles que soient les beautés de l'énergie électrique, elle n'aurait pas pris l'importance qu'elle a dans le développement industriel si l'on n'avait pas découvert son lien (on le verra, consubstantiel) avec un phénomène beaucoup plus mystérieux encore que l'électricité, je veux parler du magnétisme.

Depuis longtemps on connaît la propriété des pierres aimantées, autrement dit, des aimants naturels. Il existait de telles pierres en Grèce près de la ville de Magnésie en Grande Grèce. D'où, pour certains, le nom de magnétisme. On sait qu'il s'agit d'un minéral qui est un oxyde de fer, la magnétite Fe_3O_4. Les propriétés de ces pierres ont été étudiées dans l'Antiquité (la première étude connue est due à Thalès, l'homme des Pyramides et du théorème), en Grèce, en Égypte, mais surtout en Chine. La Chine a semble-t-il été très en avance sur l'Europe dans ce domaine.

En Occident, le pas décisif dans la compréhension du magnétisme a été réalisé au XIIIe siècle par Pierre de Méricourt, puis par William Gilbert, médecin de la reine Élisabeth Ire, qui a publié en 1600 son fameux traité *De Magnete*, que beaucoup considèrent comme l'un des premiers traités de Physique expérimentale moderne.

Rappelons quelques principes simples de magnétisme.

Un aimant est un objet dont la propriété est d'attirer la limaille de fer, ou plus simplement les aiguilles de couturier. Un barreau aimanté a un pôle nord et un pôle sud. Si l'on approche deux aimants, les pôles nord se repoussent et les pôles sud se repoussent, mais les pôles sud attirent les pôles nord et réciproquement. L'attraction des contraires.

Si on laisse une petite aiguille aimantée posée sur un pivot à la surface de la Terre, elle s'oriente de telle sorte que son pôle nord indique en gros le pôle Nord géographique*. C'est une boussole.

Dès 1600, William Gilbert a compris que la Terre se comportait comme si en son cœur existait un gigantesque aimant. C'est cet aimant qui oriente l'aiguille aimantée, c'est là l'explication de la boussole.

De quelle époque date l'invention de la boussole ?

Il semble que les Chinois la connaissaient il y a environ deux mille ans, mais ils ne l'utilisèrent pour naviguer que beaucoup plus tard (vers 850 à 1050 après J.-C.). En Europe, la boussole ne fut introduite qu'en 1190, par Alexandre Neckham**.

Il semble que les Chinois avaient aussi découvert le décalage entre pôle magnétique et pôle géographique, c'est-à-dire la déclinaison, dès le IXe siècle après J.-C., et qu'au XIe, ils avaient déjà compris beaucoup de propriétés des aimants.

---

* En fait, le pôle magnétique est distant de 1 300 kilomètres du pôle géographique, celui que définit la rotation de la Terre. L'angle fait à un endroit donné par l'aiguille aimantée avec le nord géographique s'appelle **la déclinaison**.
Autre petite astuce : puisque ce sont les pôles de signe contraire qui s'attirent, comme nous venons de le dire, le pôle nord de l'aiguille aimantée est attiré par le pôle sud magnétique de la Terre. C'est donc le pôle magnétique sud de la Terre qui est proche du pôle géographique nord !
** *Quand la Chine nous précédait*, par Robert K.G. Temple, Bordas, 1987.

Mais revenons à notre expérience. Si l'on coupe un barreau aimanté en deux, en cherchant à isoler la partie située du côté du pôle Nord de la partie située du côté du pôle Sud, c'est peine perdue. Sur chacun des deux barreaux ainsi formés réapparaissent encore un pôle nord et un pôle sud.

Si l'on coupe encore chaque barreau, il en ira de même, et cela à l'infini.

Le pôle nord est inséparable du pôle sud, l'un ne peut exister sans l'autre. Les physiciens ont cherché les monopôles magnétiques pendant des décennies… bien sûr sans succès ! Eh bien, Pierre de Méricourt avait mis en évidence ce phénomène au XIIIe siècle !

Autre propriété fondamentale des aimants : si on les chauffe à une certaine température, ils perdent brutalement leur aimantation. Cette température est appelée température de Curie, car ce sont Pierre et son frère Jacques Curie qui la comprirent et l'étudièrent en détail à la fin du XIXe siècle en Occident.

En fait, il semble que les Chinois avaient constaté le phénomène dès le XIe siècle, et l'inévitable Pierre de Méricourt au XIIIe siècle !

Et puis, bien sûr, autour de tout cela, il y a l'expérience qui nous a tous frappés un jour.

Un aimant sous une feuille de papier. De la limaille de fer sur le papier. On tapote un peu et la limaille dessine des lignes qui vont du pôle Nord au pôle Sud avec cette forme en « double oreille » si caractéristique (voir la figure 6.2).

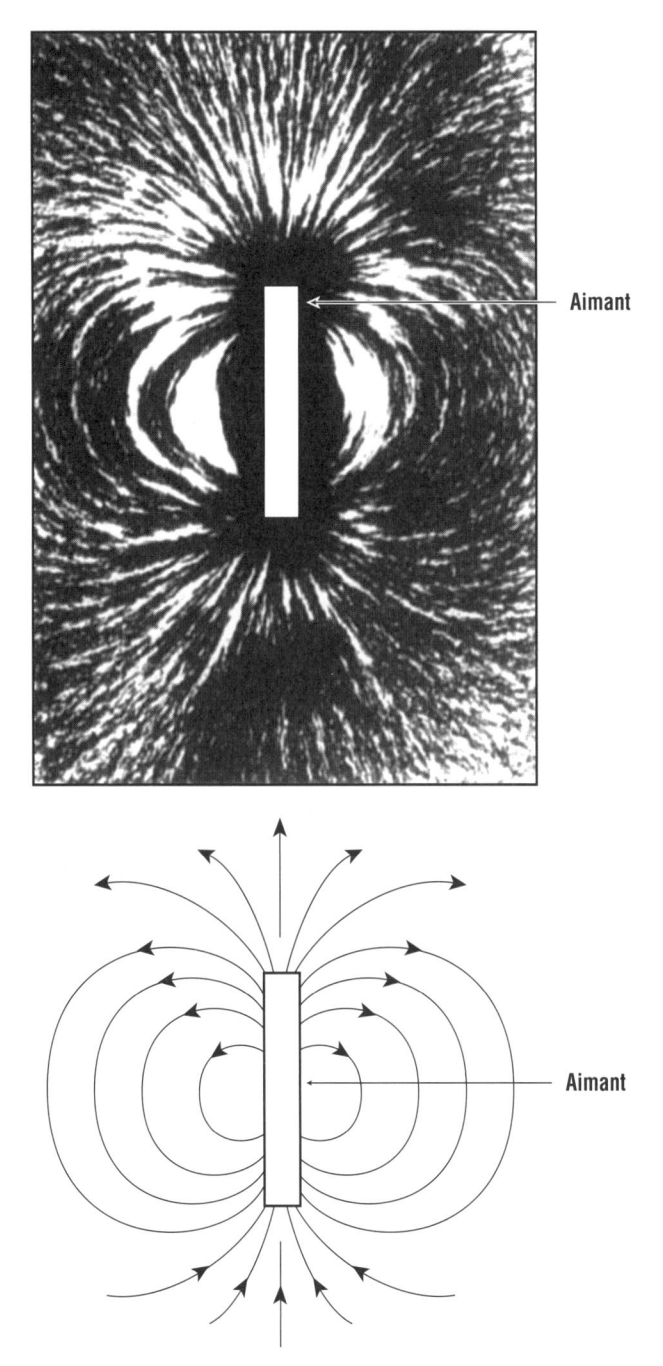

Figure 6.2
a) C'est l'expérience classique pour montrer ce qu'est un champ magnétique. On dispose une feuille de papier sur un aimant qui a la forme d'une barre, et sur la feuille de papier on saupoudre avec de la limaille de fer. Cette dernière dessine la figure représentée ici. b) On a tracé les lignes que dessinait la limaille de fer, et on a laissé l'aimant. Ces lignes sont les lignes de force du champ magnétique.
Si l'on dépose une aiguille de couturière en un point quelconque de la feuille, elle s'oriente suivant les flèches indiquées traduisant le champ.

Cette expérience a aussi été faite par l'extraordinaire et méconnu Pierre de Méricourt au XIIIe siècle, répétée par Gilbert au XVIe siècle et avait sans doute été déjà réalisée par les Chinois au Xe ou XIe siècle.

Cette expérience est spectaculaire, mais elle est surtout fondamentale, car c'est elle qui a ouvert la porte à la **notion de champ de force**, introduite en Occident par le génial Faraday (et que, là encore, les Chinois avaient découverte et mise à profit bien avant).

Champ de force

Reprenant l'expérience de l'aimant et de la limaille de fer, Faraday va développer le raisonnement suivant.

Dessinons avec un crayon la forme des volutes de limaille de fer, puis enlevons la limaille de fer. Aux divers endroits de la feuille de papier, il y a une force potentielle, présente, immatérielle mais non moins réelle, qui peut, à tout moment, agir si on lui en donne l'occasion.

Ainsi, si je prends une petite aiguille de fer et que je la positionne sur ma feuille de papier, l'aimant étant toujours au-dessous à la même place, elle va s'orienter suivant la ligne dessinée. Ce qui prouve bien que la force est là, présente, bien qu'immatérielle. L'aimant imprègne l'espace d'une force immatérielle (en fait d'un champ de force, dans tout l'espace).

Et, bien sûr, conformément aux règles du magnétisme, cette force va décroître lorsqu'on s'éloignera de l'aimant (dans ce cas comme l'inverse du cube de la distance).

Michael Faraday se dit alors : mais pourquoi ne pas étendre cette idée de champ à l'électricité, aux charges électriques ?

Autour d'une charge électrique, il doit en effet exister un champ de force capable d'agir sur toute charge électrique placée dans ce champ. Les lignes de force doivent être symétriques par rapport à la charge, et leur intensité décroître lorsqu'on s'éloigne de la charge (suivant la loi en inverse du carré de la distance). On verra ces forces s'exprimer lorsque l'on placera en un point une charge électrique. La force deviendra réelle. Si la charge est de même signe que la charge centrale, on aura affaire à une répulsion. Si elles sont de signe contraire, elles s'attireront.

À partir de là, Michael Faraday va imaginer quel est le champ électrique créé par ce qu'on appelle un dipôle, c'est-à-dire une charge positive et une charge négative séparées par une certaine (petite) distance (voir la figure 6.3). Eh bien, les lignes de champ ressemblent beaucoup aux lignes de champ magnétique créées par un aimant. Comme dans le cas de l'aimant, elles vont se matérialiser dès qu'une charge électrique (une particule chargée électriquement) sera mise effectivement dans l'espace des lignes de champ. Disons tout de suite, pour ne pas avoir à y revenir, que notre vision sur une feuille de papier est une simplification à deux dimensions, et que, dans la réalité, les lignes de force se déploient dans un volume, dans les trois dimensions de l'espace.

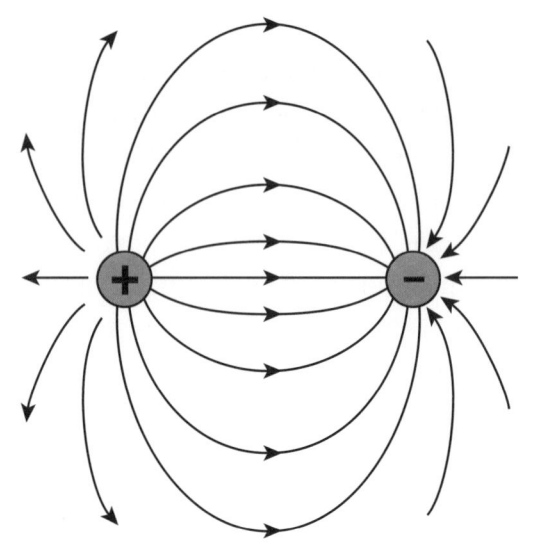

Figure 6.3
Par analogie avec l'aimant, si l'on dispose côte à côte une charge électrique positive et une charge négative, on peut dessiner un champ électrique qu'on appelle champ du dipôle.

Cette notion de champ développée par Faraday pour le magnétisme et l'électricité peut, bien sûr, être étendue à d'autres phénomènes physiques.

Le plus simple, le plus immédiat pour une autre force à distance, c'est bien sûr la gravitation, la loi universelle de Newton. Autour d'un objet ayant une masse, on peut définir un champ d'attraction, c'est-à-dire un espace repéré, indicé par les valeurs de l'attraction que la gravité exercerait sur une masse unité que l'on placerait dans ce champ.

Mais cette idée de champ de force peut se représenter d'une autre manière, en faisant appel à l'idée d'énergie potentielle – ou plus généralement de potentiel.

Au lieu de représenter les lignes de force du champ, on peut représenter les surfaces sur lesquelles l'énergie capable de produire la force est constante (la **meilleure analogie** est celle des courbes d'égale altitude pour l'écoulement de l'eau sur une surface).

Ces surfaces représentent un stockage virtuel d'énergie : un champ de force est aussi un champ de potentiel.

Chose étrange à comprendre, ce champ est d'un côté virtuel, car il ne s'exprime que si l'on introduit une charge (pour le potentiel électrique) ou une masse (pour le potentiel de gravité), et en même temps il est bien réel, bien là, potentiellement actif. Il ne demande qu'à s'exprimer. Voilà le grand mystère des forces à distance.

Nous sommes là, plongés dans des champs multiples qui, s'ils en ont l'occasion, agiront sur nous avec cette propriété importante : tous les champs de même nature sont additifs. C'est-à-dire que leurs actions (forces) s'additionnent.

Le champ total est l'addition vectorielle* de tous les champs.

Bien sûr, on n'additionne pas des carottes et des navets. Les champs de gravité s'additionnent avec les champs de gravité, les champs électriques avec les champs électriques, les champs magnétiques avec les champs magnétiques, mais ils peuvent s'influencer les uns les autres…

---

* C'est-à-dire en tenant compte des diverses orientations dans l'espace et en les combinant.

Électromagnétisme

En 1820, un physicien danois du nom de Hans Œrsted (1777-1851) fait une découverte extraordinaire.

Faisant passer un courant électrique dans un fil vertical, il constate qu'il dévie une boussole placée horizontalement près de lui (voir la figure 6.4).

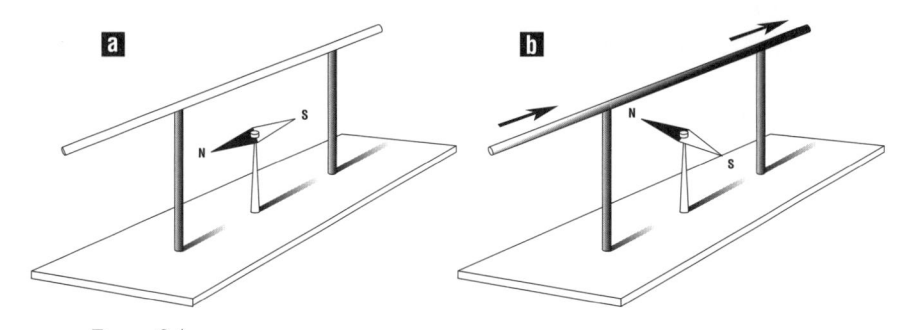

Figure 6.4
L'expérience fondamentale d'Œrsted.
Une boussole, un fil électrique, on fait passer du courant électrique dans le fil et l'aiguille aimantée s'oriente perpendiculairement au fil.

Le courant électrique agit sur l'aimant. Le courant électrique crée donc lui-même un champ magnétique. Les lignes de force de ce champ magnétique sont des cercles centrés sur le fil.

La question inverse se pose, bien sûr : est-ce qu'un aimant agit sur un fil électrique parcouru par un courant ? La réponse est encore positive.

Si l'on approche un aimant un peu « puissant » d'un fil électrique parcouru par un courant électrique, le fil se déplace.

Des règles précises régissent l'orientation de la force qui agit sur le fil par rapport à l'orientation de l'aimant et du fil. L'électricité et le magnétisme ont donc des influences mutuelles.

Mais une troisième expérience est encore plus étonnante : faisons passer du courant dans deux fils électriques parallèles. Lorsque les courants sont de même sens, les deux fils s'attirent. Lorsque les courants sont de sens contraire, les deux fils se repoussent. Les courants électriques sont des aimants !

Expériences décisives, car elles sont à l'origine de la deuxième révolution industrielle que le Monde a connue. Imaginons un fil électrique parcouru par un courant, mais ayant la forme d'une boucle. Le champ magnétique créé par la boucle va être analogue à celui d'un aimant avec un pôle nord et un pôle sud (voir la figure 6.5). Si l'on enroule plusieurs tours de fil, réalisant ce qu'on appelle en langage savant un solénoïde, on aura fabriqué un véritable aimant, mais un aimant puissant. Plus il y a de tours dans la bobine, plus le champ est puissant.

À ces quatre expériences, il faut en ajouter une cinquième, tout aussi mystérieuse et extraordinaire. Soit un fil électrique dans lequel on ne fait circuler aucun courant. Il suffit de l'approcher d'un aimant naturel pour constater qu'un courant électrique parcourt le fil. Là le circuit est fermé. Ainsi, les champs **magnétiques en mouvement** sont, eux-mêmes, capables de donner naissance à un courant électrique, et donc, en retour, à un champ électrique. Ce champ électrique crée un aimant, mais le champ magnétique génère à son tour un courant. Les deux phénomènes interagissent et s'influencent mutuellement. C'est ce qu'on appelle le phénomène d'**induction**.

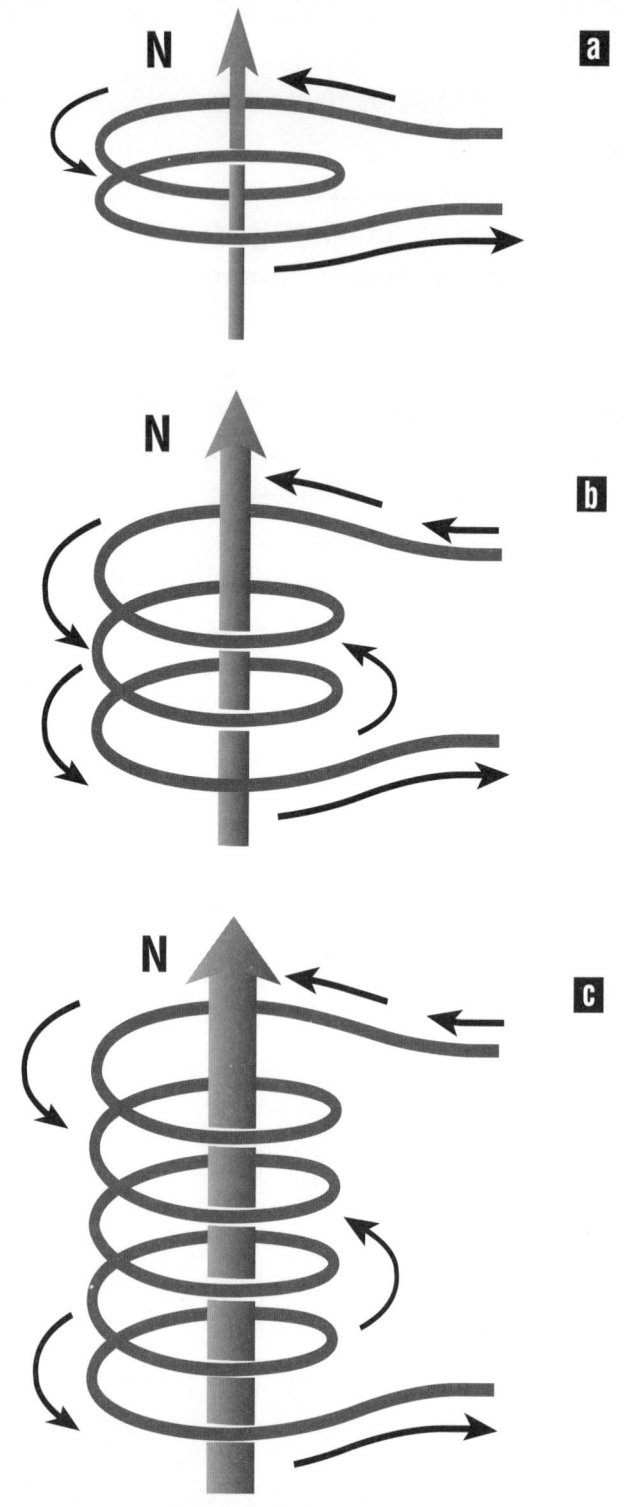

Figure 6.5
a) Une boucle de courant crée un aimant.
b) Deux boucles de courant créent un aimant double du premier.
c) N boucles de courant créent un champ intense.
Et à l'inverse, N boucles de courant soumises à un champ magnétique variable créent un courant beaucoup plus intense que la boucle unique.

Ces cinq expériences, qui jettent les fondements de l'électromagnétisme, ont été réalisées par André-Marie Ampère d'une part (1775-1836) et Michael Faraday entre 1820 et 1840*. Ils en concluent que ces deux champs, électrique et magnétique, interagissent l'un sur l'autre, se modifiant l'un l'autre, mais gardent chacun leur propre personnalité. Ils ne sont pas identiques, ils sont intimement associés.

La théorie de l'électromagnétisme

La formalisation théorique de toutes ces expériences résulte de la superposition des travaux d'Ampère, de Faraday et d'un dernier arrivant qui « raflera la mise », Maxwell.

André-Marie Ampère, français, professeur de Mathématiques à l'École polytechnique, introverti, taciturne, isolé. Dès les premières expériences d'Œrsted, il pose le principe fondamental. Aimants et courants électriques relèvent du même phénomène. Il imagine alors que les aimants naturels portent en eux de petits courants électriques internes qui créent les champs magnétiques, ce que font aussi les courants électriques dans les conducteurs. Dans un cas comme dans l'autre, on a affaire à des courants de charges élec-

---

* On attribue souvent la découverte du champ créé par un courant à Ampère, alors que les phénomènes d'induction auraient été découverts par Faraday. La réalité semble moins claire et les deux démarches assez entremêlées.

triques, sauf que certains circulent à l'intérieur de la matière. Les champs magnétiques ne sont créés que par les charges électriques en mouvement. Au repos, les charges électriques ne créent que des champs électriques. En mouvement, les champs électriques créent des champs électriques **et** magnétiques. Et Ampère met tout cela en équations qui conduisent à ce qu'on appellera les règles d'Ampère.

Le second, Michael Faraday, est l'un des plus grands théoriciens de la Physique. Il n'utilise pourtant pas les Mathématiques. Sans éducation scientifique, self-made-man aux talents pédagogiques extraordinaires, ses conférences publiques, à l'occasion desquelles il vulgarisait la Physique, rassemblaient le Tout-Londres. Il a bâti, grâce à une démarche purement logique, les fondements de l'électromagnétisme. Ce qui est étonnant et même étrange, c'est que ce savant et pédagogue hors pair n'eut ni disciple, ni élève.

Enfin, le troisième, James Clark Maxwell, écossais, professeur à Cambridge, va opérer une synthèse géniale des travaux des deux autres tout en leur rendant des hommages appuyés.

D'une belle élégance morale, Maxwell l'est aussi scientifiquement. Mathématicien averti, il résume toutes les observations de ses prédécesseurs (dont nous n'avons rappelé que quelques-unes parmi les plus importantes) et réduit les équations établies par Ampère en quatre nouvelles équations : équations qu'on appelle aujourd'hui de Maxwell. C'est clair, précis, concis et élégant.

Deux équations décrivent séparément les propriétés des champs électriques et des champs magnétiques.

Deux autres décrivent (et c'est bien sûr la partie la plus passionnante) les interactions entre les deux champs, électrique et magnétique, telles que les avaient entrevues ou vues Ampère et Faraday.

La conséquence importante et imprévue qui se déduit de ces équations est l'existence **d'un rayonnement électromagnétique**. Et cela c'est l'apport original et fondamental de Maxwell.

La Radio

Lorsqu'on établit soudainement un courant (ou qu'on fait varier son intensité), un champ magnétique se crée. Ce champ ainsi créé s'éloigne progressivement du fil, en se propageant de proche en proche. Or, ce champ magnétique crée à son tour un champ électrique « secondaire » qui va, lui aussi, s'établir en s'éloignant du fil. Le champ électrique « secondaire » ainsi créé génère lui-même un champ magnétique qui génère à son tour un champ électrique, etc. De proche en proche, va ainsi se propager une onde. Ce sont les ondes radio que nous captons sur notre poste. L'émetteur, c'est une fluctuation de courant très intense. Le récepteur est un appareil qui transforme ces ondes en faisant vibrer une membrane pour donner un son audible.

Mais à quelle vitesse se propagent ces ondes ?
Maxwell calcula une valeur voisine de celle mesurée par Fizeau pour la vitesse de la lumière.

C'est alors qu'il eut un coup de génie : « **Si les ondes se propagent à la vitesse de la lumière, ce n'est pas un hasard, c'est que la lumière est elle-même une onde électromagnétique.** »

Voilà l'explication de la nature ondulatoire de la lumière, se dit-il, la lumière est une vibration qui n'est pas mécanique comme le son, c'est une vibration qui se propage parce que les champs électriques et magnétiques se propagent pour la créer.

Dans un premier temps, il remet à l'honneur l'idée d'éther, un milieu mythique qui emplit tout (même le vide) et qu'on ne voit pas, idée chère à Huygens ; puis il abandonne l'éther et admet que ces ondes se propagent partout, même dans le vide.

Ce travail admirable, considéré aujourd'hui comme l'un des monuments les plus achevés de la Physique, au même rang que la Mécanique, la Relativité ou la Mécanique quantique, ne fut pas accepté tel quel immédiatement.

Beaucoup de scepticisme l'entourait. Cette idée que les courants électriques variables émettaient des ondes paraissait bien douteuse. Où les avait-on vus ? Où se trouvaient-ils ?

C'est un Allemand, Heinrich Hertz (1857-1894), qui en fit la démonstration expérimentale en octobre 1886, soit sept ans après la mort de Maxwell (qui mourut d'un cancer à quarante-neuf ans).

À l'aide d'un dipôle électrique (émetteur) à partir duquel il produisit des étincelles, il donna naissance à un courant électrique dans une boucle située à quelques mètres (récepteur). Il éloigna alors la boucle récepteur petit à petit : le courant « reçu » devenait de plus en plus faible. Hertz venait de démontrer qu'on pouvait produire ces fameuses ondes de Maxwell, les transmettre dans l'air (et même dans le vide) et les recevoir à distance en les matérialisant sous la forme d'un minuscule courant électrique.

L'expérience a toujours raison, et c'est justice que nous appelions aujourd'hui ces ondes radio « ondes hertziennes » plutôt que maxwelliennes. Mais il faut bien souligner que Maxwell les avait extraites de ses équations et prévues avant qu'on les découvre.

Cependant, pour être juste, il faudrait écrire la séquence glorieuse au complet : Œrsted (fugitif mais essentiel), Ampère et Faraday, Maxwell et Hertz. Voilà l'épopée. Chaque protagoniste a joué un rôle essentiel, à sa place.

La plupart de ces acteurs ont été des contemporains qui s'admiraient mutuellement. Ce qui ne les empêchait pas de souligner leur originalité propre. Comme en témoigne la lettre que Michael Faraday écrivit à James Maxwell, et que bien des physiciens modernes pourraient écrire à certains théoriciens :

« Il y a une chose que j'aimerais vous demander. Lorsqu'un mathématicien, engagé dans l'étude d'actions et de résultats physiques, est arrivé à ses conclusions, celles-ci ne peuvent-elles pas s'exprimer en langage commun de manière tout aussi complète, claire et définitive que dans des formules mathématiques ? Si oui, ne serait-ce pas une aubaine pour des personnes telles que moi qu'elles soient exprimées ainsi, traduites hors de leurs hiéroglyphes, de façon à ce que nous puissions y travailler avec des expériences ? Je pense qu'il doit en être ainsi car j'ai toujours trouvé que vous arriviez à me transmettre une idée parfaitement claire de vos conclusions, qui, bien qu'elles ne me permettent pas de comprendre entièrement les étapes de votre processus intellectuel, m'en donnent les résultats ni en deçà ni au-delà de la vérité, et si clairs qu'à partir d'eux je peux penser et travailler. Si ceci n'était pas possible, ne serait-il pas bon que les mathématiciens qui travaillent sur ces sujets nous donnent les résultats dans cet état exploitable, utile et populaire, en plus de la forme qui leur est propre ? »

Lumière et énergie

À l'aide des équations de Maxwell, on peut également comprendre la fameuse liaison entre lumière et énergie. La lumière transporte de l'énergie électromagnétique, c'est pourquoi, lorsque la lumière éclaire un objet, elle le chauffe directement, sans intermédiaire.

Il s'agit de l'énergie transportée par les champs électrique et magnétique.

Ainsi, l'énergie de la lumière est transférée à l'objet avec lequel elle interfère par sa vibration (nous verrons plus tard d'où elle provient). Lorsque cette vibration atteint la matière, elle interagit avec elle, la fait vibrer à son tour et la chauffe. Voilà comment la lumière transporte l'énergie – et peut même provoquer le feu.

Je ne peux m'empêcher, à ce sujet, de raconter une petite anecdote sur la construction de la Bibliothèque de France appelée aujourd'hui François-Mitterrand. Pour réaliser ce projet conçu par Jacques Attali, on fit un concours d'architecte, et après une visite des maquettes, François Mitterrand choisit le projet de l'architecte Dominique Perrault.
Ce projet comprenait les quatre gigantesques tours en verre qu'on peut voir aujourd'hui.
Il ne fallut pas beaucoup de temps à Emmanuel Le Roy Ladurie, alors administrateur de la Bibliothèque nationale, pour faire remarquer que stocker des livres derrière des parois de verre n'était pas recommandé. L'architecte répondit qu'il avait tout prévu, que la tour serait climatisée.
Les physiciens s'efforcèrent de lui expliquer qu'il ne s'agissait pas de cela, que la lumière transportait de l'énergie par rayonnement, directement, et donc chaufferait les livres, même si l'enceinte était climatisée…
L'architecte n'en démordait pas et voulait son verre clair ! Je passe sur les péripéties.
Le résultat, vous pouvez le voir aujourd'hui. On a été obligé de placer derrière le verre clair des panneaux orientables de bois sombre… Avec le résultat esthétique que vous constatez !
Donc, si la lumière transporte de la chaleur, c'est **de l'énergie électromagnétique.**

L'électromagnétisme et les bases de la révolution industrielle

Commençons par deux citations célèbres.

L'une est de Michael Faraday, à qui le Premier ministre britannique Gladstone demandait : « À quoi toutes vos découvertes vont-elles servir ? » (Une question que nos responsables politiques actuels ne renieraient pas et qu'il n'est d'ailleurs pas illégitime de poser.)

Faraday répondit : « Ne vous inquiétez pas, Monsieur le Premier ministre, vous allez bientôt pouvoir percevoir des impôts sur tout cela ! »

La seconde est la célèbre citation de Lénine : « Le communisme, c'est les Soviets plus l'électricité. » On dit que les premiers s'imposèrent plus vite que la seconde…

Eh bien tout cela était assez bien vu : l'électricité a été la clef du développement industriel au XXe siècle et a autorisé la domination économique du Nouveau Monde.

Car l'épopée électrique, si extraordinaire qu'elle fût du point de vue fondamental, a aussi été à la base du développement industriel.

Une découverte fondamentale fut celle des **électroaimants**.

Nous avons dit qu'un fil électrique enroulé « en tire-bouchon » est équivalent à un aimant.

Mais ce qui est extraordinaire, c'est que lorsqu'on enroule un fil électrique autour d'un

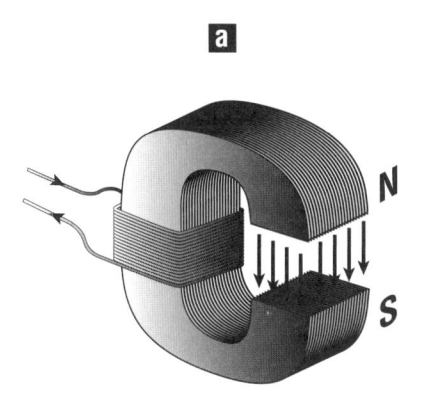

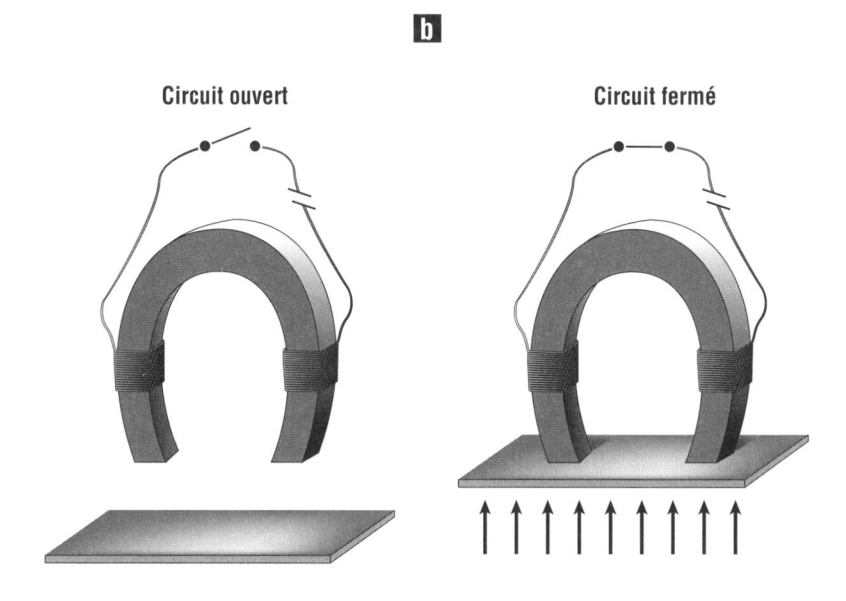

Figure 6.6
a) L'électroaimant consiste en des fils électriques enroulés en nombreuses spires autour d'un morceau de fer qu'on courbe. Lorsqu'on fait passer un courant dans le fil, on crée un champ magnétique entre les deux mâchoires métalliques. b) Ainsi peut-on soulever des pierres métalliques parfois même très lourdes.

morceau d'acier ou de fer doux et qu'on y fait passer du courant, on constate que le barreau d'acier est devenu un aimant puissant doté d'un pôle nord et d'un pôle sud. On a affaire à un superphénomène d'induction : le courant électrique a engendré un champ magnétique qui lui-même a induit un champ magnétique dans le fer doux et l'a ainsi aimanté.

Si l'on courbe le barreau de fer, on crée un espace étroit (l'entrefer) entre le pôle nord et le pôle sud (voir la figure 6.6). Dans cet intervalle règne **un champ magnétique intense**, qu'on peut utiliser de nombreuses façons, par exemple pour soulever des poids (et les relâcher aisément en coupant le courant).

À partir de cette expérience, réaliser un moteur électrique n'a plus été qu'une question de temps. Jusque-là, l'électricité et son étude, et surtout son utilisation, avaient beaucoup souffert de la faible puissance des générateurs. On avait d'abord mis en place des sortes de roues dotées de balais qui frottaient de la peau de chat. L'électricité récupérée n'était guère intense. Puis, Volta et sa pile firent irruption. Les choses allèrent alors nettement mieux, surtout si l'on avait l'argent pour construire des piles avec 300 ou 1 000 unités assemblées qui, on l'a dit, s'additionnaient. Mais, vous n'imaginez tout de même pas envoyer du courant électrique de Paris à Marseille produit par des piles Volta !

Bref, l'électricité restait du domaine du laboratoire. Tout autre va être la situation après l'invention du moteur électrique par Faraday.

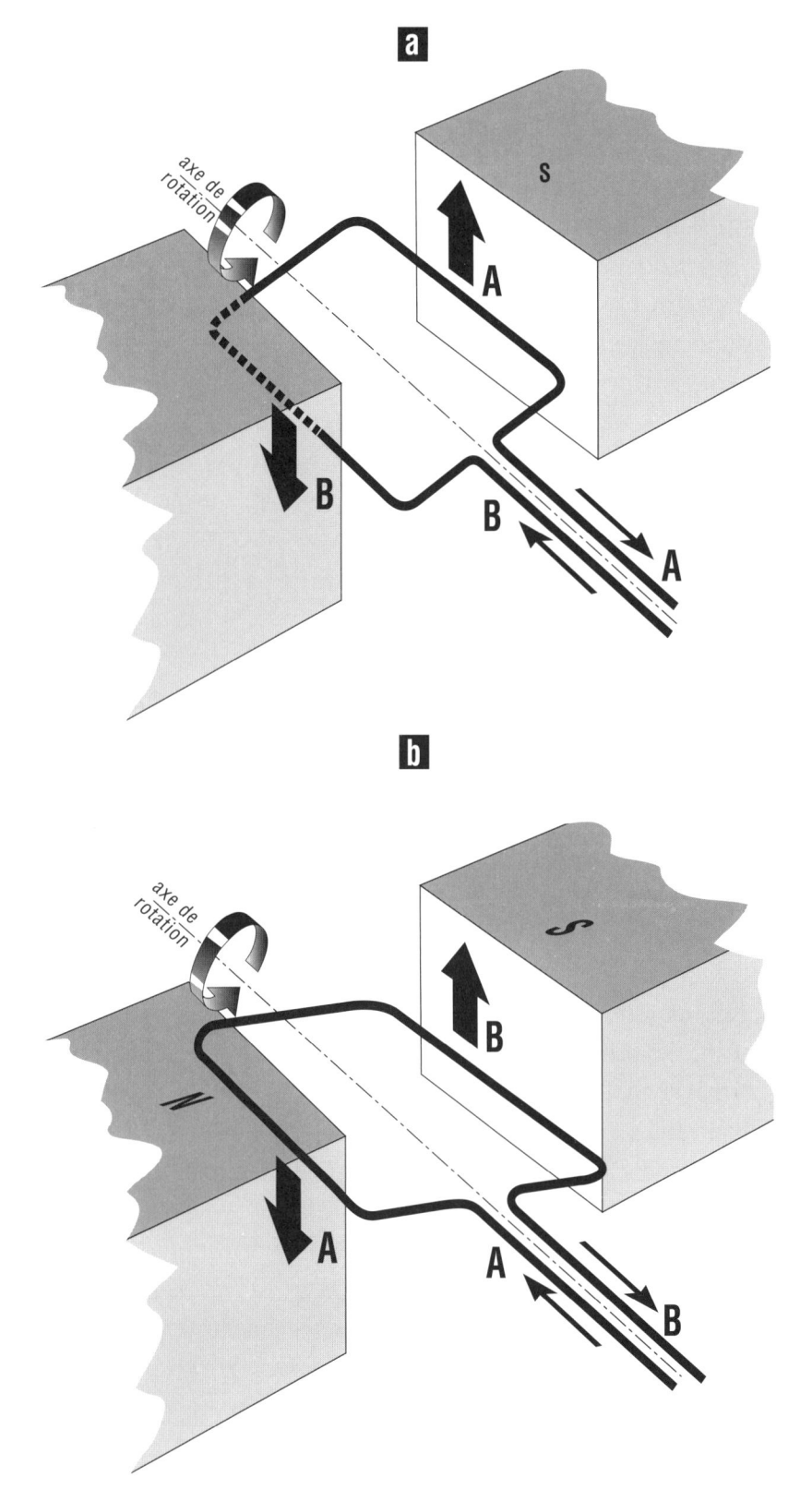

Figure 6.7
Lorsqu'on fait tourner un cadre sur lequel on a enroulé un fil, on récupère un courant électrique dans le sens indiqué, c'est-à-dire qu'il s'inverse tous les demi-tours.

Supposons que nous fassions tourner un cadre sur lequel on a embobiné des fils électriques, dans l'entrefer d'un électroaimant. On va produire dans le cadre un courant (voir la figure 6.7). Le courant produit au cours de cette rotation s'inversera à chaque demi-tour, car les champs produits s'inverseront. On aura créé un générateur de courant, mais de courant alternatif, dont les mouvements de charges iront tantôt dans un sens, tantôt dans l'autre.

Si, par un dispositif mécanique astucieux, on inverse tous les demi-tours la liaison des fils sortant du cadre avec le circuit extérieur, on générera un courant électrique continu, mais on peut aussi laisser le processus créer un courant alternatif.

Le moteur électrique est une bobine électrique qui tourne dans un champ magnétique !

Les fondements de l'essor du capitalisme américain

À partir de là, va se dérouler la plus extraordinaire bataille technico-capitaliste de l'histoire moderne. Le courant continu contre le courant alternatif.

Premier acteur de cette saga, l'Américain Edison (1847-1931). On raconte qu'il fut renvoyé de l'école par ses professeurs de sciences qui lui reprochaient de poser trop de questions en classe (c'est hélas un risque que peu d'étudiants français encourent, mais les y encourage-t-on dès leur jeune âge ?). Désœuvré, il créa sa première entreprise à douze ans en vendant des journaux à bord des trains, alors en plein essor aux États-Unis. Mais il était aussi passionné de sciences et il lisait les livres de Faraday et de Maxwell.

Il inventa en 1880 la lampe électrique pratique* en faisant passer un courant à basse tension dans un fil de carbone (c'est-à-dire à haute résistance) placé dans une ampoule où l'on a fait le vide.

L'épopée de l'ampoule électrique se sera déroulée sur presque un siècle. Et cette découverte géniale aura mis du temps avant d'être acceptée.

En 1811, Humphry Davy avait réussi à provoquer des étincelles lumineuses entre deux morceaux de charbon qu'on rapprochait. Vers le milieu du siècle, Léon Foucault (le Foucault du pendule, toujours lui !) avait imaginé un dispositif pendulaire qui permettrait de remplacer au fur et à mesure de la combustion le charbon qui brûlait et maintenait la lueur. Puis on avait inventé une lampe qui, pour éclairer, fonctionnait avec une faible résistance électrique, autrement dit avec une forte intensité, et était donc dangereuse. Telle était la situation en 1880.

En parallèle, l'apparition de la lampe à pétrole avait remplacé la vieille bougie : en ville, les lampes à gaz s'étaient banalisées. Bref, l'utilisation de l'électricité comme moyen d'éclairage restait limitée et fortement concurrencée.

Souvenez-vous des becs de gaz en ville au début du XXe siècle, comme on les voit dans les vieux films.

---

* Sir Joseph Swan l'inventa aussi au même moment, avec moins de succès.

Edison inventa la lampe à incandescence, fonctionnant avec du courant continu d'un voltage de 110 volts. Ces lampes avaient l'avantage de pouvoir être montées en parallèle*. Donc, on n'éteignait pas toutes les lampes pour en éteindre une seule (alors qu'auparavant les lampes étaient montées en série).

Les immeubles s'équipèrent donc petit à petit de moteurs électriques pour produire du courant à 110 volts.

Pendant ce temps, on explorait les propriétés du courant alternatif, plus facile à produire grâce aux solénoïdes tournants, et l'on constatait que ce courant alternatif permettait de porter les filaments à l'incandescence aussi bien que le courant continu. Le « frottement électrique » entre électrons mobiles et noyaux atomiques était identique, qu'il y ait courant continu ou va-et-vient alternatif.

L'avocat de l'utilisation du courant alternatif aux États-Unis fut un jeune émigré serbe, Nikola Tesla (1856-1945).

S'engagea alors une bataille acharnée entre les tenants du courant continu (Edison) et ceux du courant alternatif. Tesla, qui avait convaincu de ses projets le capitaliste Westinghouse, proposa de remplacer toutes les formes d'énergie statique et d'éclairage domestique par l'électricité.

---

* La clé du succès de l'ampoule d'Edison réside dans le fait de placer le fil de carbone dans le vide pour qu'il ne s'oxyde pas et dans le montage en parallèle.

Pour cela, il fallait changer d'échelle. Avec le soutien de Westinghouse, il entreprit de faire construire les premières centrales électriques.

Sur le principe du moteur tournant, on construisit des centrales électriques utilisant les chutes naturelles des grands fleuves comme les chutes du Niagara. Ceci se produisit vers 1895.

Le problème technique auquel on était confronté était très nouveau : il fallait désormais transporter des quantités considérables d'électricité sur de très grandes distances pour atteindre les grandes villes : Buffalo, puis New York ou Boston.

Le courant continu, lui, avait beaucoup de mal à satisfaire une telle demande. Pour transporter des mégawatts, afin d'avoir un courant à 110 volts, il fallait des intensités considérables (100 000 ampères !). Or, avec une telle intensité, les fils s'échauffaient et l'on perdait beaucoup d'énergie dans le transport.

Le courant alternatif, lui, offrait une solution élégante. Car on avait inventé un instrument extraordinaire : le transformateur de courant.

Deux enroulements de fil autour d'un cadre en fer doux, il n'en faut pas plus pour transformer la tension du courant d'un côté à l'autre (voir la figure 6.8). Le rapport des tensions est égal au rapport du nombre de spires de part et d'autre.

On part d'un courant de quelques kilovolts à la sortie de la centrale, on le transforme en un courant de 500 kilovolts qu'on transmet avec une faible intensité dans un câble (d'où l'expression « ligne à haute tension »), puis à l'arrivée un autre

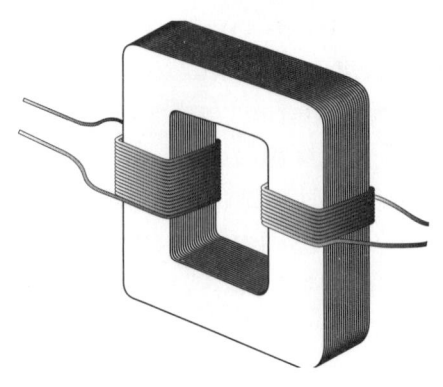

Figure 6.8
Principe du transformateur.
On enroule des spires autour d'un barreau aimanté fermé.
On fait passer un courant alternatif dans l'un des bobinages.
On crée un courant électrique alternatif dans l'autre bobinage.
Le rapport des voltages est égal au rapport du nombre de spires.
Plus il y a de spires, plus le voltage est élevé.

transformateur remet le courant à 110 volts et le distribue aux usagers. Et la lampe conçue par Edison n'éclaire pas mieux….

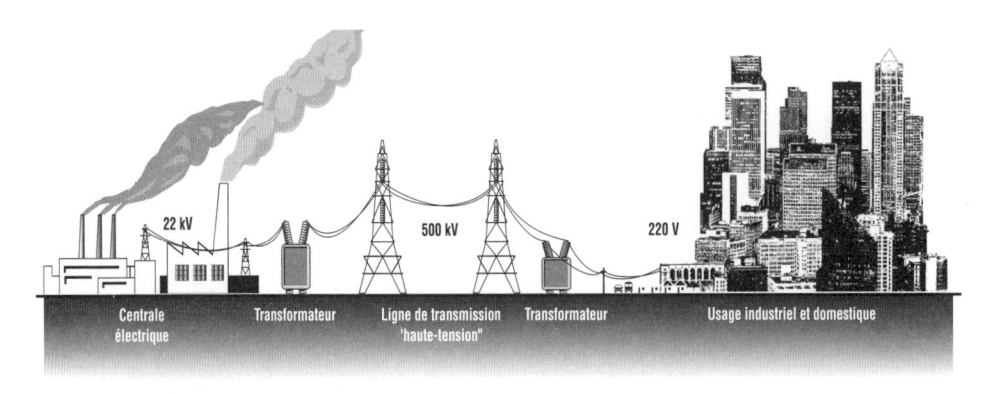

Figure 6.9
Schéma du transport de l'électricité en courant alternatif entre une centrale électrique et une grande ville. On utilise pour ce transport les propriétés des transformateurs.

C'est donc l'immensité du territoire américain qui a permis la victoire du courant alternatif (voir la figure 6.9). Mais aussi le triomphe de Tesla et la fortune de Westinghouse.

Disons pour terminer ce rapide (mais fondamental) survol de la question de l'énergie, que les progrès modernes n'ont pas modifié les données du problème.

Dans les centrales thermiques, on brûle du charbon ou du pétrole pour faire tourner des turbines et fabriquer de l'électricité

Dans les centrales nucléaires, l'énergie nucléaire sert, elle aussi, à chauffer de l'eau pour faire tourner des turbines et produire de l'électricité.

Dans les centrales hydrauliques, c'est l'énergie potentielle de la chute d'eau qui est transformée en énergie électrique.

À l'autre bout de la chaîne, le processus est inverse. L'énergie électrique est transformée, soit en énergie lumineuse (éclairage), soit en énergie mécanique (moteur), soit en énergie thermique (chauffage)...

Dans tous les cas, constatons qu'on n'a pas *fabriqué* d'énergie. On a transformé une forme d'énergie en d'autres formes d'énergie, même si, dans presque tous les cas, l'énergie électrique tend à devenir le vecteur universel.

Il n'y a qu'un domaine où l'on en reste au stade de la transformation énergie thermique-énergie mécanique, sans guère passer par l'énergie électrique : ce sont les transports. L'énergie électrique n'a, jusqu'ici, pas véritablement pénétré, sauf pour les trains. Soyons patients, cela viendra...

Sur l'autre front, celui des ondes radio entrevues par Maxwell et découvertes par Hertz en 1887, les progrès ont eux aussi été rapides.

En 1895, Marconi inventa le premier télégraphe sans fil. Il réalisa en 1901 la première liaison transatlantique.

Le monde de la radio, demain de la télévision, était en marche. Qui aurait pu prédire que tout cela serait initié par ces hommes qui, comme Benjamin Franklin, frottaient de l'ambre à l'aide d'une peau de chat et attiraient des petits bouts de papier...

C'est cela la recherche scientifique.

À quoi ça sert ?

À comprendre d'abord et après... à découvrir ce qu'on n'avait pas prévu !

La grandeur de l'Amérique

La grandeur de l'Amérique, c'est d'avoir compris cela, d'avoir mis en œuvre cette idée.

Voyons ce qu'il en est aujourd'hui. D'où vient la révolution informatique ? De l'invention du transistor par une équipe de chercheurs qui essayaient de comprendre comment le courant électrique se propageait dans les solides complexes, puis du développement du « software » grâce à l'initiative d'un ancien étudiant d'Harvard du nom de Bill Gates.

L'Amérique est équipée pour y parvenir, en premier. Grâce à une recherche scientifique très soutenue, y compris par les industriels, et pas dans un souci de rentabilité immédiate.

On n'y oublie pas que les découvertes économiquement les plus rentables sont celles qui sont les plus inattendues. D'où un soutien sans faille de la recherche fondamentale dans les universités.

Une culture technologique très développée chez tous les scientifiques. Beaucoup de scientifiques américains savent réparer une voiture ou un moteur électrique, avec chez tous, le souci de transformer leurs recherches en découvertes utiles.

Ce ne sont pas les industriels qui sont le plus à l'affût des nouvelles découvertes, car les grandes entreprises ont souvent, comme en Europe, leurs lourdeurs administratives, mais les professeurs d'université et les étudiants doctorants toujours soucieux d'exploiter leurs découvertes. Ils inventent, créent et les grandes compagnies développent.

La taille du pays fait le reste, c'est-à-dire la sélection entre les découvertes et le développement rapide des plus importantes, grâce à un marché qui aime la nouveauté !

7

Le hasard au secours des atomes et des molécules

Lorsque les scientifiques affirment que les propriétés des molécules déterminent les propriétés des composés chimiques telles qu'on peut les percevoir : odeur, couleurs, dureté, etc., la question qui leur est immédiatement posée est bien sûr : mais comment passe-t-on des structures des molécules, de leurs propriétés élémentaires, aux propriétés des « gros objets », ceux que l'on voit, que l'on touche, lorsqu'on sait qu'il faut multiplier leur taille par des facteurs comme 10^{24} pour passer de l'échelle de la molécule à l'échelle du « sensible » ? Comment une propriété microscopique peut-elle se transférer jusqu'à l'échelle « macroscopique » ?

Pour ce faire, inutile d'essayer de calculer ou de combiner les propriétés de deux molécules, trois molécules, quatre molécules, dix mille…, un milliard..., mille milliards jusqu'à atteindre les dimensions que nous observons. Les plus gros ordinateurs seraient incapables d'y parvenir même en tournant nuit et jour pendant mille ans !

Alors comment faire ?

Réponse : en utilisant le calcul des probabilités et son produit dérivé qu'on appelle la Statistique. Cette approche probabiliste et statistique est sans doute l'une des plus originales, des plus puissantes qu'ait inventées la Physique.

Le calcul des probabilités

En Occident, on fait remonter le calcul des probabilités à Pascal, bien qu'on ait trouvé des dés (et même des dés truqués) dans les trésors des anciens pharaons d'Égypte. Beaucoup d'historiens nous disent qu'il était pratiqué bien avant – en Inde et chez les Arabes –, et c'est sans doute vrai. Le savoir des seconds ayant bénéficié largement de celui des premiers comme on ne le rappelle pas assez souvent.

La lecture du *Mahabharata* (qui prend du temps malgré les éditions condensées) montre clairement ce que peut être une société « probabiliste ». Non seulement parce que femmes, royaumes et liberté se jouaient aux dés, mais parce que l'ensemble de l'épopée est elle-même probabiliste – et donc incertaine, changeante, surprenante et, il faut bien le dire, déroutante pour nos esprits « grecs » en constante recherche de simplicité. Avec regret, laissons donc les Indiens et leur vision d'un monde touffu et probabiliste pour revenir à Pascal.

La probabilité d'un événement, c'est le rapport entre le nombre d'états réalisés et le nombre d'états possibles, dans une expérience dont le résultat est « totalement » incertain, et obéit à ce qu'on appelle le hasard.

Ainsi, si je lance une pièce en l'air, quelle est la probabilité d'obtenir « face » ? Le nombre d'états réalisés c'est un (c'est pile ou c'est face), le nombre d'états possibles a priori c'est deux. La probabilité d'obtenir pile (ou face), c'est

$$\frac{1}{2} = 0{,}5.$$

À condition, bien sûr, que ma pièce ne soit pas truquée, et donc que l'événement soit totalement équiprobable.

Quelle est la probabilité que j'obtienne un six si je lance un dé ? Le nombre d'états réalisés c'est un. Le nombre d'états possibles c'est six. La probabilité c'est

$$\frac{1}{6} = 0{,}166.$$

La première expérience avec une pièce de monnaie est moins **indéterminée** que la seconde avec un dé. Indéterminé, mot important en probabilité, qui est presque synonyme d'incertain.

Naturellement, dans une même expérience, la somme de toutes les probabilités (de tous les états réalisables) est égale à un. La probabilité est donc un nombre qui varie entre 0 (c'est l'impossible) et un (c'est la certitude).

Pascal, Daniel Bernouilli et quelques autres ont établi les règles qui régissent le calcul des probabilités.

De là est venue l'idée de la Statistique. Si l'on est confronté à une foultitude d'événements mettant en jeu un grand nombre d'acteurs (ce qu'on appelle une population), et si l'on ne connaît pas bien la manière dont les événements se produisent et quels sont leur degré de variabilité, ne peut-on pas décrire le système, la population, en faisant appel au calcul des probabilités ?

De fil en aiguille, l'idée qu'on pouvait obtenir des prédictions fiables sur le comportement des populations en appliquant la loi des probabilités s'est imposée. Pascal ou Leibniz, soucieux déjà d'optimiser les investissements financiers, l'avaient dit.

Ainsi, petit à petit, est née l'idée que dans un système à un grand nombre « d'individus », le comportement de l'ensemble pouvait être étudié **en échantillonnant** « au hasard » une partie de l'ensemble, en étudiant cet échantillon, puis en extrapolant à l'ensemble de la population les résultats obtenus.

De là a émergé petit à petit l'idée de Statistique.

La Statistique cherche à définir les propriétés moyennes d'une population d'objets soumis à des phénomènes complexes. Pour y parvenir, elle s'intéresse à trois paramètres :

a) La **valeur moyenne**, autrement dit l'élément moyen et ses propriétés.

b) La **dispersion** autour de cette moyenne, autrement dit la proportion de déviants, d'originaux, et, pour chaque catégorie, leur éloignement de la moyenne.

c) La **dissymétrie** autour de la moyenne. Les déviants sont-ils en même nombre et à la même distance de part et d'autre de la moyenne ?

Pour définir tout cela, on utilise une représentation graphique universelle, l'histogramme (voir la figure 7.1). En Mathématiques, où l'on considère des histogrammes dont les classes sont très petites, on parle de **distribution**.

Pour le construire, c'est simple ; on définit les diverses grandeurs que l'on veut mesurer, et pour chacune d'elles, on évalue le nombre d'éléments qui ont cette valeur.

L'histogramme permet de mettre en évidence la moyenne, la dispersion, la dissymétrie.

Naturellement, pour obtenir une estimation de la réalité à l'aide de cet histogramme, on fait l'hypothèse que lorsqu'on étudie un échantillon de la population totale pris au hasard (le mot hasard est bien sûr ici essentiel, même si, nous le répéterons sans cesse), cet échantillon est représentatif, autrement dit, s'il traduit fidèlement les propriétés de la population totale. Pour cela, il faut étudier le degré de confiance qu'on peut avoir dans le résultat, c'est-à-dire estimer la marge d'erreur qu'on commet en échantillonnant de telle ou telle manière.

C'est cette idée qui aujourd'hui est mise en œuvre dans les sondages d'opinion. Car à partir de ces échantillons qui fournissent des probabilités de telle ou telle opinion ou de tel ou tel comportement, on peut espérer calculer le comportement du tout, donc rendre compte des propriétés de

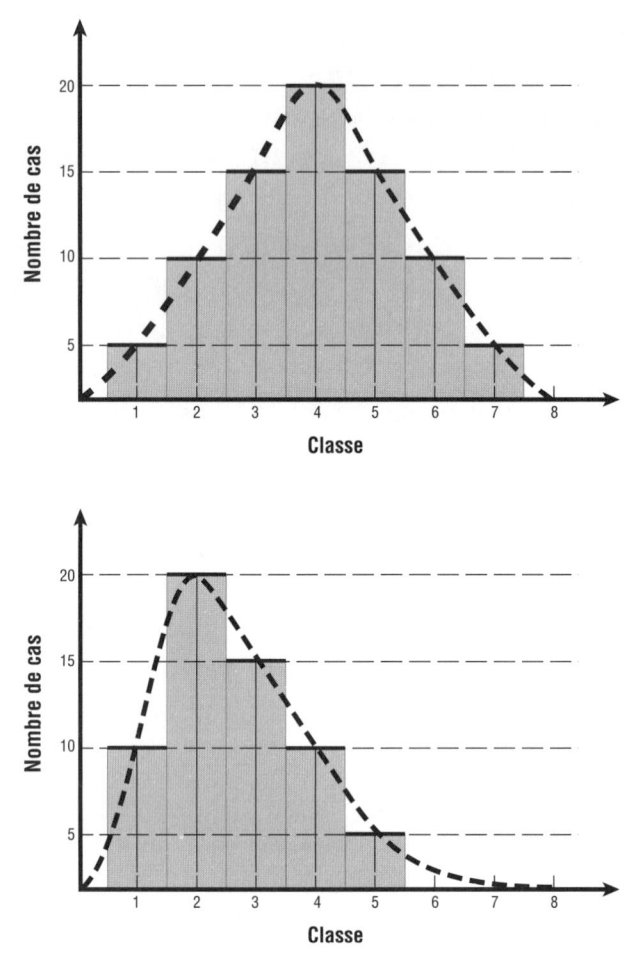

Figure 7.1
Deux histogrammes (distribution).
Nombre d'individus en fonction d'une variable arbitraire.
En haut, distribution symétrique.
En bas, distribution dissymétrique.

l'ensemble de la population dont on veut estimer telles ou telles propriétés.

Naturellement, plus l'échantillon est grand, plus il a de chances d'être fidèle (l'incertitude décroît comme ($1/\sqrt{N}$), mais la taille n'est pas un critère suffisant, il doit être lui aussi le fruit du hasard*), et si la population est divisée en catégories, l'échantillonnage doit en tenir compte.

Ainsi est née l'idée d'une Physique statistique. Et quel meilleur exemple des méthodes statistiques que celui des populations d'atomes ou de molécules où l'on a affaire non pas à cent, mille ou dix mille individus, mais à des milliards de milliards ?

Dans les calculs de la Physique classique, le résultat est un nombre. Dans les calculs de la Physique statistique, le résultat est une distribution de comportements. C'est-à-dire un (ou plusieurs) histogramme(s). Il faut donc apprendre à faire les opérations élémentaires (addition, multiplication, combinaisons plus compliquées) sur des histogrammes. Quel est le résultat de l'addition de deux histogrammes ? Le produit est plus compliqué qu'avec des nombres mais il décrit mieux la réalité, car il permet non seulement de connaître la moyenne, mais aussi l'erreur qui frappe l'estimation de cette moyenne ainsi que la proportion des déviants. La statistique permet de prendre en compte la diversité de la nature !

Nous en verrons des exemples simples plus loin.

---

* Vous remarquerez que presque tous les sondages s'appuient sur un échantillon d'environ 1 000 personnes. Le mathématicien nous dit alors que l'incertitude pesant sur le résultat est d'environ $1/\sqrt{1000}$ ~3 %. Vous remarquerez que dans chaque second tour de présidentielles, si l'on vous dit que A (51 %) devance B (49 %), comme c'est à ± 3 % près, ça veut dire en fait qu'on n'est sûr... de rien. Alors que si A est donné gagnant devant B à 54 % (contre 46 %), on commence à « sortir des barres d'erreur ».

La courbe en cloche

Dans bien des séries statistiques, la distribution des propriétés des populations obéissent à une loi qu'on appelle couramment « la courbe en cloche », et en termes savants la distribution de Laplace-Gauss (du nom des deux auteurs, l'un français, l'autre allemand, qui l'ont décrite et étudiée).

Cette courbe a la forme d'un chapeau de gendarme du XIXe siècle. Elle est symétrique autour de la moyenne, et plus ou moins aplatie suivant que la dispersion est plus ou moins grande (voir la figure 7.2).

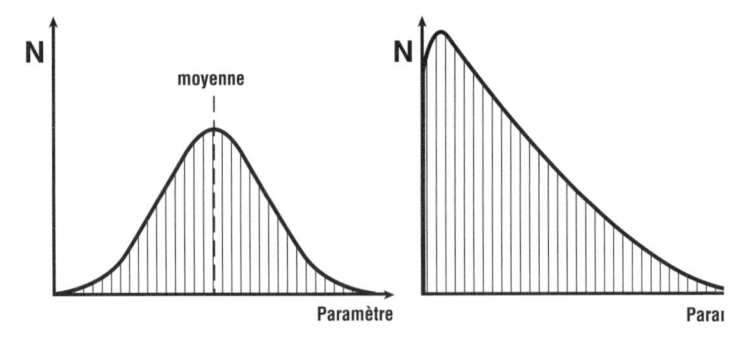

Figure 7.2
Deux distributions théoriques très importantes :
– La distribution de Laplace-Gauss à gauche.
– La distribution de Poisson-Boltzmann à droite.

Ce qui donne à cette courbe son caractère quasi universel, c'est un théorème de statistique, sans doute le plus puissant, sans doute l'un des moins connus aussi, qu'on appelle le **Théorème Central Limite**, selon nequel, si l'on additionne des distributions quelconques de formes quelconques, s'il y a suffisamment de distribution, la distribution obtenue est une courbe en cloche.

C'est proprement extraordinaire mais c'est vrai !

Lorsque vous prenez la mesure d'une longueur, celle de votre table par exemple, en répétant de nombreuses fois l'opération, vous obtenez une courbe en cloche : la valeur moyenne vous indique la meilleure estimation, et les écarts à cette moyenne vous permettent d'évaluer l'erreur que vous faites dans cette estimation.

Il y a plus de pauvres que de riches

Prenons une deuxième distribution statistique bien connue, au point qu'elle ressortit à une loi universelle, et qui s'applique hélas aux hommes et à la répartition des richesses : il y a beaucoup plus de pauvres que de riches et en gros, quelle que soit la société, la courbe a la même forme, même si, bien sûr, les paramètres sont différents.

Il y a, de même, beaucoup plus de petits tremblements de terre que de gros (heureusement), beaucoup plus de gens qui courent le 100 mètres en 15 secondes qu'en 10 secondes, etc., beaucoup plus de molécules dotées d'une énergie faible que de molécules dotées d'une grande énergie dans un gaz donné. C'est la distribution dite de poisson.

Pour les molécules, la distribution est dite de Boltzmann, du nom de l'un des fondateurs de la Physique statistique.

On peut combiner la distribution de Boltzmann et celle de Laplace-Gauss. En les multipliant (terme à terme), on obtient une autre distribution, dissymétrique, dite de Maxwell-Boltzmann, qui décrit, par exemple, la loi de répartition des vitesses des molécules dans un gaz (voir la figure 7.3).

Distribution de Poisson-Boltzmann   **Distribution de Laplace-Gauss**

Distribution de Maxwell-Boltzman

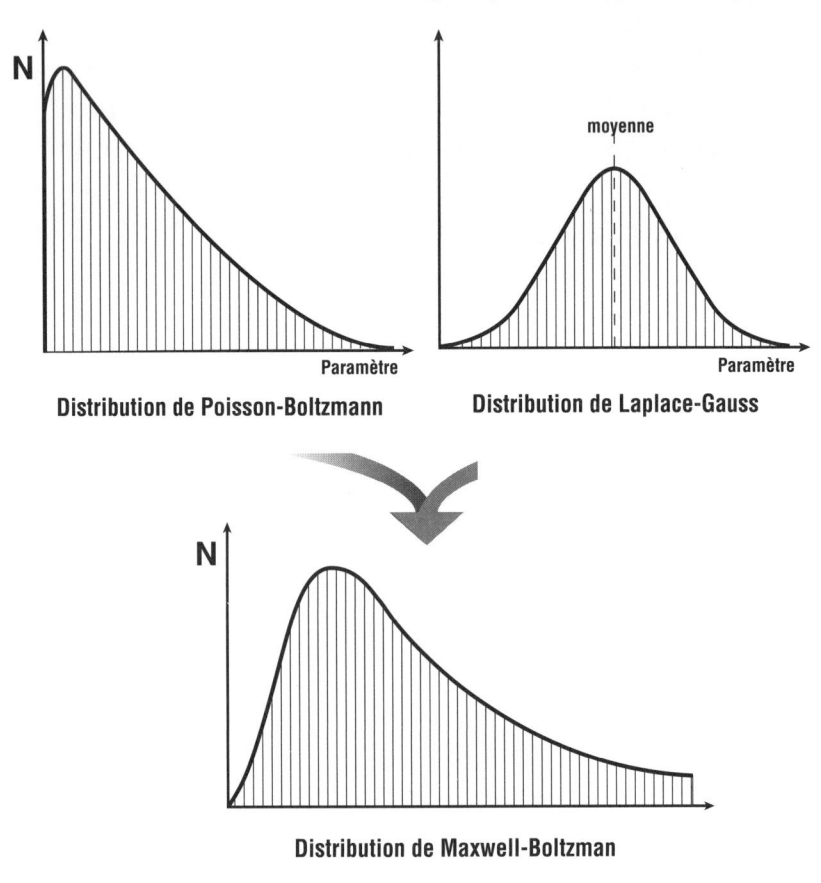

Figure 7.3
Si l'on **combine** les distributions de Gauss et de Poisson-Boltzmann, on obtient une courbe en cloche dissymétrique qu'on appelle distribution de Maxwell-Boltzmann. C'est, par exemple, la distribution des vitesses d'un **gaz** assez dilué.

Nous en avons fini avec les deux opérations essentielles de la Physique statistique : les additions et les multiplications des distributions.

Le calcul des probabilités au secours de la Chimie atomique et de la Physique !

Démocrite avait affirmé que les atomes étaient constamment en mouvement, agités de manière désordonnée, dans tous les sens.

Parfois, avait-il dit, ils entrent en collision et se cognent comme deux bolides qui s'emboutissent, parfois la rencontre se solde par une union, et ils donnent alors naissance à des « substances » liquides ou solides.

Comme on l'a dit plus haut, c'est vers la fin du XIXe siècle qu'on a découvert l'essentiel des lois sur le comportement des gaz, la manière dont ils se combinent, se mélangent, quelle pression ils exercent sur les parois, etc.

Il est donc naturel qu'à cette époque on ait tenté de rendre compte de toutes ces propriétés à partir des idées d'atomes et de molécules qui émergeaient alors, en somme d'approfondir les idées de Démocrite, mais d'une manière un peu plus précise, un peu plus quantitative.

Si la matière, en l'occurrence les gaz, était constituée par des milliards de milliards de particules ou d'atomes, comment pouvait-on, à partir de leurs propriétés supposées, expliquer les observations des chimistes ? Autrement dit, comment pouvait-on, à partir de la description microscopique de la matière, des structures élémentaires des molécules, construire une théorie qui permette de rendre compte des propriétés macroscopiques, celles sur lesquelles travaillent les chimistes, de

Gay-Lussac à Avogadro en passant par Dalton jusqu'aux chimistes d'aujourd'hui ? Comment pouvait-on passer des formules chimiques au bécher du chimiste qui synthétise de nouveaux produits ? Il a fallu revenir aux sources.

Daniel Bernouilli*, un Genevois membre d'une prestigieuse dynastie scientifique, avait ouvert la voie à la fin du XVIIIe siècle.

Spécialiste de cette nouvelle branche des Mathématiques appelée calcul des probabilités, Daniel Bernouilli comprit vite que, pour étudier une population d'atomes en nombre très élevé, la meilleure façon de s'y prendre était de modéliser leur comportement de manière statistique et de définir ainsi le comportement d'un atome moyen. Mais si c'est à lui que reviennent les premières idées en la matière, son travail n'aboutit pas à un résultat définitif.

Et c'est vers la fin du XIXe siècle que va vraiment se développer la Physique statistique, à travers des débats houleux et intellectuellement fort violents.

Car cette Physique statistique heurtait de plein fouet deux préjugés solidement ancrés dans les esprits. En vertu du premier, on l'a vu, certains s'opposaient à l'idée d'atomes et de molécules sous prétexte qu'on ne les voyait pas. En vertu du second, d'autres récusaient l'utilisation du calcul des probabilités. Comment la nature, dont les lois sont

---

* Dans cette famille il faut bien faire attention aux prénoms, car le génie semble y avoir été génétique !

parfaitement claires, parfaitement déterminées, pourrait-elle obéir au calcul des probabilités, au hasard, « ce cache-misère de notre ignorance », comme le dira plus tard avec humour Émile Borel, grand probabiliste français ?

Trois hommes, aussi exceptionnels que dissemblables, vont construire cette Physique statistique.

James Clark Maxwell, l'auteur de la grandiose théorie de l'unification électromagnétique, le gentleman écossais de Cambridge, l'une des légendes de la Physique. C'est lui qui va donner le signal du départ, en calculant la distribution des vitesses des particules d'un gaz. C'est un mathématicien distingué, un atomiste sans état d'âme. Malheureusement, il mourra au milieu de la bataille en 1918.

Ludwig Boltzmann est un Autrichien plus jeune que Maxwell, qu'il admire et vénère. C'est un homme fantasque, brillant mathématicien, intellectuellement ambitieux, possédant à la fois l'imagination et la technique, mais qui est aussi un ultrasensible, souvent indécis (il acceptera puis refusera trois fois le poste de professeur à Berlin où enseigne le grand physicien allemand Helmholtz, le tout en deux ans), direct – trop direct diront certains – dans ses relations sociales. C'est pourtant lui qui a construit les fondations.

Josiah Willard Gibbs. C'est un Américain (les scientifiques américains disent aujourd'hui qu'il fut le premier « grand scientifique » américain... Et Benjamin Franklin ?). Il est professeur à Yale. Réservé, isolé – on raconte qu'un jour, en parlant avec un collègue, il découvrit que les professeurs de Yale étaient rémunérés, ce qu'il ignorait ! – c'est lui qui assoira la Physique statistique et fera la synthèse avec la Thermodynamique. Il est vraiment dommage que Gibbs et Boltzmann ne se soient jamais rencontrés, que par deux fois ils se soient manqués. Car Gibbs fut, semble-t-il, l'un des rares contemporains à avoir compris les articles de Boltzmann. Ce qui supposait une grande expertise mathématique, mais aussi une lucidité introspective remarquable tant les articles de Boltzmann étaient touffus et difficiles d'accès.

La théorie cinétique des gaz

Lorsque plusieurs millions de petites particules (atomes ou molécules ?) se trouvent enfermées dans une boîte et s'agitent en tous sens (c'est un peu le spectacle d'un hall de gare aux heures de pointe), elles se cognent les unes aux autres, changent de direction, se cognent encore, rebondissent, le tout donne donc une impression d'agitation désordonnée.

Pour comprendre le comportement d'un tel système, il faut renoncer à l'idée de décrire individuellement chaque particule au profit d'une description statistique du comportement de la particule moyenne et de ses déviations.

C'est pour cela que l'on va s'intéresser au comportement de la particule moyenne. Par exemple, s'il y a tant de particules dans tel volume de telle dimension, quel sera le trajet moyen en ligne droite d'une particule agitée au hasard avant qu'elle n'en rencontre une autre ? En termes savants, on appellera cela le « libre parcours moyen ». On pourra s'intéresser aussi à la question : combien de collisions par seconde pour une particule ? Etc. On s'intéressera aussi au degré de représentativité de la particule moyenne, autrement dit, au nombre de particules déviantes par rapport à ce comportement moyen. Autre question : combien de particules se déplacent sans en heurter d'autres ? (Pas beaucoup !)

Pour évaluer tout cela, on fait appel au calcul des probabilités, autrement dit, on calcule le pourcentage de cas où un événement se produit par rapport au nombre de cas où il pourrait se produire, etc.

Les éclairages de la Statistique d'atomes

À l'aide de ce type d'approche, Boltzmann va calculer les propriétés des gaz, celles que l'on observe, que l'on mesure à partir d'une description du comportement d'une population de particules (il s'agira tantôt d'atomes, tantôt de molécules, peu importe). Ce n'est déjà pas si mal.

Mais il fera plus : il va donner un sens à des notions que chimistes et physiciens de la fin du XIXe siècle connaissaient bien sans savoir exactement ce qu'elles recouvraient : la pression, la température, la chaleur. Des notions usuelles qu'on avait bien du mal à définir.

• **La pression d'un gaz**

Ce qu'on appelle la pression d'un gaz est le résultat de l'ensemble des chocs que les molécules exercent sur la paroi d'un récipient (parois qui peuvent être théoriques). Une pression, en mécanique, c'est une force par unité de surface. C'est sur ce principe qu'on a inventé la punaise. On appuie sur la partie plate, mais la force ne s'exerce que sur une petite surface, elle est donc considérable. Pour un ensemble de molécules, la pression c'est l'ensemble des forces exercées par les molécules sur une paroi divisée par la surface de cette paroi. Toute personne qui, un jour, a été prise au milieu d'une foule nombreuse qui « pousse » pour aller dans une direction peut comprendre facilement cela ! Dans cette analogie, chacun d'entre nous est un atome, la foule c'est le gaz. Sauf que nous ne sommes en général que quelques milliers à être réunis, alors que dans les gaz, il y a des milliards de milliards de particules !

- **La température**

Depuis l'invention du feu par l'homme, et sans doute avant, on sait distinguer le chaud et le froid.

Depuis le XVIIe siècle, on sait fabriquer des thermomètres pour mesurer la température.

Mais on ne sait pas réellement ce qu'est la température. Du coup, une grande confusion se noue autour des notions de température et de chaleur. Chez beaucoup de jeunes, et de moins jeunes, il y a encore aujourd'hui un certain trouble. Qu'ils se rassurent. Ils ne sont pas idiots pour autant. Ce trouble a duré deux cents ans. Et au cours des débats, les plus grands esprits du XVIIIe et du XIXe siècle se sont trompés. Bref, si vous n'avez pas bien compris la distinction entre chaleur et température, c'est d'abord parce que la distinction en question n'est pas facile à saisir !

Boltzmann, lui, nous dit clairement : « La température, c'est la mesure de l'agitation des atomes. » À haute température, les atomes sont très agités, à faible température, ils sont plus calmes. Vous êtes plus agité (il s'agit là de l'échelle microscopique et pas seulement macroscopique !) lorsque vous avez la fièvre que dans votre état normal. Plus les atomes sont agités, plus ils vont exercer une pression importante. Plus le volume sera petit, plus la pression exercée sur les parois sera importante. Si l'on vous enferme dans une pièce de dix mètres carrés, vous allez vous cogner plus souvent contre les murs que si vous êtes « enfermé » dans la Galerie des glaces de Versailles. Atomes plus ou moins agités, volume plus ou moins grand, nombre d'atomes plus ou moins élevé… Il manque un troisième paramètre, le nombre de molécules. Plus il y en a, plus la pression est forte.

Comme on le voit, les phénomènes s'expliquent plus simplement à l'aide de la Statistique : pression, température et le lien qui existe entre eux que décrit la fameuse loi des **gaz parfaits de Mariotte** ($PV = nRT$) déjà rencontrée. Le produit pression P par volume V ne dépend, pour un nombre n de molécules donné, que de la température T. La constante R est dite constante des gaz parfaits.

Exprimons cela d'une manière moins courante mais utile. La pression, c'est la température divisée par le volume, c'est une sorte d'agitation par unité de volume. Si, toutes choses égales par ailleurs, on augmente le nombre de molécules, on augmente la pression. Si l'on augmente le volume, on diminue la pression. Si, enfin, on élève la température (agitation), on augmente la pression (c'est ce qu'on fait dans une cocotte-minute). On pourrait transposer cela tel quel pour comprendre le comportement d'une foule…

La chaleur, c'est la manière dont se propage une agitation, c'est donc un travail mais à l'échelle des molécules, des atomes. Plus les atomes travaillent, plus ça chauffe !

La vision statistique de Boltzmann permet d'expliquer la conversion entre chaleur et travail dont nous avons déjà parlé à propos de l'énergie.

L'idée de la conversion de chaleur en travail, c'est tout simplement **la conversion du travail microscopique en travail macroscopique**.

Lorsque vous convertissez le travail microscopique en travail macroscopique, vous avez des pertes. Lorsque les molécules d'un gaz, enfermées dans un piston que vous chauffez, poussent le piston en s'agitant frénétiquement, elles provoquent aussi de l'agitation atomique dans les parois du piston, les atomes se « choquent » les uns les autres, autrement dit, il se produit là une perte d'énergie. Tout cela pour dire qu'au cours de cette conversion chaleur-travail, il y a des pertes. Rien n'est parfait ! *Nobody is perfect*. La conversion entre chaleur et travail non plus.

Zéro absolu

Le mot zéro absolu semble un pléonasme tant la notion de zéro est associée à celle d'absolu, de pureté, de néant.

On dit qu'il fallut des siècles aux Indiens pour inventer la notion de zéro en Mathématiques.

Il a fallu aussi des siècles aux physiciens pour définir la notion de zéro absolu thermique, la référence ultime, l'origine de l'échelle des températures.

Lorsque vous mesurez une température, vous utilisez un thermomètre. C'est-à-dire la propriété qu'ont les liquides de se dilater avec la température.

Le mercure liquide augmente de volume avec la température, et donc, dans un tube étroit, vous permet d'estimer la température moyenne de votre corps.

Depuis longtemps on a cherché à obtenir une échelle de température en supposant que la dilatation augmentait proportionnellement à la température.

L'échelle ordinaire (dite Celsius) a été définie en fixant le zéro ordinaire dans la situation de la glace, et 100 degrés dans celle de l'eau bouillante. On divise par cent l'échelle entre ces deux points. Les Anglais, qui ne font rien comme les autres, ont défini l'échelle Fahrenheit, et les Américains sont les seuls à utiliser cette échelle aujourd'hui – ce qui vous dispense de regarder les prévisions météorologiques de CNN (non, je ne donnerai pas la conversion, car j'attends que les Américains fassent enfin comme tout le monde).

Les physiciens ont, depuis longtemps, cherché à définir une échelle de température absolue. Lord Kelvin fut le premier à s'attaquer au problème.

Si l'on étudie la relation entre pression et température pour un volume de gaz donné et un nombre de molécules données, on obtient, d'après la loi de Mariotte, une droite. On s'est alors posé la question : quelle est la température lorsque la pression est nulle ?

Répétant l'expérience avec des gaz différents, on a toujours trouvé la même température − 273° ordinaires (Celsius).

À cette température, la pression est nulle parce que les atomes sont inertes, presque immobiles. Ils ne s'agitent plus beaucoup, ils sont au calme presque absolu (seuls leurs électrons s'agitent encore). C'est le zéro absolu qui est le même pour tous les corps et pour toutes les substances. À partir de lui, on peut définir une échelle absolue de température.

Ce qui est extraordinaire, c'est que cette température absolue prévue et définie par les physiciens du début du XXe siècle, on l'avait approchée au millième de degré près au début du siècle avec le Hollandais Kammerling Onnes, et qu'on peut aujourd'hui l'atteindre au millionième près et donc étudier l'état de la matière calme, la Physique des extrêmes, grâce aux... lasers. Cela vaudra le prix Nobel à Claude Cohen-Tannoudji, mais c'est une autre histoire.

Mystérieuse entropie

Comme on l'a dit, les systèmes mécaniques évoluent de manière à se trouver dans leur état d'énergie minimum. Lorsqu'on se jette du haut d'une tour, on tombe en bas (énergie minimum), la bille de Galilée n'est au repos stable qu'au bas du plan incliné, etc. Il est donc naturel de généraliser ce principe aux « foules de particules » et de dire que toute population de particules va évoluer « naturellement » vers l'état minimum d'énergie.

Chaque particule cherchant à minimiser l'énergie, la somme de milliards de particules doit faire pareil !

Or, Boltzmann montre que le principe d'énergie minimum n'est pas suffisant pour comprendre l'évolution d'un gaz. Il faut lui adjoindre un autre paramètre, une autre grandeur qu'on appelle **entropie**. Des scientifiques comme l'Allemand Clausius (1822-1888) l'avaient, avant Boltzmann, introduit dans les calculs pour comprendre l'évolution des gaz (et comment marche une locomotive à vapeur), mais ils n'en comprenaient pas bien la nature profonde.

Boltzmann montre qu'à l'échelle microscopique, c'est-à-dire à celle des molécules et des atomes, l'**entropie** mesure le **désordre** des molécules ou des atomes. L'entropie c'est le désordre, augmenter l'entropie c'est augmenter le désordre !

Boltzmann annonce : le désordre de l'Univers ne fait que croître. Tout système isolé tend spontanément vers le désordre. L'entropie augmente (c'est un principe qui semble s'appliquer à beaucoup de choses : au monde politique comme à d'autres formes d'organisations. L'ordre est « antinaturel », il demande « autre chose » !).

Boltzmann déclare : spontanément, la Nature aime le désordre. L'ordre, le rangement, c'est « antinaturel ».

C'est cette dernière déclaration qui va provoquer une véritable furia contre le savant, puis, de fil en aiguille, contre la théorie atomique. Comment la nature pourrait-elle « aimer » le désordre ?

Le monde entier de la Science se déchaîne bientôt contre Boltzmann. Mach, l'inventeur de Mac 1 et 2, autrichien comme Boltzmann, sera le plus virulent. Mais le chimiste Ostwald, pourtant ami de Boltzmann auquel il a rendu visite à Graz (où Boltzmann exerce comme président d'Université), mais plus encore Maxwell, oui, Maxwell, l'exemple vénéré, lequel ne croit pas à cette entropie qui constamment a tendance à croître et puis Max Planck, le fondateur de la théorie des quanta « malgré lui », qui, pour ce faire a utilisé les calculs de Boltzmann, est aussi un farouche adversaire des visions de Boltzmann. Brillant, puissant, Max Planck ne se conduira pas toujours très bien vis-à-vis du difficile, fantasque, mais sincère Boltzmann qui, en outre, a raison sur tout. Il le dit, ça ne le rend pas populaire, mais c'est vrai ! Et l'expérience permet de le vérifier.

C'est en effet en vertu du principe d'entropie que lorsqu'on met en présence du vin et de l'eau, ils se mélangent. Le mélange est plus désordonné que les deux liquides séparés !

On part d'un système ordonné, le vin d'un côté, l'eau de l'autre, et l'on obtient un système désordonné, le mélange rosé.

Et l'on en revient ainsi à Démocrite et à son expérience fondamentale !

Mais en Europe, Boltzmann ne convainc personne ou presque. Tout système évolue vers un état d'énergie minimum, affirme-t-on. Un point c'est tout !

C'est Gibbs qui va donner la solution du problème.

Il montre que l'évolution d'un système obéit à deux « pulsions » souvent antagonistes. L'une est son penchant pour l'état d'énergie minimum, l'autre pour l'état de désordre.

Dans la nature, la situation est complexe, parfois énergie minimum et désordre vont ensemble, parfois ils s'opposent. Et c'est alors le plus fort qui l'emporte.

Ce que dit Gibbs, c'est que la Thermodynamique n'est pas simplement l'addition des comportements des molécules, il faut aussi considérer leur organisation. C'est ce que traduit le désordre.

Malheureusement, le travail de Gibbs ne pénétrera l'Europe que lentement, et Boltzmann seul, attaqué de toutes parts, génie incompris, se suicidera le 7 septembre 1906.

Il fera écrire sur sa tombe en guise de bravade à ses adversaires : l'Homme qui a inventé l'entropie ! (Phrase qu'on n'inscrira que bien plus tard en hommage posthume.)

La Chimie statistique

Bien sûr, l'une des applications les plus immédiates de cette Physique statistique est la Chimie, dont l'ambition est désormais d'expliquer toutes les propriétés observables de tous les composés chimiques à partir des propriétés des molécules, des atomes qui les constituent, de leur forme.

L'une des premières propriétés qu'on a tenté de transférer de l'échelle microscopique à celle de l'observable, a été la symétrie. Comment expliquer les symétries perçues par l'œil à l'aide des symétries dans l'arrangement des atomes ? Cette tentative connut un succès immédiat et retentissant à l'échelle des cristaux, et ce que l'abbé Haüy avait pressenti s'est révélé exact comme l'a montré l'exploration des structures des cristaux à l'aide des rayons X : toutes les symétries des cristaux avec leurs belles faces planes s'expliquent à l'échelle de l'atome.

En revanche, les mêmes tentatives sur la matière molle (liquides ou gaz) ont débouché au début sur un échec. Car, entre la molécule et l'œil de l'observateur, il y avait le désordre, l'absence d'organisation des liquides et des gaz.

La seconde explication statistique dont a bénéficié la Chimie, c'est l'explication des réactions chimiques.

Les réactions chimiques sont l'essence même de la Chimie. Comment associer des atomes pour donner des molécules ? Comment faire s'associer des molécules simples pour donner des molécules complexes, fondement même de la Chimie de synthèse ?

La Physique statistique nous donne une explication. Les molécules sont agitées, elles se déplacent, elles se rencontrent, se cognent les unes aux autres. Au cours de ces chocs, elles se cassent parfois et les morceaux se recollent, mais suivant de nouvelles configurations, donnant ainsi de nouvelles molécules. On peut alors calculer des probabilités de collision, de cassure, de réarrangement, et à partir de là estimer un paramètre essentiel pour le chimiste : le rendement. Quelles proportions de molécules acceptent de se marier ?

Lorsqu'on fait réagir du Carbone et de l'Oxygène pour donner du Gaz carbonique, quel est, par exemple, le rendement de l'opération ? On peut comprendre que, pour l'industriel de la Chimie, le calcul de ce rendement est essentiel puisque c'est lui qui lui permettra de calculer son prix de revient.

Plus généralement, on comprend, grâce à cette approche, que la Chimie est une science statistique avec ses moyennes, ses dispersions, etc.

Le rayonnement du corps noir et la naissance de la Physique quantique

Lorsque vous chauffez la plaque de votre cuisinière, vous constatez que, d'abord noire, elle devient rouge sombre, puis rouge orangé. Enfin si vous continuez à augmenter le chauffage, elle deviendra sans doute bleuâtre.

Cette expérience, car cela en est une, traduit le fait que température et émission de lumière sont liées. C'est le fameux lien entre Feu et Lumière qu'avaient noté les Anciens et que nous avons déjà évoqué lorsque nous parlions de la lumière.

Si, reprenant l'expérience de la plaque chauffante, on avait mesuré le rayonnement émis et qu'après dispersion par un prisme on avait analysé sa composition en longueur d'onde – autrement dit l'énergie émise par chaque tranche de longueurs d'onde –, on aurait constaté que la couleur visible était bien la couleur dominante, mais qu'elle était entourée par d'autres longueurs d'onde que l'émission, plus faible, ne permet pas de distinguer (voir le chapitre Lumière). Ainsi, en langage plus savant dit-on que, pour chaque température, la distribution de l'énergie en fonction de la longueur d'onde (sorte d'histogramme, d'énergie) varie dans sa « hauteur » mais aussi dans sa forme.

Comment expliquer exactement et quantitativement ce phénomène ? C'est ce que les physiciens appellent, en le symbolisant encore un peu plus, le rayonnement du corps noir (parce que initialement entièrement froid !).

Là encore, ce problème était posé par des expériences d'optique et des lois qu'avaient mises en évidence des scientifiques allemands comme Wien ou Franck. Il l'était donc à partir de lois précises, bien définies, mais totalement incomprises !

Le problème avait été abordé par la Physique statistique en supposant que la plaque chauffante contenait des atomes (ou des molécules) qui vibraient et émettaient de la lumière. Telle était l'approche de l'Anglais Jeans. Pourtant, les calculs ne parvenaient pas à expliquer les courbes expérimentales.

Max Planck, jeune physicien allemand, décida alors de s'attaquer au problème.

Pour lui, c'était un défi difficile à relever. Il n'aimait pas l'idée d'atomes (on était en pleine controverse). Il détestait Boltzmann, et se méfiait de tout ce qui ressemblait à la Physique statistique et aux atomes. Il entreprit donc de faire un calcul classique fondé sur les principes du calcul différentiel de Newton-Leibniz. Sans résultat.

Mais Max Planck était un bon mathématicien. Il connaissait aussi les courbes qu'il devait obtenir et qui étaient celles qui avaient été mises en évidence expérimentalement par Wien.

Il entreprit donc de manipuler ses équations. Et, pour ce faire, il eut l'idée d'utiliser – à regret – les méthodes mathématiques développées par Boltzmann.

Et là, miracle, il découvrit la formule qui rendait parfaitement compte des observations*.

Mais son équation était le fruit de manipulations purement mathématiques, sans signification physique. Comment justifier l'abandon du calcul classique au profit de ce que faisait Boltzmann et que tout le monde réprouvait ?

C'est alors qu'il eut une idée incroyable, et qui allait se révéler géniale. Il admit que les éléments vibrants (atomes ou molécules) ne sauraient libérer

---

* En fait, son calcul était faux, mais sa formule exacte, comme l'établira Einstein en 1905.

leur énergie que sous forme « hachée », par paquets distincts. L'énergie serait découpée en unités d'énergie, ce qu'il appela **quanta**, et on la mesurerait en additionnant 1, 2, 3… n quanta. Cette hypothèse permettait d'« expliquer » son équation, de faire coïncider calculs théoriques, interprétations physiques et mesures expérimentales.

Planck en fut troublé. Il ne comprenait pas. Il n'acceptait pas, au fond, le fruit de son propre travail (un peu comme Newton avec la force à distance). Il n'avait accepté l'idée d'atomes qu'à contrecœur, autrement dit l'approche du problème par des molécules vibrantes le choquait déjà. Mais cette idée d'une énergie découpée en morceaux – fussent-ils petits – lui paraissait néanmoins parfaitement incohérente. Il hésita à publier son résultat. Et pourtant, celui-ci ouvrirait la voie à la révolution quantique ! Dans ses Mémoires, Planck apparaît encore émerveillé et interrogatif sur cet épisode. Sans bien le comprendre, ni l'expliquer, donnant l'impression à la lecture d'être un héros malgré lui – et même un peu honteux.

Pourtant, il sera emporté par le succès et deviendra, dans la légende, le père de la théorie des quanta. (Le vrai père fut sans doute Boltzmann, si l'on en croit les documents non publiés qu'on a retrouvés dans ses notes. La Science n'est décidément pas un lit de justice.)

Mais celui qui va donner sa gloire à Planck et occupe l'une des plus belles places au panthéon de la Science a pour nom : Albert Einstein.

Einstein et l'effet photoélectrique

Einstein, sur le plan humain, c'est l'anti-Newton ; mais c'est aussi son continuateur scientifique. C'est le scientifique génial, sympathique, humain, populaire. C'est un homme de légende.

Einstein, c'est aussi bien sûr la Relativité, sur laquelle nous reviendrons. Il attribuait d'ailleurs sa popularité avec beaucoup d'humour à ce mot de Relativité : « Relatif, tout est relatif... c'est ça ma gloire ! »

En fait, Einstein est à l'origine des deux plus grandes avancées de la Physique contemporaine : la Relativité et la Mécanique quantique, et plus concrètement encore du laser et des horloges modernes. C'est l'objet de cette seconde naissance dont il est question ici.

Ce qui est extraordinaire, ce sont les circonstances.

Albert Einstein, ancien étudiant de l'École polytechnique fédérale de Zurich (l'actuel ETH), étudiant fort moyen d'ailleurs, travaillait au bureau des brevets à Berne.

En 1905, il publie trois articles dans la plus prestigieuse revue allemande... de Physique. L'un est consacré à la Relativité, le second au mouvement brownien (qui va donner un nouvel impetus à la Physique statistique de Boltzmann), le troisième à l'effet photoélectrique (c'est le début de la mécanique quantique).

Ces articles sont si profonds, si nouveaux, que lors de leur publication, beaucoup de physiciens allemands pensent que le nom d'Einstein est le pseudonyme d'un savant célèbre qui n'ose pas se découvrir tant les propositions contenues dans ces articles sont hardies, pour ne pas dire révolutionnaires. La Société allemande de physique enverra, dit-on, un émissaire au bureau des brevets pour s'assurer que le mystérieux Einstein existait vraiment. Il était là, dans son bureau, solitaire, timide... et un peu goguenard !

Einstein est célèbre pour son travail sur la Relativité, mais c'est pourtant le travail sur l'explication de l'effet photoélectrique qui lui vaudra le prix Nobel en 1921 (remis en 1922).

L'effet photoélectrique, de quoi s'agit-il ?

D'un phénomène suffisamment mystérieux pour qu'à la fin du XIXe siècle, le grand physicien britannique Lord Rayleigh s'autorise à dire que tous les mystères de la Physique étaient percés, qu'il n'y avait guère que l'effet photoélectrique qu'on ne comprenait pas bien, mais que dès qu'on l'aurait compris, c'en serait terminé ! La fin de l'Histoire ! Éternelle chimère, cher à Francis Fukuyama !

Il ne se doutait évidemment pas que, de cette explication, sortirait la révolution de la Physique quantique.

Venons-en à l'effet photoélectrique.

Lors des expériences sur les tubes cathodiques (qu'on décrira au chapitre suivant), on avait observé que lorsque la cathode était constituée de zinc et qu'on l'éclairait avec des rayons ultraviolets, le zinc se chargeait électriquement et qu'on recueillait un courant dans le circuit électrique du tube à vide. Mais il n'y avait pas là de quoi étonner les physiciens de l'époque. La lumière était constituée par des ondes, ces ondes transportaient de l'énergie, cette énergie était transférée au zinc et transformée en énergie électrique, rien de plus évident.

Mais l'étude plus détaillée du phénomène avait fait apparaître des comportements plus étranges.

Ainsi, si l'on éclairait la plaque de zinc avec de la lumière visible, même très intense, aucun effet électrique n'était observé. Pourtant, l'énergie des ondes lumineuses transférée à la plaque de zinc était considérable. Si, en revanche, on remplaçait le zinc par un autre métal, du sodium par exemple, la lumière visible était en mesure de déclencher l'effet photoélectrique.

Les études systématiques qui suivirent montrèrent que l'effet ne dépendait que de la fréquence de la radiation lumineuse, d'une part, et de la nature du métal, de l'autre. Mais tout cela restait inexpliqué. On ne disposait d'aucune théorie globale cohérente.

Einstein fit appel au travail de Planck et à ses quanta d'énergie et proposa d'expliquer le phénomène comme suit.

La lumière est à la fois une particule et une onde, dit-il. L'opposition entre les points de vue de Newton, qui croyait aux grains de lumière, et de Huygens, qui penchait pour les ondes, n'existe pas. La lumière est composée de particules, les photons, qui vibrent. Lorsque ces photons sont nombreux, les vibrations se combinent et le caractère vibratoire est visible. C'est le cas lors des phénomènes d'interférences, dans d'autres cas, ce sont les phénomènes particulaires qui sont dominants.

L'énergie de ces photons de lumière est fonction de leur fréquence de vibration. Mais cette énergie (W), comme Planck l'a proposé, s'exprime uniquement par paquets définis par la fréquence $W = h \cdot \upsilon$ (relation de Planck, où υ est la fréquence, h une constante dite de Planck).

Si ce paquet d'énergie h-υ est supérieur à l'énergie qui lie un électron à son atome, l'électron est arraché, un effet électrique apparaît.

Si cette énergie est inférieure, pas d'effet. Comme l'énergie de liaison de l'électron doit dépendre de la nature de la matière, le seuil pour lequel on observe l'effet photoélectrique varie, la couleur de la lumière aussi.

Cette proposition hardie du jeune Einstein (il a vingt-six ans !) amorce une révolution considérable dans la physique. Cette révolution commencera lorsque le (lui aussi) jeune Louis de Broglie, qui enseignait l'Histoire dans une école privée, mais qui se passionnait pour la Physique et fréquentait assidûment le laboratoire de son frère Maurice de Broglie (situé tout près des Champs-Élysées), aura l'audace d'écrire dans une thèse de quelques pages, que « la relation établie par M. Einstein pour la lumière est vraie pour toutes les particules, et en particulier pour l'électron ». La découverte de franges d'interférences produites par des électrons, par les Américains Davisson et Gerner, confirmera l'idée de De Broglie. Des électrons qui interféraient ! C'était incroyable à l'époque. Et pourtant, c'était vrai !

À partir de là, va se développer la Physique quantique, nous y reviendrons. On parle beaucoup de Physique quantique. Mais on oublie trop souvent que toute cette aventure n'est que la conséquence des calculs de Physique statistique.

La Physique statistique, si elle est une vieille dame, est aussi une technique extrêmement moderne. Elle s'est appliquée avec succès aux ensembles de particules obéissant aux nouvelles règles de la Mécanique quantique qui vont bien au-delà de la théorie des quanta de Planck : ensembles d'électrons, ensembles de grains de lumière, photons, ensemble de particules nucléaires, etc.

On définira aussi ce qu'on appelle les statistiques de Fermi-Dirac et de Bose-Einstein, qui sont désormais des outils pour tout physicien moderne. Des expériences très précises, des découvertes très fondamentales seront faites à partir de là. La méthode, les objectifs, sont identiques à ceux de Boltzmann, les règles sont celles de la Mécanique quantique. Mais tandis qu'on accomplissait tous ces progrès grâce à la Mécanique quantique, la Physique plus classique faisait aussi des avancées extraordinaires…

Le Transfert d'Échelles

Nous avons déjà dit que, si la Mécanique statistique classique permettait de calculer certaines propriétés macroscopiques à partir des données microscopiques, elle était démunie devant certains phénomènes.

Par exemple, on était incapable de calculer les changements brutaux des propriétés de la matière. Or, ils sont fondamentaux. Par exemple, on sait qu'à zéro degré centigrade, l'eau se transforme en glace, qu'à cent degrés, elle se vaporise entièrement, brutalement, sans préavis. De même, lorsqu'on chauffe un aimant à une certaine température, il perd brusquement son pouvoir magnétique. Cette température a été découverte par Pierre de Méricourt au XIIIe siècle, mais officiellement par Pierre Curie au XIXe. Lorsqu'on soumet une roche à des contraintes, elle résiste, puis, brutalement, elle casse sans crier gare, sans prévenir, comme cela advient aussi lors des tremblements de terre.

Pour rendre compte de ces propriétés qui présentent des changements brusques on ne peut calculer directement le comportement global à partir du comportement microscopique. On fait le transfert par étapes. On part du niveau microscopique (par exemple 10^{-10} mètres), puis on calcule la propriété moyenne d'agrégats ayant des dimensions de 10^{-9} mètres. On est alors confronté à un nouvel ensemble de « particules ». À l'aide de ces (plus) grosses particules, on calcule alors les propriétés moyennes à l'échelle de 10^{-8} mètres, et ainsi de suite…

Puis on fait de même pour 10^{-4}, 10^{-2}, et finalement 1 mètre. À chaque opération, bien sûr, il faut imaginer les lois d'interaction entre les ensembles ainsi considérés. Mais l'expérience montre que ce mode de calcul, dont l'exemple le plus célèbre s'appelle Groupe de Renormalisation, et que d'autres appellent Lois d'Échelles, est d'une extraordinaire efficacité.

Non seulement il permet de calculer les propriétés macroscopiques efficacement, mais il a permis de mettre en évidence des lois de comportements identiques pour des phénomènes a priori totalement étrangers les uns aux autres : l'évaporation et le point de Curie, les propriétés mécaniques des molécules en longues chaînes et les tremblements de terre, etc.

On n'a pas fini d'explorer ces comportements de la matière à des échelles intermédiaires entre le microscopique et le macroscopique.

Comme le dit l'inventeur de la méthode du Groupe de Renormalisation Ken Wilson, il est certes difficile de calculer les caractéristiques des vagues de la mer à partir des propriétés de la molécule d'eau, mais en procédant par étapes, en passant par tous les intermédiaires d'échelle de la matière, on peut sans doute tenter l'aventure.

On l'a tentée… on a réussi… et on a découvert que l'organisation de la matière à des échelles situées entre l'atome, la molécule et le monde sensible avait elle aussi des lois spécifiques, voisines mais différentes pour chaque échelle.

À partir de ces méthodes, des scientifiques comme Pierre-Gilles de Gennes ont développé une nouvelle Physique qui s'applique à des phénomènes autrefois mal compris. Comment coule une goutte d'eau suivant la nature du support ? Comment se comporte un mélange de longues molécules enchevêtrées, et comment, à partir de là, peut-on prévoir les propriétés des colles ? Quelles sont les propriétés de la matière qui n'est ni solide, ni liquide, que l'on appelle « matière molle » ?

Donc, toute une série d'études fondamentales qui débouchent sur autant d'applications pratiques, industrielles ou non.

Mais aussi, grâce à cette approche, on commence à comprendre comment, aux échelles intermédiaires, la matière s'organise pour donner naissance aux formes.

Aristote ne voulait pas dissocier la matière de la forme qu'elle prenait et il avait pour cela combattu l'idée d'atomes.

Puis, cette idée s'était imposée et on ne s'était plus guère intéressé à la forme que pour les cristaux.

Pourtant, bien sûr, la forme des objets est une propriété fondamentale à expliquer, surtout lorsqu'ils sont vivants. Comment un organe a-t-il telle ou telle forme ? Comment les molécules qui le composent s'organisent-elles ainsi ? Autant de questions hier encore incongrues et que la Physique, la Chimie et la Biologie modernes commencent à aborder avec efficacité.

C'est cela la Science en marche.

8

La révolution atomique

Démocrite pensait que l'atome était l'ultime unité de la matière. Nous savons aujourd'hui que sur ce point son idée était inexacte et qu'il existe des particules de matières plus petites, les « constituants de l'atome ». On parle aussi de particules.

La découverte d'une structure interne, intime, de l'atome constitue l'une des aventures les plus extraordinaires de la Science. Historiquement, elle intervient au cours de la période charnière qui va de la fin du XIXe siècle aux années 1930.

Ce n'était pourtant pas une période particulièrement joyeuse. Jusqu'en 1914, les Français attendaient la revanche de 1870 et étaient complexés par la puissance scientifique et technique de l'Allemagne. Ils étaient violemment contaminés par cette doctrine catastrophique qu'a été le positivisme. Ceux qui croyaient donner à la France une impulsion scientifique décisive vont la handicaper pour longtemps.

L'Angleterre, à l'écart de la guerre de 1870, regarde alors avec inquiétude l'arrogance triomphante des Allemands. Après 1914, ce sera l'arrogance française et anglaise qui sera difficile à supporter pour les Allemands, et pourtant...

Bref, c'est dans un contexte international fort tendu que se déroule l'aventure. Mais pour bien en comprendre les péripéties et en apprécier la beauté, il faut en connaître le résultat final : la structure de l'atome.

La structure de l'atome « moderne »

Rappelons-le une fois encore : tous les atomes sont constitués selon un schéma commun.

• Au centre, **un noyau**. Il contient la **quasi-totalité de la masse de l'atome**. Il porte une **charge** électrique **positive**.

• Autour du noyau **tournent** « anarchiquement » **les électrons**. Ces particules de toute petite masse portent chacune une **charge électrique négative**. C'est cette charge négative qui maintient les électrons dans l'entourage du noyau par attraction électrique entre noyaux et électrons.

Les forces qui assurent la stabilité de l'assemblage atomique sont de nature électrique, plus exactement électromagnétique.

En effet, les électrons se déplacent dans un espace de dimensions considérables par rapport à celles du noyau. Les dimensions d'un atome, c'est-à-dire l'espace où se déplacent les électrons, se mesurent en angströms (Å), (1 Å, c'est le milliardième de centimètre, on le note 10^{-10} mètres). Les dimensions du noyau sont, elles, 10 000 à 100 000 fois plus petites*.

L'atome, on l'a déjà dit, c'est du vide rempli par les mouvements des électrons autour du noyau.

Si l'on agrandissait un atome d'une manière considérable, de telle manière que le noyau ait un diamètre d'un ou deux mètres, l'espace dans lequel se déplacerait l'électron aurait un rayon équivalant à la distance de Paris à Orléans : 100 kilomètres.

L'atome est électriquement neutre. Et comme les électrons sont chargés négativement, la charge électrique du noyau est positive. Elle se mesure en valeur absolue par le nombre d'électrons qui tournent autour. Cette structure noyau-électrons dans beaucoup de vide est identique pour tous les atomes, mais tous les atomes ne sont pas identiques. L'atome d'Hydrogène a un seul électron, l'atome d'Uranium en a 92. Les divers atomes diffèrent par leur degré de complexité. Le vide est plus ou moins occupé par le mouvement des électrons.

L'atome d'Uranium est beaucoup plus gros que l'atome d'Hydrogène car l'espace « occupé » par les 92 électrons (qui se repoussent électriquement les uns les autres puisqu'ils sont tous chargés négativement) en mouvements rapides et incessants est plus grand que celui qui est occupé par un seul

---

* Les dimensions exactes de l'électron sont, elles, paradoxalement mal connues pour des raisons un peu complexes à expliquer ici.

électron. Ainsi, assez simplement, chaque élément chimique se définit par le nombre d'électrons de son atome qui tournent autour du noyau.

On aura achevé cette première description, cette première approche de l'atome lorsqu'on aura dit que le noyau lui-même est de constitution **complexe** et constitué par des **particules**, dont les principales sont le **neutron** et le **proton**. De masse presque égale, le **neutron** est électriquement neutre alors que le **proton** porte une charge électrique positive. Pour assurer la neutralité électrique de l'atome, autrement dit pour que les charges positives compensent les charges négatives, **le nombre de protons** dans le noyau est égal au **nombre d'électrons** qui tournent autour de lui. Le nombre de neutrons ne joue aucun rôle dans l'équilibre électrique. Les neutrons sont là, en quelque sorte, en supplément. Ils pèsent par leur poids, mais pas par leur charge puisqu'elle est nulle, par d'autres propriétés plus complexes peut-être. Mais, et c'est important, leur nombre est variable d'un atome à l'autre, et même pour un même élément. Ce qui va compliquer encore l'architecture de l'atome.

Le noyau de l'atome d'Hydrogène a un proton et aucun neutron ; le noyau de l'atome d'Uranium a 92 protons et... 146 neutrons ! Il est donc beaucoup, beaucoup plus lourd que l'atome d'Hydrogène. Nous sommes loin de l'atome simple et compact de Démocrite.

Avec cette structure intime de l'atome, nous avons rompu avec Démocrite ou plutôt sa vision. Il disait la matière faite de vide et d'atomes. Nous ajoutons aujourd'hui : mais l'atome lui-même, c'est aussi du vide et des particules.

Voyons rapidement comment on a construit ce modèle d'atome en nous concentrant sur quelques points essentiels.

Revenons donc à la fin du XIXe siècle…

La bataille des rayons cathodiques

Après avoir bien compris le phénomène électrique, après avoir montré que l'eau chargée de sel conduisait le courant électrique et bien compris le phénomène d'électrolyse, Michael Faraday a voulu savoir si les gaz et le vide étaient eux aussi conducteurs. Il avait construit des tubes avec une cathode et une anode, c'est-à-dire reliées l'une et l'autre aux deux bornes d'une pile Volta ou d'un de ces générateurs d'électricité qu'il venait d'inventer. Il avait fait le vide dans le tube. En fait, c'était un très mauvais vide et le tube restait rempli de gaz dilué, mais il ne s'en rendait pas bien compte.

En branchant le courant, il avait observé une lueur blafarde qui s'étendait de la cathode à l'anode (c'est la même lueur qui est aujourd'hui exploitée pour l'éclairage dans les tubes à néon). On va très vite appeler cette lueur « rayons cathodiques ». Quelle était la nature de cette lueur ? Les successeurs de Faraday allaient s'interroger.

Pour l'Anglais Crookes, qui avait beaucoup amélioré le montage de Faraday, il s'agissait de particules, des sortes d'ions, comme il s'en forme lors de l'électrolyse, qui, en se frottant avec le vide résiduel, créaient la leur.

Pour l'Allemand Lenard*, élève de Hertz (le « découvreur » des ondes électromagnétiques), c'était bien sûr des ondes. Les ondes excitaient le vide résiduel et créaient la lumière blafarde.

Et de part et d'autre l'on échangeait des arguments et des affirmations sans aménité, si bien que la dispute prit rapidement des allures de rivalité nationale, une lutte germano-anglaise. Pourtant, c'est un jeune Français, Jean Perrin, alors tout jeune agrégé préparateur au laboratoire de Physique de l'École normale supérieure (haut lieu de la Physique française), qui va avancer en 1895 l'argument décisif en faveur des particules chargées. Avec l'aide d'un aimant, il dévie les rayons cathodiques (la lueur blafarde) et, plaçant une cage de Faraday, c'est-à-dire une boîte métallique, là où les rayons frappent le tube, il récupère un courant électrique qu'il mesure. Les rayons cathodiques sont donc bien constitués par un courant électrique, autrement dit par un flux de particules électriquement chargé. Comme dans l'électrolyse. Les Anglais ont raison (voir les figures 8.1 et 8.2).

Du coup, à Cambridge, J.J. Thomson reprend l'expérience de Perrin, mais cette fois il dévie les rayons cathodiques non seulement à l'aide d'un champ magnétique, mais aussi d'un champ électri-

---

* Lenard recevra un prix Nobel et jouera un rôle important auprès d'Hitler dans sa tentative pour fabriquer l'arme atomique.

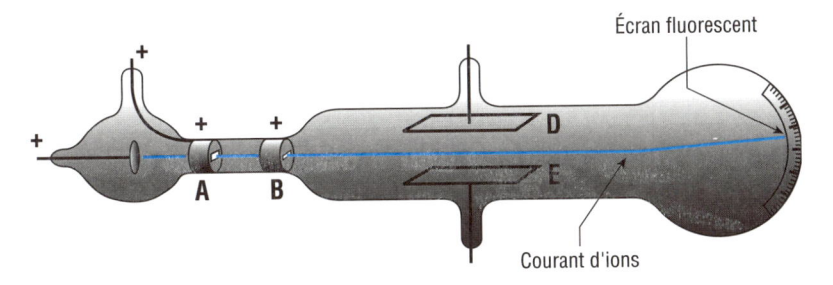

Figure 8.1
Un tube à décharge de Thomson.
Un faisceau de rayons cathodiques émis par la cathode C est focalisé en A et B, passe entre D et E où règne un champ électrique. Un champ magnétique perpendiculaire au champ électrique est créé par des bobines placées à l'extérieur du tube (d'après E. Segré).

que. On pense alors que les rayons cathodiques sont des sortes d'ions. Les décharges électriques dans les tubes à vide seraient ainsi la manifestation d'une électrolyse gazeuse.

À l'aide des formules mathématiques de l'électromagnétisme, Thomson calcule alors le rapport entre charge électrique et masse de ces particules, en mesurant les déviations des rayons en fonction de l'intensité des champs magnétique et électrique appliqués. Il y ajoute une hypothèse de travail intéressante : si l'on prend comme valeur de la charge électrique la charge élémentaire d'électricité déterminée par Faraday lors de ses expériences d'électrolyse, la masse obtenue pour la particule chargée est très très faible. 1 800 fois plus faible que celle de l'atome le plus léger, celui de l'Hydrogène. Ces particules qui vont de la cathode à l'anode ne sont donc ni des atomes ni des ions, comme dans l'électrolyse.

Que sont-elles ? Thomson ne sait pas bien, mais il propose de les nommer **corpuscules**, mot qui

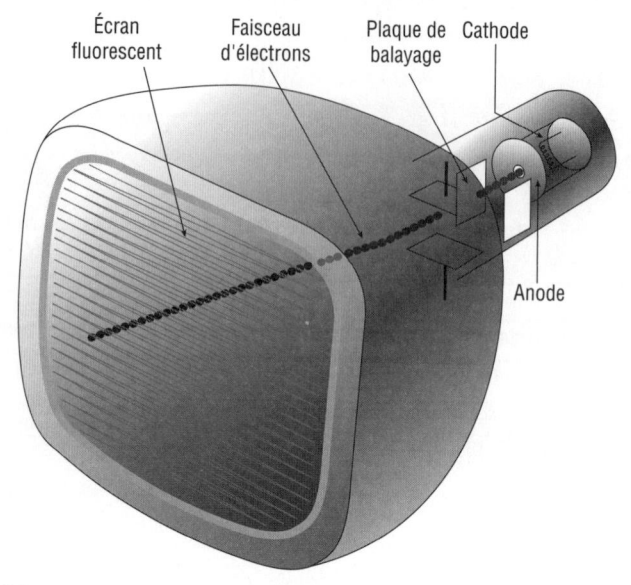

Figure 8.2
Les tubes à rayons cathodiques, appelés plus couramment tubes cathodiques, sont utilisés dans les postes de télévision. Comme nous l'avons vu, Thomson déterminait la trajectoire des rayons cathodiques (invisibles) à partir du point lumineux produit par l'interaction entre ces rayons et la paroi du tube en verre. Le point lumineux sert aujourd'hui à former l'image sur l'écran fluorescent des tubes cathodiques. Un tube de télévision est un tube cathodique dirigé vers le téléspectateur. Dans le tube, les rayons cathodiques sont déviés par des forces électriques et balayent l'écran fluorescent. Quand ce dernier, recouvert d'une couche spéciale, est frappé par les rayons cathodiques, un point lumineux se forme. Le signal de télévision commande l'intensité des rayons cathodiques à chaque instant, de sorte que l'on fait apparaître à volonté sur l'écran des points lumineux ou sombres. La lenteur du cerveau et de l'œil par rapport à ses structures changeantes nous permet d'avoir une vision globale de l'image produite (d'après Steve Weinberg).

s'effacera bientôt devant celui d'**électrons** (porteurs d'électricité).

Mais d'où viennent ces **électrons** ? Ils ne peuvent provenir que de la cathode. Le courant électrique a donc arraché des électrons à la cathode. La cathode, solide et métallique, contient donc des électrons capables de se détacher d'elle.

Les électrons sont donc des particules chargées négativement et des constituants essentiels de la matière solide*. Les rayons cathodiques ne sont pas des ondes mais des particules, des corpuscules de matière.

Poussant plus loin le raisonnement, Thomson s'interroge : la matière n'est-elle faite que d'électrons ? Il construit alors un modèle d'atome selon lequel les électrons jouent le rôle essentiel. Pour lui, un atome est un assemblage d'électrons qui se déplacent à l'intérieur d'une sphère de diamètre limité. Cette sphère aux parois infiniment minces porterait une charge électrique positive pour assurer la neutralité électrique de l'ensemble, elle enfermerait en son sein une population d'électrons. Outre le fait que la nature des parois électriquement positives reste mystérieuse, Thomson est confronté à un problème de masse. On savait depuis Avogadro calculer la masse d'un seul atome pour un élément donné en prenant la masse atomique et en divisant par $6,02 \cdot 10^{23}$! Mais comment expliquer cette masse avec de si légers électrons ? Thomson n'hésite pas à imaginer qu'une seul atome renferme des milliers d'électrons !

La cascade des hasards féconds

« La chance ne réussit qu'aux esprits qui y sont préparés », disait Pasteur.

---

* La masse de l'électron est $9{,}109 \cdot 10^{-31}$ kg, la masse de l'atome d'Hydrogène $1{,}62 \cdot 10^{-27}$ kg.

Expérimentant sur les tubes cathodiques pour démontrer l'existence d'ondes, et confirmer ainsi la théorie allemande, Wilhelm Conrad Röntgen, alors professeur à l'Université de Würzburg, découvrit par hasard les rayons X. Il avait recouvert son tube cathodique de carton noir et cherchait à voir si, comme le prétendait Lenard, des ondes sortaient du tube. Il avait à proximité un écran fluorescent qui lui servait de détecteur.

Quelle ne fut pas sa surprise de voir le squelette de sa main projeté sur l'écran fluorescent ! Il recommença l'expérience. Il remplaça l'écran fluorescent par une plaque photographique et obtint ainsi le premier cliché radiologique : les os de son doigt en clair sur fond noir...

Quels sont donc ces rayons mystérieux qui pénètrent la matière, mais qui sont arrêtés par les os ? Röntgen ne sait pas, tout ce qu'il sait c'est qu'il a fait une grande découverte. Il le dit à sa femme, mais un peu paranoïaque, il ne lui dit même pas de quoi il s'agit. Il travaille nuit et jour. Il multiplie les expériences. Tout est cohérent. C'est bien ça. Il a découvert de nouveaux rayons. Les rayons cathodiques sont des ondes. Les Allemands ont raison.

Il publie son travail en les appelant rayons X (X, l'inconnue par excellence en algèbre).

Il recevra pour cela le premier prix Nobel de Physique en 1902, même si la nature des rayons X ne sera comprise que seize ans plus tard, grâce au travail de Max von Laue à Munich. La découverte de Röntgen, qui intervient en 1895, suscite immédiatement une grande effervescence en Europe. Chez les médecins bien sûr, puisqu'ils possèdent désormais le moyen d'explorer le corps humain, technique qu'ils exploitent immédiatement, mais aussi chez les physiciens, intrigués par ce nouveau phénomène.

Sur le plan fondamental, la découverte de Röntgen jette le trouble. On croyait que Jean Perrin et Thomson avaient démontré que les rayons cathodiques étaient constitués de particules, et voilà que cet Allemand montrait, lui, qu'il y avait aussi des ondes, car on n'imaginait pas des particules traverser le carton noir !

La nature décidément cachait bien sa vérité.

Dans un appentis du Jardin des Plantes...

Henri Becquerel est à ce moment professeur de Physique au Muséum d'histoire naturelle. Il dispose d'un petit laboratoire dans le Jardin des Plantes (tout près de l'actuelle rue Cuvier). C'est un physicien sérieux, fils d'une dynastie de physiciens dont la spécialité récente est l'étude des phénomènes de fluorescence. La fluorescence est la propriété de certains corps d'émettre de la lumière quelque temps après avoir été éclairés. Elle peut être considérée comme une sorte de stockage de la lumière.

Il s'intéresse aux rayons X, car dans l'une de ses publications, Röntgen a mentionné que ceux-ci semblaient provenir d'un endroit du tube à vide frappé par les rayons cathodiques et qui semblait être devenu fluorescent. Fluorescent, fluorescent... Becquerel est persuadé que les rayons X sont produits par le phénomène de fluorescence, spécialité de la famille Becquerel*.

Il entreprend donc des expériences à partir d'un minerai d'Uranium jaune dont les propriétés de fluorescence sont bien connues.

Exposé au soleil, puis mis en présence d'une plaque photographique, le sel d'Uranium émet des rayons qui voilent la plaque photographique. Lorsqu'on place un objet entre l'Uranium et la plaque photo, la forme de l'objet apparaît. Becquerel ne doute pas d'avoir percé le secret des rayons X. Ces derniers, éclairés par le Soleil, sont la manifestation ultime et spectaculaire des phénomènes de fluorescence.

Pourtant, en cette fin de février 1896, le temps de Paris se gâte. Plus de soleil, donc plus de phénomène de fluorescence possible.

Becquerel met en contact sa plaque photographique et son minerai d'Uranium en s'attendant à un résultat nul. Surprise : la plaque photographique est impressionnée. Il enferme alors le minerai dans le noir : celui-ci continue à impressionner la plaque photo. Il ne s'agit donc pas d'un phénomène de fluorescence mais d'autre chose. Déçu et ravi à la fois, Becquerel expose sa découverte à l'Académie des sciences de Paris sans en expliquer la cause. Il vient de découvrir la **radioactivité**, une activité **« radio »** de cause inconnue.

---

* Il affirmera cela lors de la remise du prix Nobel, expliquant que c'est parce que son père avait travaillé sur la fluorescence qu'il avait découvert la radioactivité.

La compétition franco-anglaise

Peu de temps après la découverte de Becquerel, un jeune physicien français, Pierre Curie, propose à sa toute nouvelle élève polonaise, Marie Sklodowska, de tenter d'élucider la nature du phénomène étrange que vient de découvrir Becquerel. Tel sera le sujet de sa thèse de doctorat.

Pierre Curie a déjà construit un électromètre, un instrument de mesure des charges électriques. Il constate avec Marie que les substances radioactives émettent des rayons qui déclenchent l'électromètre. Ce sont donc des rayons chargés électriquement. L'électromètre permet en tout cas de mesurer l'activité des substances radioactives. Becquerel, avec qui la collaboration des Curie est immédiate, constate de son côté que ces rayonnements sont complexes : certains semblent sensibles au champ magnétique, d'autres non. Tantôt c'est clair, tantôt ça l'est moins.

C'est alors que va se déclencher une polémique d'une violence inouïe contre le trio français.

Très curieusement, Pierre Curie met en évidence que l'« activité » (c'est-à-dire le signal créé dans l'électromètre) d'un gramme d'Uranium chimiquement purifié est inférieur à l'activité d'un gramme d'Uranium dispersé dans une roche de un kilo. Bref, que l'Uranium dilué est plus actif que l'Uranium concentré. Imaginez que le pastis dilué dans l'eau soit plus fort que le pastis pur ! On ne comprendrait pas !

Les Anglais se déchaînent aussitôt pour affirmer que les Français racontent n'importe quoi, que le phénomène nouveau qu'ils ont mis en évidence est « magique », supranaturel. C'est tout juste si Becquerel et les Curie ne sont pas accusés d'être des charlatans !

Marie Curie répond avec un solide bon sens, et une grande intuition, que si la roche est plus active, c'est qu'elle contient d'autres substances radioactives que l'Uranium, et que c'est cela qu'il s'agit de démontrer !

Et ce sera le travail obstiné, patient, exténuant, dangereux visant à isoler les éléments radioactifs « intermédiaires ».

Le premier élément radioactif intermédiaire découvert, Marie le dédie à la Pologne, c'est le Polonium ; puis interviendra l'épuisante séparation du Radium au cours de laquelle les Curie, mais surtout Marie, vont sacrifier leur vie, inconscients qu'ils sont du danger que présentent les radiations radioactives (sur lesquelles nous allons revenir).

Songez que pour séparer le Radium, les Curie ont traité des tonnes de minerais d'Uranium provenant de la mine de Joachimsthal en Bohême ! Imaginez la chimie… Dissolution des roches par des acides forts*, séparation dans d'immenses récipients… et tout cela est radioactif ! Le hangar mis à leur disposition par l'École de physique et chimie de la Ville de Paris, la même qui sera dirigée pendant vingt-cinq ans par Pierre-Gilles de Gennes, rue Vauquelin, devait être rempli des vapeurs d'acides fluorhydrique, sulfurique, nitrique,

---

* Acides fluorhydrique FH, sulfurique SO_4H_2, chlorhydrique ClH.

nécessaires pour dissoudre la roche, le tout baignant dans une chaleur étouffante. Un véritable cauchemar !

Mais, entre-temps, ils vont trouver un allié – un redoutable compétiteur aussi – en la personne d'un jeune Néo-Zélandais, Ernest Rutherford.

Rutherford débarque à Cambridge et commence à travailler avec J.J. Thomson sur les phénomènes magnétiques. Il y découvre, émerveillé, les récents progrès que la Physique vient de faire : rayons X, électron, radioactivité... Il est passionné, son intuition le taraude. Ces découvertes récentes lui paraissent bien plus intéressantes que le magnétisme. Mais comment faire admettre cela à J.J. Thomson, le « patron » infaillible ? La chance vient bientôt à son secours.

À la recherche d'un poste de professeur, il quitte Cambridge pour l'Université McGill à Montréal. Là, il va pouvoir se consacrer à l'étude de la radioactivité et apporter, à un domaine de recherche qui n'intéresse encore que peu de monde, une contribution décisive. On peut dire ainsi que toutes les découvertes importantes en matière de radioactivité résultent des **travaux du petit groupe français et du petit groupe canadien**, dans l'indifférence des autres. Et les contributions des Curie et de Rutherford sont tellement mêlées qu'il est difficile de faire la part des uns et des autres : parfois l'inspiration part de Paris, et la réalisation intervient à Montréal. Parfois, c'est l'inverse. Et les résultats se succèdent.

La radioactivité est un phénomène spontané qui affecte certains éléments chimiques, indépendamment de leur nature chimique ou de leur état physique (gazeux, liquide ou solide). Ce phénomène consiste en la transformation (on dira transmutation) de certains éléments en d'autres éléments.

Cette idée était tellement hardie que Rutherford hésita avant de la publier en disant à son collègue de McGill, le chimiste William Soddy : « Ça ressemble trop à de l'alchimie, tout le monde va rire ! » Mais la radioactivité, **c'est** de l'alchimie et c'est bien là son caractère exceptionnel.

L'Uranium et le Thorium sont ainsi les « pères » de désintégrations radioactives en cascades qui associent toute une série d'éléments, parmi lesquels le Polonium et le fameux Radium, mais aussi un gaz qui s'échappe des dépôts d'Uranium et qu'on appelle le Radon. Il existe donc bien une chaîne d'éléments radioactifs, comme Marie Curie en avait eu l'intuition.

Tous les éléments radioactifs obéissent à la même loi mathématique de transmutation, à savoir la loi exponentielle négative. Cette loi est extrêmement simple. Le nombre d'atomes qui se transmutent par unité de temps est proportionnel au nombre d'atomes présents. Et cela, quels que soient la forme chimique ou l'environnement physique de l'atome radioactif. Cette loi a été proposée à la fois par Pierre Curie et Ernest Rutherford, qui devaient l'un et l'autre suggérer que ce phénomène permette de mesurer l'âge des roches, d'identifier les âges géologiques. Intuition qui a fait le quotidien de ma propre vie scientifique.

Après bien des tâtonnements, des expériences multiples, on parvint enfin à déterminer la nature des fameux rayonnements qui avaient donné leur nom à la radioactivité.

On parle de chaîne radioactive, car le processus est semblable à une chaîne de solidarité. (A) se désintègre et donne naissance à (B), qui lui-même se désintègre et donne naissance à (C), qui lui-même fabrique (D), etc. Au cours de ces désintégrations, des rayons sont émis.

Les uns sont des rayons X très pénétrants, on les appellera rayons γ ; ce sont eux qui sont très dangereux pour la santé, car ils pénètrent très profondément dans le corps et finissent par provoquer des cancers. Les autres sont des particules électriquement chargées – tantôt négativement, ce sont des électrons (rayons β) – tantôt positivement, ce sont des atomes d'Hélium ionisé (transformés en ions ; rayons α). L'Hélium est un élément chimique gazeux à température ordinaire qu'on vient à l'époque tout juste de découvrir et d'isoler.

Après les premières années de scepticisme, la communauté scientifique va enfin réaliser l'importance de ces découvertes, longtemps laissées en lisière de l'activité scientifique active. Et le travail extraordinaire accompli par les pionniers sera enfin reconnu.

Tout cela sera ponctué par diverses reconnaissances scientifiques, dont le prix Nobel, et l'entrée des chercheurs dans les diverses Académies du monde (sauf Marie, parce qu'elle est une femme !).

Hélas, le malheur va frapper l'équipe française. Le 16 avril 1906, alors qu'il vient d'être élu (enfin !) à l'Académie des sciences, Pierre Curie est renversé par une voiture dont le cheval s'est emballé. Deux ans plus tard, Henri Becquerel meurt à l'âge de cinquante-six ans.

Marie Curie restera seule pour animer l'équipe française, fort réduite, et maintenir la compétition avec l'équipe d'Ernest Rutherford, riche, elle, de nombreux élèves talentueux car les Anglais ont vite compris l'importance fondamentale de ce domaine de recherche.

Quelques années plus tard, Marie travaillera avec sa fille Irène et celui qui deviendra son gendre, Frédéric Joliot, qui, en leur temps, recevront eux aussi le prix Nobel.

La découverte du noyau atomique

En 1910, Ernest Rutherford était revenu en Angleterre, il était maintenant professeur à Manchester. Cherchant toujours à percer le mystère des rayonnements radioactifs, il utilisa les rayons α émis par un élément de la chaîne radioactive, le fameux Polonium découvert par Marie Curie, pour en comprendre la nature profonde et les propriétés.

Il eut l'idée d'utiliser les rayons α pour bombarder des feuilles métalliques très minces (d'or et d'aluminium).

Il bombarde une très fine feuille d'aluminium avec les particules α émises par le Polonium et observe leur devenir.

La grande majorité traverse en ligne droite la feuille d'aluminium. La matière est faite de vide !

Quelques-unes traversent la feuille d'aluminium en étant déviées, et un nombre encore plus petit d'entre elles rebondissent littéralement sur la feuille d'aluminium.

Il répète l'expérience et obtient le même résultat.

À partir de là, il en déduit que la feuille d'aluminium contient en son sein des **noyaux très lourds**, si lourds que des noyaux d'Hélium rebondissent sur eux. Ils sont sans doute chargés électriquement positivement puisqu'ils peuvent aussi dévier les noyaux d'Hélium chargés positivement. Un calcul de probabilité qui prend en compte la proportion de rayons α qui sont déviés et ceux qui rebondissent pourra établir que ces « noyaux durs » sont très petits !

À partir de là, il fait l'hypothèse décisive. Ces petits points très lourds et très rares, dit-il, ce sont les **noyaux des atomes**, c'est autour d'eux que les électrons chargés négativement doivent tourner.

Il résout d'un coup le dilemme de l'atome de J.J. Thomson. Il n'est pas nécessaire d'imaginer beaucoup d'électrons dans un atome, puisque ce ne sont pas eux qui en constituent la masse. **La masse, c'est le noyau.**

Rutherford élabore ainsi le premier modèle de structure de l'atome crédible, un noyau autour duquel tournent des électrons, un système solaire en miniature. Il explique aussi la nature atomique de la radioactivité, sujet qui lui tient à cœur. Ce sont, d'après lui, les noyaux de certains atomes qui éclatent et émettent des particules et des rayonnements. Affirmant cela, il donne le départ d'une autre grande aventure scientifique, celle de l'exploration du noyau atomique. Si des noyaux éclatent et émettent des particules, c'est qu'ils renferment ces particules en leur sein, et donc que leur structure est elle-même complexe.

Rutherford a fait faire là l'un des plus grands bonds à la Physique !

Il invente aussi une méthode nouvelle pour étudier la structure de la matière : il la bombarde avec des particules, la casse et observe le résultat. Casser la matière, une matière de plus en plus divisée, c'est la méthode reine de la Physique de l'infiniment petit.

C'est encore aujourd'hui cette méthode qu'on utilise dans les grands accélérateurs de particules comme au CERN à Genève, à cette différence près qu'aujourd'hui on accélère les particules grâce à l'action de champs électriques à des vitesses proches de celle de la lumière et qu'on casse la matière dont on étudie les morceaux.

« *Un tas de briques ne fait pas une maison* »

Lorsqu'on retrace cette extraordinaire aventure aujourd'hui, on est frappé de constater que toutes ces découvertes ont été réalisées par des expérimentateurs géniaux, dont l'astuce et le travail ont permis de mettre en évidence des phénomènes totalement nouveaux (on ne soupçonnait pas leur existence en 1890), mais que, d'un autre côté, ces phénomènes n'étaient reliés par aucune théorie générale, par aucune vision d'ensemble.

Or, en Science, on ne peut pas dissocier l'expérience de la théorie. Elles sont indissolublement liées. L'une féconde ou initie l'autre. Ce sont les deux jambes de la Science. Inséparables. On ne le dira jamais assez. C'est Galilée qui, le premier, a compris cela (après Archimède peut-être).

Or, on se trouvait au début du XXe siècle devant un paysage scientifique nouveau, excitant, mais intellectuellement obscur. On avait opposé ondes et particules pour expliquer les décharges de gaz. Or, des manifestations des unes et des autres (l'électron, les rayons X) et le phénomène de la radioactivité révèlent les deux.

La radioactivité, en particulier, apparaissait comme un phénomène fondamental mais particulièrement obscur. Sauf en Angleterre, peu de physiciens s'y intéressaient, préférant travailler sur les rayons X. Comment dépasser cette confusion, comment relier toutes ces découvertes en un tout cohérent ? Comme le dit joliment Henri Poincaré, « un tas de briques ne fait pas une maison ».

Les physiciens ont toujours adopté la même ligne de conduite : ils croient en la cohérence du monde, et même à l'unicité de son fonctionnement fondamental. Ils pensent que sous la complexité, gît un déterminisme plus simple. À nous de le découvrir.

Ampère et Faraday avaient unifié l'électricité et le magnétisme, Maxwell avait unifié l'électromagnétisme avec la théorie ondulatoire de la lumière. Au début du XXe siècle, les physiciens se posent certaines questions fondamentales. Comment unifier les théories de Newton et de Maxwell ? Ils se posent toujours cette question aujourd'hui.

Comment relier toutes ces découvertes sur la structure intime de la matière, l'atome, son comportement, aux théories de Newton et Maxwell ?

Comment concilier les approches en termes d'ondes et de particules qui semblent être en concurrence partout dans l'explication de la lumière, aussi bien que dans l'interprétation des rayons cathodiques ?

Le filtre du temps

Bref, au début du siècle, on ressentait un urgent besoin de théorie.

Je voudrais à ce moment m'arrêter un instant sur la question de l'image de la Science, ou plus exactement du lien qui existe entre le travail des scientifiques et les grandes découvertes.

Ce chapitre est une bonne illustration de ce que j'appellerais le filtrage du temps.

Ce que je viens de décrire, c'est la légence de la Science, ses controverses, ses découvertes fulgurantes, ses héros, un peu à la manière du *Mahabharata* indien (encore ! j'y tiens, est-ce l'influence de mon ami Jean-Claude Carrière ?), car tout y est mêlé, combiné, sans grande limpidité.

Ainsi, à chaque épisode, émergent quelques acteurs décisifs vite qualifiés de génies, car l'Histoire se lit toujours à l'envers. À l'aune de la suite. Le présent éclaire le passé. La réalité est plus complexe, tant en ce qui concerne les découvertes qu'en ce qui concerne les découvreurs.

Parfois, une découverte essentielle est le fait de quelques-uns seulement. Ce fut le cas pour la phase initiale de la radioactivité. À part les petits noyaux de disciples autour des Curie à Paris et de Rutherford au Canada, peu de chercheurs se sont intéressés au phénomène, faute peut-être d'en avoir aperçu la portée. Peu y ont contribué. Avant de participer à l'épopée, il fallait y croire !

En revanche, dans l'épisode des rayons cathodiques et de ses expériences connexes, un nombre considérable d'esprits brillants sont intervenus. La postérité n'en a retenu que quelques-uns. Citons-en quelques autres : Wilson, Struh, Townsend, Barkla, Richardson, Aston, Moreau, Ehrenhaft. Certains noms s'illustreront plus tard, d'autres tomberont dans l'oubli. Certains, et non des moindres, se sont trompés, on l'a oublié, d'autres ont laissé une trace.

Parfois, quelques centres deviennent des lieux de fécondation où viennent se former bien des élèves brillants qui, tous, connaîtront des heures de gloire. Ce fut le cas des centres qu'anima successivement Rutherford (en suivant sa gloire ascendante !), McGill, Manchester, puis, plus tard, Cambridge. Ses élèves, de plus en plus nombreux, ont pour noms Otto Hahn, Frederick Soddy, Hans Geiger, E. Marsden, George de Hevesy, H. Moseley, J. Chadwick, P. Blackett, J. Crockcroft, E. Walton, G. Oliphant, M. Goldhaber. Tous des grands noms de la Physique.

Il faut donc toujours relativiser les jugements individuels sur les mérites des uns et des autres.

« Le génie est une longue patience », disait Einstein ; on pourrait ajouter : « souvent collective, parfois solitaire ».

Car la Science est faite par la combinaison de talents très divers : il y a en Science, non pas seulement des génies de la théorie ou de l'expérience, mais aussi des semeurs d'idées, des animateurs d'équipe, des scientifiques dont le charisme, l'enthousiasme, la générosité intellectuelle sont décisifs en certaines périodes. Il y a des scientifiques qui savent poser les bonnes questions, d'autres qui savent leur donner les bonnes réponses. Certains sont tout à la fois. Le temps filtre tout cela et ne retient que quelques figures, celles qui vont entrer dans la légende : les « héros », c'est sans doute injuste mais c'est comme cela.

Rutherford fut de ceux-là pour la Physique expérimentale, pour ce qui est de la théorie atomique nul doute que ce fut aussi le cas pour Niels Bohr, le héros, l'initiateur de la phase suivante, théorique cette fois.

La lumière éclaire l'atome

Tandis que Rutherford réalisait ses expériences géniales à Manchester, à Copenhague un jeune Danois très brillant du nom de Niels Bohr, presque aussi bon footballeur que physicien*, travaillait sur un problème en apparence très différent : il s'inté-

---

* Son frère Harald sera sélectionné dans l'équipe olympique du Danemark, Niels a failli l'être.

ressait à la manière dont les électrons pouvaient conduire l'électricité dans les solides. Après sa découverte de l'électron, J.J. Thomson avait élaboré une théorie des solides et de leurs propriétés électriques, mais elle ne permettait pas d'expliquer parfaitement les mesures expérimentales. Bohr, de son côté, avait élaboré une nouvelle théorie et pensait qu'elle était meilleure. C'était sa thèse de doctorat.

En 1911, Bohr décida de se rendre en Angleterre pour rencontrer J.J. Thomson et de confronter ses idées avec les siennes. Il s'embarqua donc pour Cambridge, mais là il eut une profonde déception. J.J. Thomson, directeur du laboratoire Cavendish, ne s'intéressait plus à la conduction électrique dans les solides. Par chance, au cours de son séjour, Bohr rencontra Rutherford qui était venu à Cambridge donner un séminaire.

Immédiatement, une sympathie mutuelle naquit entre les deux hommes, entre le roi des expérimentateurs et celui qui allait devenir le prince des théoriciens.

Rutherford invita Bohr à venir à Manchester travailler avec lui à améliorer son modèle d'atome. Cette rencontre autour d'un thé, comme il s'en produit avant chaque séminaire ou presque de par le monde, fut décisive pour la Physique moderne.

À Manchester, Bohr prend connaissance du modèle d'atome que Rutherford vient d'élaborer après sa découverte du noyau. Il faut le solidifier en élaborant une théorie. Bohr se met au travail. Rutherford et lui ont dans l'idée de construire une sorte de modèle réduit planétaire, avec le noyau-

Soleil au centre et les électrons-planètes tournant autour, et de calculer exactement son fonctionnement à l'aide des lois de la Physique.

Si les électrons tournent autour du noyau comme les planètes tournent autour du Soleil, la force d'attraction n'est pas ici la gravitation, mais la force d'attraction électrique. Comme la gravitation, c'est une force qui agit à distance, donc mystérieuse*. Comme la gravitation, elle obéit à une loi, en « inverse du carré de la distance ».

L'analogie est parfaite. Les planètes, le cosmos, c'est le monde de Newton ; l'atome, c'est le monde de Maxwell – ou plus exactement une combinaison des deux, car les lois de la Mécanique continuent de s'y appliquer.

On peut imaginer l'excitation qui s'empara des deux hommes lorsqu'ils entreprirent d'explorer cette idée. Ils allaient réaliser la grande unification du Monde. Cosmos et infiniment petit expliqués en même temps !

Hélas, ils réalisèrent très vite qu'il existait une différence fondamentale entre un électron et une planète : l'électron est électriquement chargé. Or, une charge qui se déplace, c'est un courant électrique. Ce courant émet des ondes électromagnétiques, des ondes radio prévues par Maxwell, découvertes par Hertz ; et l'émission d'ondes radio consomme de l'énergie.

---

* Malgré l'explication que lui a donnée Maxwell.

L'électron tournant va donc perdre continuellement de l'énergie.

De plus, la force électrique est beaucoup plus grande que la force de gravitation. Ainsi, le rapport entre la force électrique et la force de gravitation dans un atome d'Hydrogène où un électron tourne autour d'un proton est 2,3 10^{39} ! Bref, la force électrique est gigantesque.

L'équilibre entre vitesse de révolution et attraction du noyau va être rompu. L'électron va parcourir une trajectoire en spirale pour finalement tomber sur le noyau. Patatrac… tout semble s'écrouler… le rêve s'envoler.

C'est alors que Niels Bohr a apporté à la Physique une touche de génie. Avec une hardiesse extraordinaire, il affirme en effet que **les lois qui régissent la Physique de l'atome ne sont pas les lois ordinaires de la Physique, mais des lois particulières valables seulement pour l'infiniment petit**. C'est sans doute le coup d'audace décisif. Il était clair qu'on ne parvenait pas à comprendre tous ces phénomènes qui s'accumulaient (rayons X, électrons, noyaux, radioactivité, dualité ondes-particules) et qu'il fallait sortir de la Physique classique pour élaborer une nouvelle Physique. Mais qui oserait ?

Le jeune Niels Bohr osa dans trois articles publiés en 1913.

Il fait alors le lien entre le mouvement des atomes et le travail de Planck sur le rayonnement du corps noir, dans lequel Planck avait admis que l'énergie à l'échelle microscopique se décomposait en « grains d'énergie », en quanta, travail qu'avait

UN PEU DE SCIENCE POUR TOUT LE MONDE

Modèle de Bohr

Orbite — Électron — Noyau

Modèle de Rutherford

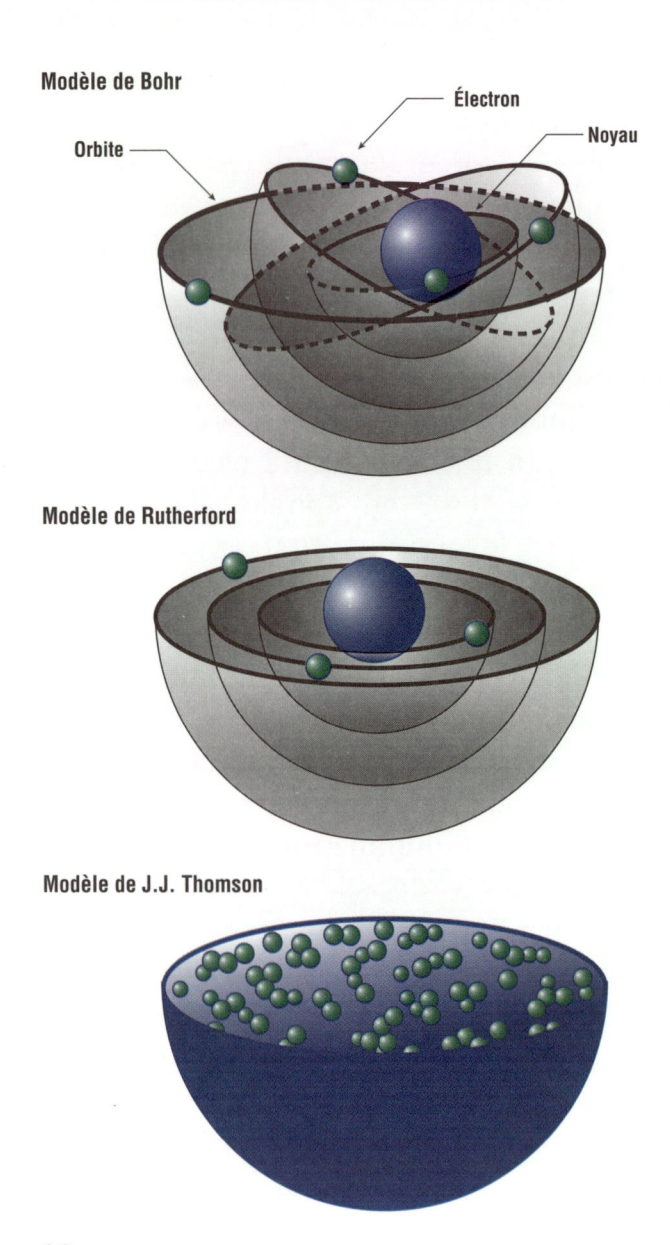

Modèle de J.J. Thomson

Figure 8.3
Les trois modèles de structure d'un atome.
En bas, celui de J.J. Thomson, nuage d'électrons emprisonnés dans une sphère chargée positivement.
Au milieu, le premier modèle de E. Rutherford, imité du système solaire.
En haut, le modèle de Bohr.

déjà exploité Einstein pour expliquer l'effet photoélectrique.

Bohr développe à partir de là une nouvelle théorie. Bien sûr, il utilise les lois de la Physique ordinaire, mais il leur impose quelques contraintes nouvelles.

D'après lui, les électrons se déplacent sur des orbites dont les caractéristiques (éloignement du noyau, ellipticité, énergie potentielle) ne peuvent qu'être des multiples de nombres entiers 1, 2, 3... etc. On dit que les orbites sont « quantifiées ». Sur ces orbites, les électrons n'émettent pas d'ondes électromagnétiques. En vertu d'un phénomène ad hoc, assez mystérieux, l'énergie dépensée étant réabsorbée par les électrons.

L'énergie ne peut être dépensée que lorsqu'un électron passe d'une orbite stable à une autre orbite stable. Dans ce cas, et dans ce cas seulement, il émet des radiations, de la lumière. Voilà l'origine de la lumière. Celle que l'on cherchait depuis si longtemps. Mais il va plus loin.

Cette lumière a pour longueur d'onde (pour couleur) une valeur strictement proportionnelle à la différence d'énergie des deux orbites de transition. La constante liant ces deux valeurs est celle qu'avait déterminée Planck dans le rayonnement du corps noir. Quanta–lumière, voilà deux idées distinctes que Bohr va rassembler.

L'idée de quantifier les orbites était venue de l'étude de Planck de l'émission de lumière des corps chauffés. L'étude de la lumière allait en retour valider les idées de Niels Bohr.

L'étude des spectres optiques, c'est-à-dire de la lumière décomposée par un prisme, avait fait de gros progrès grâce à l'introduction d'un nouvel appareil pour disperser les couleurs : le réseau*, beaucoup plus efficace que le prisme.

On avait, à l'aide de cet appareil, analysé les spectres de divers éléments chimiques et l'on avait mis en évidence, pour chaque élément chimique, des suites de raies beaucoup plus précises et nombreuses que celles qu'avait étudiées autrefois Kirchhoff.

Ces suites de raies avaient été examinées par un professeur d'école suisse du nom de Balmer, qui avait montré que l'espacement entre les unes et les autres obéissait à des lois mathématiques simples, voisines des séries géométriques.

L'exploit, c'est que Bohr réussit, à l'aide de son modèle, à calculer la position exacte des raies des spectres lumineux. La chute d'un électron d'une orbite haute vers une orbite basse (donc de plus faible énergie, donc plus stable) correspond à une **émission** de lumière.

Le passage inverse, à savoir le saut d'un électron d'une orbite basse vers une orbite plus haute, demande de l'énergie. L'atome l'obtient en **absorbant** de la lumière (voir la figure 8.4).

D'après la formule de Planck $W = h\nu$, W étant la différence d'énergie, λ la longueur d'onde de la

---

* Il s'agit de minuscules petites cannelures, mises côte à côte et qui décomposent la lumière comme le fait un prisme mais plus finement.

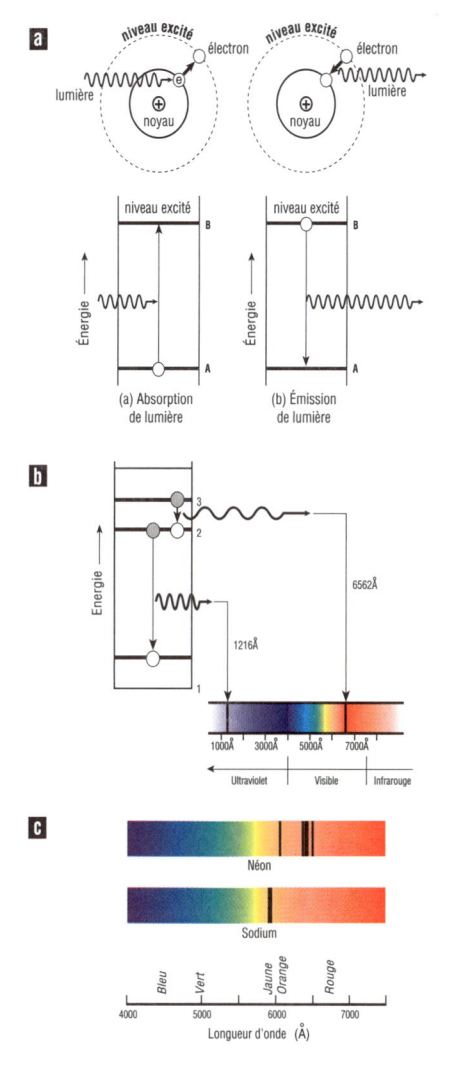

Figure 8.4
Schéma illustrant comment un électron, en changeant d'orbite, absorbe ou émet de la lumière.
a) En haut, on a représenté l'atome avec son noyau et ses deux orbites possibles, et leur transition.
En bas, le schéma en niveaux d'énergie. La longueur d'onde de la lumière qui arrive ou part doit correspondre **exactement** à l'énergie pour passer du niveau A au niveau B (ou vice versa).
Les autres lumières ne sont ni absorbées ni émises.
b) Émission de deux lumières de longueurs d'onde différentes correspondant à deux transitions différentes entre trois niveaux d'énergie. Plus la différence de niveau d'énergie est grande, plus la longueur d'onde est **petite**. Le spectre optique correspondant à une raie aux longueurs d'onde prévues.
c) Ce double spectre montre la différence de signature entre deux éléments chimiques pourtant voisins dans le tableau de Mendeleïev : le Néon et le Sodium. C'est le principe de l'analyse chimique par spectroscopie.

lumière, v l'inverse de la fréquence, c la vitesse de la lumière, h une constante dite de Planck.

On peut ainsi calculer les spectres optiques. Les régularités de Balmer sont expliquées, ainsi que les observations des Bunsen, Kirchhoff, et aussi celles des astronomes. Leurs causes résident dans les atomes, dans leurs sauts entre des orbites dont les énergies sont bien définies et se distribuent en « niveaux d'énergie » comme on dira.

Mais Bohr explique plus que cela encore. Un physicien hollandais du nom de Zeeman avait mis en évidence l'influence du champ magnétique sur les spectres d'émission de Sodium. Un autre physicien, allemand cette fois, du nom de Stark, avait montré de son côté que le phénomène se compliquait aussi lorsqu'on créait un champ électrique autour de la flamme d'émission. Bohr explique ces phénomènes en se souvenant que l'électron tournant sur son orbite crée un courant, donc un champ magnétique. Si l'on fait agir un champ électrique ou magnétique sur ce système, on va ainsi modifier l'échelle des niveaux d'énergie.

L'accord entre les calculs et les mesures, entre la théorie et l'expérience est tellement complet que Bohr convainc vite les physiciens de la qualité de son modèle. Ils en oublient les hypothèses pourtant très hétérodoxes qui le sous-tendent.

La clef de tout cela réside bien sûr dans le lien qui existe entre atome et lumière.

Dans l'éclairage, on transmet de l'énergie à l'atome, de l'énergie thermique (bougie), de l'énergie électrique (lampe d'éclairage). Cette énergie fait passer les électrons des atomes sur des orbites « excitées ». Puis ces électrons retombent sur les niveaux d'énergie inférieurs en émettant de l'énergie sous forme d'ondes électromagnétiques, et notamment de lumière visible.

Suivant la différence entre les niveaux d'énergie atomique, les couleurs sont différentes. Le feu c'est lorsque, par suite d'une réaction chimique exothermique (une oxydation par exemple), la température augmente, les atomes sont très agités, les électrons aussi, ils sautent de niveaux d'énergie à d'autres, s'échangent de la lumière et en émettent beaucoup dans le rouge.

L'énergie en échelons

Bohr affirme aussi qu'à l'échelle de l'atome, l'énergie est distribuée sur une échelle à des niveaux bien définis (comme les barreaux d'une échelle). Entre ces niveaux, l'atome ne stocke aucune énergie.

En 1914, James Franck et Gustav Hertz (ce n'est pas le même !) vont apporter une preuve directe à l'appui de cette idée, grâce à une expérience très originale*. Dans un tube fermé à vide, on place d'un côté un filament chauffé qui émet des électrons, à l'opposé une grille portée à une tension positive (qui attire donc les électrons). Derrière la grille, une plaque reliée à un appareil de mesure du courant. Quand on chauffe le filament, on reçoit

---

* Voir Michel Rival, *Les Grandes Expériences scientifiques*, Paris, Seuil, 1996.

du courant sur la plaque, comme dans le tube de Thomson.

Les expérimentateurs introduisent alors dans l'ampoule de la vapeur de mercure.

La plaque reçoit toujours le même courant.

Ils augmentent la différence de potentiel entre le filament et la grille. Quand cette différence atteint 4,9 volts, le courant électrique disparaît. Le mercure absorbe toute l'énergie des électrons !

Si on va au-delà de 4,9 volts, le courant recommence à augmenter.

Cela montre bien que l'interaction entre les électrons et les atomes de mercure n'intervient que pour une énergie bien définie.

C'est donc la preuve que l'énergie d'un atome est répartie comme les barreaux d'une échelle, sans aucun niveau intermédiaire. L'énergie des atomes est là aussi quantifiée, comme l'émission du « corps noir » de Planck. Mais, naturellement, chaque atome a son échelle, ses barreaux, ses intervalles particuliers, et voilà pourquoi les spectres lumineux des atomes sont des signatures caractéristiques de chacun d'eux.

Le retour vers la Chimie

L'autre grand intérêt de l'atome de Bohr est qu'il permet d'expliquer la classification des éléments chimiques.

Les éléments chimiques avaient été classés en 1858 par le chimiste russe Dimitri Mendeleïev, dans un tableau périodique, en fonction de leur complexité croissante. Cette classification était fondée sur des observations physiques et chimiques des divers éléments chimiques qu'on avait identifiés.

On savait aussi, depuis la fin du XIXe siècle, que chaque élément chimique est caractérisé par son atome, dont la nature détermine les propriétés. C'était l'idée de Démocrite, que nous avons explorée au premier chapitre. Bohr donne de la substance à cette intuition.

Ce qui caractérise un élément chimique, c'est le nombre d'électrons que possède son atome (Z). Ainsi, l'atome d'Hydrogène a un électron $Z = 1$, l'atome d'Hélium deux électrons $Z = 2$, l'atome de Lithium trois $Z = 3$, etc.

Bohr organise ces électrons en définissant autour du noyau des sortes d'orbites circulaires sur lesquelles ils circuleraient. Les rayons de ces cercles obéissent à des lois quantiques, et donc à des nombres (n) entiers définis : $n = 1, n = 2, n = 3$...

Sur chaque orbite, Bohr définit combien d'électrons peuvent « orbiter ».

Pour $n = 1$ il y a deux électrons,
$n = 2$ il y a huit électrons,
$n = 3$ il y a dix-huit électrons...

Chaque atome est composé par des combinaisons complexes de ces orbites.

Sans entrer dans le détail, il explique ainsi la classification périodique des éléments qu'a établie Mendeleïev sur des bases empiriques. Un jeune étudiant australien de Rutherford, Henry Moseley, qui sera tué dans l'expédition des Dardanelles, montre, grâce à l'étude des spectres de rayons X émis par chaque élément chimique, que ces derniers présentent des régularités qui permettent de déterminer le nombre (Z). Il montrera d'ailleurs que certains éléments ont été mal classés par Mendeleïev, et corrigera l'erreur.

Comme Bohr a fixé les règles qui définissent les orbites sur lesquelles circulent les électrons, Moseley peut aller plus loin et établir la structure fine des atomes de chaque élément chimique, c'est-à-dire les distances des orbites et les énergies qu'elles portent.

Cette structure, il peut en vérifier la réalité en mesurant les spectres d'émission et d'absorption optique des éléments chimiques un à un.

Calcul et mesure coïncident dans une marge d'erreur très faible. C'est extraordinaire, ce n'est plus la théorie qui explique l'expérience, c'est l'expérience qui confirme la théorie. La théorie est devenue prédictive.

Ainsi, Bohr établit le lien qui existe entre **la lumière** et **la Chimie**, entre la structure des atomes et leur spectre. Ce qui, en retour, fournit une méthode pour étudier les atomes, leur structure à partir de l'observation que constituent les spectres optiques.

Chimie-spectroscopie (c'est-à-dire étude des spectres optiques), voilà un nouveau couple qui s'avérera extrêmement fécond. La Chimie moderne étudie ses atomes et ses molécules à l'aide de la spectroscopie. Les méthodes varient, mais le principe fondamental reste le même.

Atomes et molécules

Dans sa fameuse Trilogie de 1913, Bohr envisage aussi le cas où l'assemblage possède, non pas un, mais plusieurs noyaux, c'est-à-dire non pas le cas d'un atome mais d'une molécule.

Il étudie alors le mouvement des électrons comme « orbitant » autour des deux noyaux et considère que la **liaison** entre les deux noyaux, entre les deux atomes, est créée par cette mise en commun d'électrons.

On l'oublie trop souvent, mais cet article est la première contribution en matière de chimie théorique.

Bohr définit, ici encore, des niveaux d'énergie moléculaires, annonce que les molécules pourraient être étudiées à partir de leur spectre. Un article prophétique, mais qui ne révélera vraiment tout son potentiel qu'après le développement de la Mécanique quantique. C'est-à-dire après 1930.

Vers la Mécanique quantique

Comme on le sait, ces idées de Bohr vont être étendues, amplifiées puis bouleversées par l'avènement d'une nouvelle Mécanique, **la Mécanique quantique** qui en dérive directement. En vertu de cette autre révolution conceptuelle, on va devoir renoncer à toute description déterministe de la réalité et lui substituer une description en termes de probabilités.

C'est ainsi qu'on va établir que l'on ne peut connaître à la fois la position et la vitesse d'une particule. On va montrer aussi que toute mesure perturbe le phénomène qu'elle étudie. C'est le fameux principe d'incertitude de Heisenberg.

Bref, avec la Mécanique quantique, on entre dans un nouveau monde palpitant, mystérieux et étrange, qui a été exploré sur des bases mathématiques solides aux environs des années 1925-1930, sous l'impulsion de savants aux noms désormais légendaires, l'Autrichien Erwin Schrödinger, l'Allemand Werner Heisenberg, le Suisse-Allemand Wolfgang Pauli, l'Anglais de Cambridge Paul Dirac, le tout sous l'impulsion constante de Niels Bohr – et malgré le scepticisme d'Albert Einstein*.

Mais ceci est une autre histoire, une épopée en soi.

Ce sur quoi nous voulons insister ici, c'est que beaucoup de phénomènes peuvent être simplement expliqués – ou tout au moins exposés – à partir de l'atome de Bohr légèrement modifié. Il s'agit certes d'une première approximation, qui ne correspond pas à la réalité telle que nous la concevons aujourd'hui, mais elle a l'avantage d'éviter l'exposé mathématique et la complexité conceptuelle liés à la Mécanique quantique (qui nécessite, si l'on veut en saisir l'esprit, de très longs développements, tant le monde de l'infiniment petit obéit à des règles spécifiques, si différentes de celles qui régissent notre expérience quotidienne).

---

* Einstein avait vu avant tout le monde toutes les implications de la Mécanique quantique. Mais pour des raisons philosophiques, théologiques presque, il ne pouvait pas y souscrire. C'est le fameux « Dieu ne joue pas aux dés ! »

Les niveaux d'énergie

Donc, revenons-y : pour chaque atome, pour chaque molécule, il existe des niveaux d'énergie sur lesquels peuvent se « positionner » les électrons. Ces niveaux obéissent aux quanta, donc ils sont, comme on l'a dit, comme les barreaux d'une échelle, séparés par des intervalles vides. Et les électrons ne peuvent se trouver **que** sur ces niveaux, comme nos pieds ne peuvent se poser que sur les barreaux de l'échelle.

Naturellement, ceci est la représentation de l'atome en termes d'énergie. En termes d'espace, l'électron se secoue sans cesse, tourne autour du noyau, mais selon une orbite imposée par les niveaux d'énergie autorisés.

Ces niveaux d'énergie ne peuvent « porter » qu'un nombre fini d'électrons. Par exemple, le premier niveau d'énergie d'un atome, le premier barreau, ne peut porter que deux électrons, le second est un barreau dédoublé qui, au total, ne peut porter que 8 électrons (2 + 6), etc.

Comment un électron peut-il se situer sur cette échelle ?

Il remplit les barreaux en commençant par le bas, suivant le **principe d'énergie minimum**, de proche en proche.

Pour chaque atome stable, il y a ainsi des niveaux d'énergie remplis. Le dernier l'étant plus ou moins complètement.

Mais il y a, au-dessus du dernier niveau rempli, d'autres niveaux (d'autres barreaux à l'échelle) totalement vides. On appelle ces niveaux « excités ».

Un électron peut-il quitter un niveau d'énergie qu'il occupe normalement (on l'appelle le niveau stable) pour passer à un niveau d'énergie excité ? Eh bien, oui. Pour cela, il faut qu'on lui procure l'énergie suffisante afin qu'il parvienne à sauter d'un niveau à l'autre. Mais, attention, il faut que l'énergie qu'on lui communique soit **exactement** celle qui correspond à la différence d'énergie entre les deux barreaux, ce qu'on appelle le bon « quantum » d'énergie.

Mais ces électrons excités situés sur des orbites libres vont-ils y rester ?

Réponse : oui, mais pas très longtemps. Les niveaux d'excitation ne sont pas les niveaux d'équilibre pour les électrons. Ces derniers vont donc avoir tendance à retomber sur les niveaux d'énergie habituels *(home, sweet home)* et donc à retourner chez eux.

Lorsqu'ils le font, il faut que l'énergie soit conservée. La chute de l'électron d'un niveau élevé vers un niveau plus bas va s'accompagner d'une libération d'énergie, par exemple par l'émission d'une lumière dont la longueur d'onde (la couleur) sera exactement égale à celle de la lumière qui a excité l'atome.

Le laser

Le mot laser est devenu un nom commun dans notre vocabulaire. C'est en fait un acronyme qui signifie : **L**ight **A**mplification by **S**timulated **E**mission of **R**adiation.

Cette technique repose sur une utilisation astucieuse des relations lumière-matière telles que nous les avons esquissées.

Supposons un électron situé sur un niveau d'énergie excité. Il est donc en situation instable et prêt à retomber spontanément vers un niveau d'énergie inférieure plus stable.

Éclairons alors l'atome avec une lumière dont la longueur d'onde, l'énergie, est exactement celle qui correspond à la différence d'énergie du niveau excité au niveau stable. Cette lumière donne à l'électron excité la petite impulsion, la pichenette nécessaire pour le faire retomber à son niveau d'énergie stable. L'énergie nécessaire pour donner à l'électron cette pichenette est très faible, et la lumière incidente ne s'en trouve pas affectée. C'est l'émission stimulée (prévue par Einstein vingt ans avant qu'on la redécouvre). Mais en tombant sur le niveau d'énergie inférieur, l'électron va émettre lui aussi de la lumière, dotée des mêmes caractéristiques, des mêmes longueurs d'onde que le rayonnement incident (voir la figure 8.5).

On avait un rayon lumineux éclairant l'atome, il sort de l'atome un rayon deux fois plus intense. On a ainsi amplifié la lumière.

Supposons maintenant qu'on éclaire, non pas un atome, mais toute une série d'atomes excités dont tous les électrons se trouvent sur des niveaux d'énergie supérieurs. Eh bien, le phénomène va se répéter, chaque atome va émettre sa lumière, en même temps. À partir d'une petite quantité de lumière à l'entrée, on va constater une grande quantité de

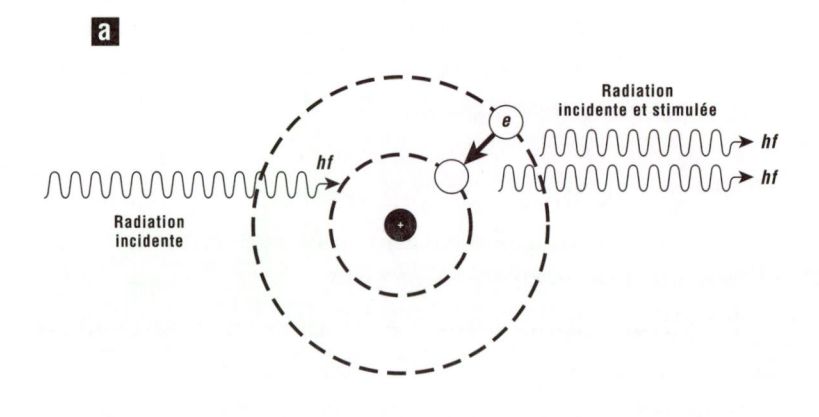

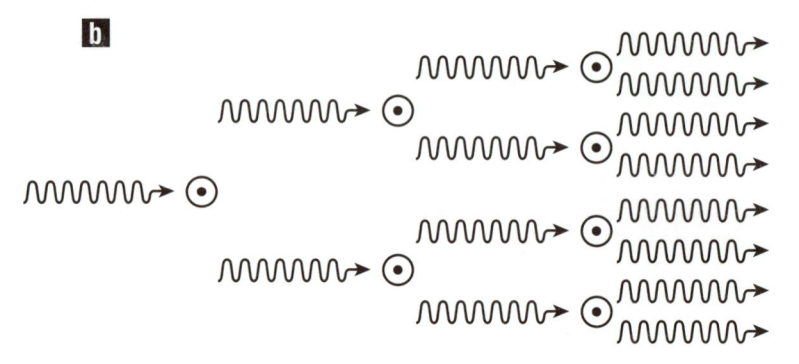

Figure 8.5
a) principe de l'émission stimulée.
b) principe de l'émission stimulée en cascade, c'est-à-dire du laser.

lumière à la sortie. Toutes ces lumières ayant les mêmes caractéristiques vibrent toutes en phase, et sont toutes orientées dans la même direction.

C'est cela un laser : un rayon de lumière cohérent, puissant et directif.

Mais bien sûr, pour réaliser cela, il y a un préalable, un passage obligé : il faut être capable de faire passer les électrons d'une grande quantité d'atomes sur des niveaux excités et de les y maintenir jusqu'au moment où on les éclaire. C'est difficile, car un électron sur un niveau d'énergie élevé a tendance à retomber spontanément et très vite sur les niveaux d'énergie inférieurs.

Pour y parvenir, il faut mettre en œuvre la technique dite du pompage optique découverte par Alfred Kastler au laboratoire de l'École normale supérieure.

On éclaire une première fois les électrons pour leur insuffler une énergie supérieure au niveau où on veut les envoyer (donc avec une lumière ad hoc). Ces électrons vont sauter un peu plus haut, puis spontanément retomber sur le niveau d'énergie souhaité et y rester assez longtemps pour qu'on puisse les éclairer par une autre lumière et ainsi provoquer l'amplification stimulée.

En fait, c'est après un séjour estival au laboratoire de Kastler pour apprendre à réaliser le pompage optique que l'Américain Charlie Townes inventera le laser.

Lorsqu'il recevra le prix Nobel, Townes aura l'élégance de dire que sans le travail de Kastler, il n'aurait pu réaliser le sien. On décernera le prix Nobel à Kastler deux ans après.

9

Tout est relatif

J'ai répété à plusieurs reprises dans ce livre que la Physique, ce n'était pas le bon sens ordinaire*, que c'était au contraire un corps de doctrines élaborées au cours du temps, patiemment, et qui étaient contre-intuitives et nécessitaient un apprentissage. Mais qu'à l'inverse, la connaissance de la Physique permettait de replacer l'explication du monde qui nous entoure dans un cadre cohérent qui, de plus en plus, nous permet de faire des prédictions, et d'inventer des instruments ou des techniques.

La théorie de la Relativité restreinte, proposée par Albert Einstein en 1905, donne sans doute une illustration parfaite de cette conception.

Affirmer que le temps est une notion relative, que l'idée que deux événements sont simultanés dépend du lieu d'où on les regarde, que la masse et l'énergie peuvent se transformer l'une dans l'autre,

---

* La Physique d'Aristote c'était le bon sens, c'est pourquoi elle s'est révélée fausse !

que la vitesse de la lumière est la plus grande vitesse qui puisse exister dans l'univers, sont autant de **notions** que le sens commun refuse et qui pourtant se construisent rigoureusement, non par des jongleries mathématiques savantes, mais par des raisonnements compacts, fruits d'observations précises dont je me propose ici de faire comprendre l'essence et, chose plus importante encore, que l'expérience « encadre ». Elle induit puis elle valide, si l'on veut.

Entreprise difficile, lorsqu'il s'agit de la Relativité, que j'ai longtemps hésité à entreprendre, mais qui m'a paru indispensable.

Déjà Galilée

La théorie de la Relativité prend ses racines chez Galilée (encore lui !).

On se souvient de l'expérience de l'homme situé sur un bateau qui avance à bonne allure et qui jette en l'air, verticalement, une balle. Où retombe-t-elle ?

Certains, à l'époque de Galilée, pensaient, je l'ai dit, qu'en vertu du principe d'inertie, la balle était autonome par rapport au bateau, et donc que si le bateau était assez rapide, la balle retomberait en mer.

Galilée (après Giordano Bruno) réplique : « Non, pas du tout, la balle retombe aux pieds de celui qui l'a lancée dans le bateau. » Et il avait raison. Pourquoi cela (voir la figure 9.1) ?

Parce que la balle, comme tout ce qui se trouve sur le bateau, a la même vitesse que le bateau, elle appartient **au référentiel** du bateau, et lorsqu'on la

Vue du bateau

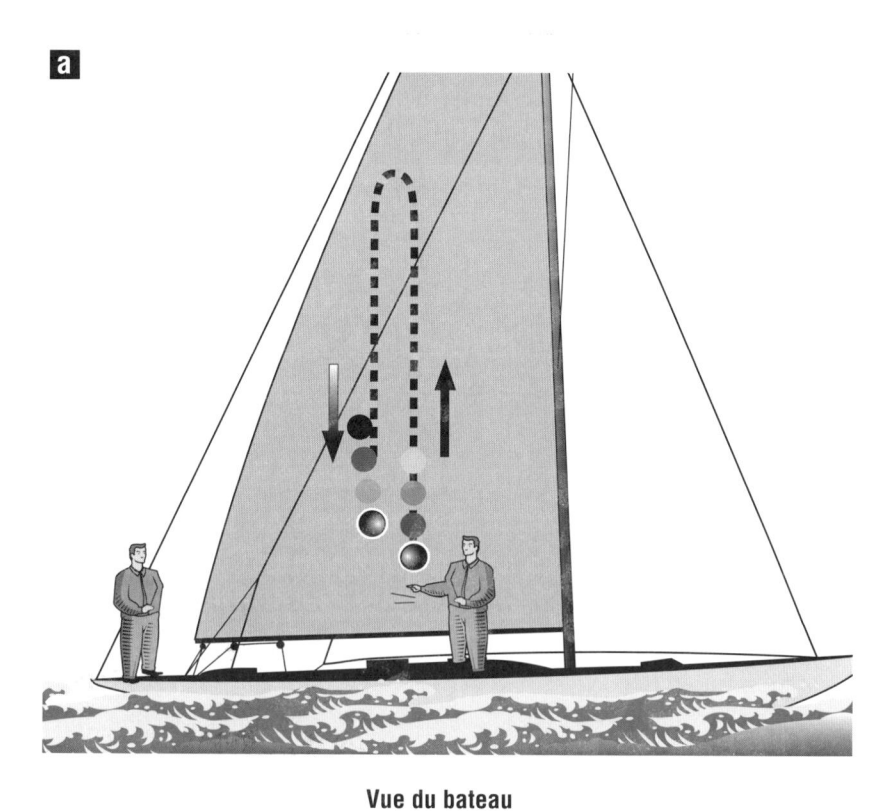

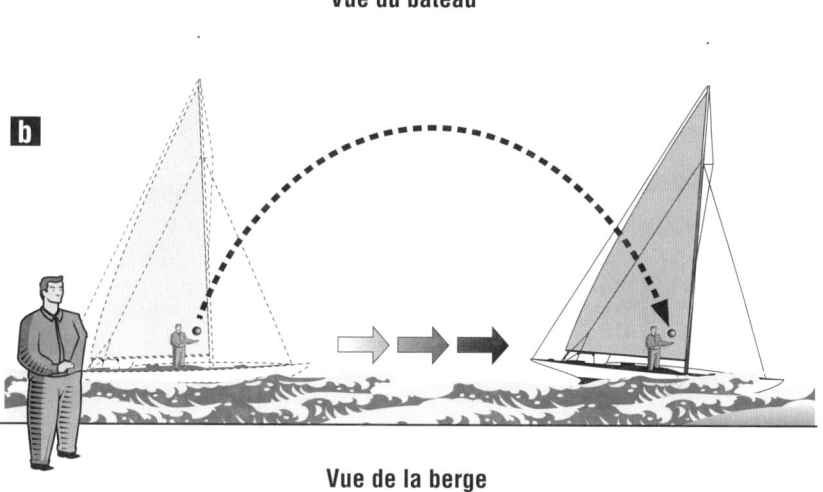

Vue de la berge

Figure 9.1
On lance une balle vers le mât d'un bateau.
En a) la trajectoire vue du bateau.
En b) la trajectoire vue au loin du rivage, alors que le bateau se déplace.

lance en l'air, sa trajectoire est verticale pour tout passager du bateau. Mais un observateur situé sur la berge verra la trajectoire de la balle dessiner une parabole.

On voit là un élément essentiel de la théorie de la Relativité : la forme de la trajectoire de la balle dépend du lieu d'où on la regarde.

Ce principe qu'a énoncé clairement Galilée, notamment dans le fameux *Dialogue**, a été très difficile à comprendre et à admettre pour ses contemporains. Ceux-ci s'opposaient par exemple à l'idée de la rotation de la Terre en disant : si la Terre tournait, lorsque vous lâchez une balle de mousquet du dernier étage de la Tour de Pise, elle devrait tomber plus loin vers l'ouest, puisque pendant le trajet la Terre se serait déplacée ! Or, elle tombe au pied de la Tour, preuve que la Terre est au repos. Mais l'argument ne troublait pas Galilée. Il poursuivit son raisonnement et affirma : « Il n'y a pas de repère absolu. Tout mouvement intervient par rapport à un référentiel choisi. »

Lorsqu'on lance un projectile vers le ciel, le sens commun nous dit que c'est le projectile qui se déplace et la Terre d'où il part qui est fixe. Parce que nous sommes nous-mêmes à ce moment immobiles par rapport à la Terre, que nous faisons en quelque sorte corps avec elle. Mais Galilée nous dit qu'on pourrait très bien prendre le projectile

---

* *Op. cit.*

comme référence fixe et qu'alors ce serait la Terre qui se déplacerait* !

Par une ironie de l'Histoire, il sera lui-même « victime » de son principe. Les adversaires de la théorie héliocentrique, qui mettait la Terre au centre de l'Univers, n'en parvenaient pas moins à calculer des trajectoires des planètes, consignées dans des éphémérides qui étaient meilleures que les éphémérides de Copernic**. C'est pourquoi, sur le plan scientifique strict, le débat entre Galilée et les jésuites lors du procès de 1633 fut assez obscur. Car les preuves apportées par les données d'observation n'étaient pas discriminantes.

Einstein, le génie absolu

En 1905 Einstein a vingt-six ans. Il est, nous l'avons dit, employé au service des brevets à Berne. Inconnu de tous, et surtout du Gotha scientifique, il publie alors un article dans lequel il développe ce qu'on appellera la Relativité restreinte. Dans cet article, il s'appuie sur les idées de Galilée mais les étend beaucoup, beaucoup plus loin.

Il y affirme que dès lors que l'on se trouve dans un repère qui se déplace à vitesse constante, ce qu'il appelle un repère inertiel, il est impossible de savoir si le milieu est fixe ou en mouvement.

---

* En fait, avec des mesures très précises, on apercevrait une petite différence.
** Puisque pour calculer une trajectoire par rapport à un point de référence (ici la Terre), il n'y a aucune impossibilité physique ou mathématique !

Chacun de nous a pu éprouver le sentiment de la relativité, par exemple dans un train en gare qui croise un autre train.

Lequel des deux trains est en mouvement ? Lequel est au repos ? Pour lever l'ambiguïté, il nous faut regarder à l'extérieur du système des deux trains en fixant par exemple une maison ou un poteau.

Si nous nous trouvons dans un avion qui vole à vitesse constante, nous pouvons jongler avec deux balles de tennis comme on le ferait à Terre, nous mangeons comme on le ferait sur Terre, la pomme que nous mangeons a le même goût qu'à Terre. En termes savants, cela signifie que les lois de la Physique sont les mêmes dans tout **repère inertiel**. (Ce ne serait plus vrai si l'avion accélérait ou tournait brusquement. Il faut qu'il suive un mouvement uniforme. Un objet tournant n'est pas un repère inertiel*.) C'est le premier principe fondateur de la Relativité restreinte qu'énonce Einstein.

Le second principe est un peu plus difficile à admettre, mais si l'on fait confiance à son raisonnement logique, en laissant de côté l'intuition, ce sera plus facile : Einstein affirme que dans tous les repères inertiels, la vitesse de la lumière est une constante universelle. Comme le dit Édouard Brézin lorsqu'on marche sur un tapis roulant on avance plus vite. Mais lorsqu'on envoie un faisceau lumineux depuis un tapis roulant, il n'arrive pas plus vite. Fascinant, non ?

---

* C'est pour cela que Foucault a pu démontrer de la Terre la rotation de la Terre.

Le raisonnement central

Pour comprendre cela, il faut se souvenir que la lumière se propage dans le vide **sans support matériel** à une vitesse constante dans toutes les directions.

Imaginons l'expérience suivante. Deux avions à même altitude, allant en sens inverse, l'un à vitesse presque nulle, l'autre à très grande vitesse. Ils se croisent ; au moment où ils se croisent, ils émettent ensemble un flash lumineux. Puis, continuant leur route, ils s'éloignent l'un de l'autre.

Comme il n'y a pas de repère absolu, on peut décrire le mouvement relatif de l'un ou de l'autre en supposant l'un ou l'autre au repos. C'est équivalent.

Si l'on veut mesurer la vitesse de la lumière, on aura tendance à penser que dans la mesure faite à partir de l'avion qui passe à grande vitesse, il faudra déduire la vitesse de l'avion de la vitesse de la lumière mesurée. Eh bien, il n'en est rien, puisque le flash a été émis par les deux avions en même temps, et pour mesurer la vitesse de la lumière dans l'avion à vitesse lente nous n'avons besoin d'aucune correction non plus.

En fait, chaque avion a sa propre sphère de lumière qui se dilate avec le temps, puisque la lumière est une onde qui se propage.

On peut arbitrairement décider qu'un des deux avions est immobile et que l'autre est mobile par rapport au premier. Pas mobile par rapport à un repère absolu puisqu'il n'y en a pas !

La situation est totalement différente du cas de deux bateaux, l'un au repos, l'autre en mouvement, et qui jettent au moment où ils se croisent une pierre dans l'eau.

La chute de la pierre donne lieu à une onde qui se propage circulairement à partir du point d'impact. Bien entendu, après un certain temps, le bateau au repos se trouve toujours au centre des « ronds » alors que le bateau en mouvement rapide les dépasse. Les deux bateaux ne sont pas dans la même situation que les deux avions par rapport à la lumière.

Quelle est la différence ?

La différence, c'est qu'il y a un référentiel fixe qui est l'eau. Et cela change tout. Par rapport à ce référentiel, il y a un bateau qui bouge et un autre qui est au repos. Les ondes, elles, se propagent relativement au référentiel qui est l'eau.

Encore une fois, dans l'espace, il n'y a pas de référence fixe, il n'y a pas de repère absolu par rapport auquel on pourrait déterminer ce qui bouge et ce qui est au repos. Tout est relatif. Dans l'espace, le mouvement est une convention par rapport à un repère **qu'on décide** fixe, **arbitrairement**.

Mais encore une fois, le point fixe absolu n'existe pas !

Le Temps est relatif

Nous avons dit que la trajectoire d'une balle lancée verticalement sur un bateau n'était pas la même suivant qu'on l'observe depuis le bateau et ou depuis la berge.

Lorsqu'on fait la même expérience avec un jet de lumière et un miroir placé en haut du mât, il en va de même. La trajectoire de la lumière vue du bateau est un aller-retour vertical. Vue de la berge, c'est un triangle (dont la base est minuscule, puisque la vitesse du bateau est de beaucoup inférieure à celle de la lumière).

Si l'on veut mesurer les distances parcourues par la lumière, on constate qu'elles ne sont pas les mêmes suivant qu'on les mesure du bateau ou de la berge. Dans ce dernier cas, elles sont plus grandes. Or, la distance c'est la vitesse que multiplie le temps, donc la vitesse c'est la distance divisée par le temps. Pourtant, la vitesse de la lumière mesurée de la berge ou du bateau doit être constante.

La seule manière de s'en sortir, c'est d'admettre que le temps mesuré sur le bateau n'est pas le même que le temps mesuré sur la berge.

Le temps mesuré sur le bateau est plus court que le temps mesuré de la berge.

Le temps n'est donc pas, comme on le croit dans la vie courante, une valeur absolue, mais une notion relative. Sa mesure dépend du repère qu'on choisit pour la mesurer.

Si on appelle l'intervalle de temps mesuré sur le bateau t_o, l'intervalle de temps mesuré de la berge pour l'expérience faite sur le bateau s'écrit :

$$t = \frac{t_o}{\sqrt{1 - \frac{V^2}{C^2}}}$$

V = vitesse du bateau et C = vitesse de la lumière*.

Naturellement, le temps se déroule toujours dans un sens, on ne peut espérer regarder dans le passé, et ceci pour une raison essentielle, c'est qu'aucun mobile ne peut avoir une vitesse supérieure à la vitesse de la lumière. La vitesse de la lumière, c'est la vitesse indépassable ! Si on pouvait la dépasser, on pourrait remonter le temps…

On peut aussi montrer très simplement que lorsqu'on mesure une longueur, la longueur mesurée sur un mobile lorsqu'on se trouve sur le mobile est toujours inférieure à la longueur que l'on mesure en observant le mobile d'un point qu'on a décidé fixe.

Dilatation du temps, contraction des distances.

Là encore on peut écrire une formule qui met en place ce fameux facteur $\sqrt{1 - \frac{V^2}{C^2}}$:

$$L = L_o \sqrt{1 - \frac{V^2}{C^2}}$$

Mais, attention, tout ceci, temps ou longueur, ne devient sensible, « visible », que lorsque la vitesse du mobile n'est pas trop éloignée de la vitesse de la lumière. Pour les vitesses ordinaires, l'expression

---

* Pour un hors-bord qui atteindrait 100 km/h, la vitesse de la lumière est si grande que la différence d'écoulement du temps est de l'ordre de 10^{-16} ! Un dix-millionième ! Pas étonnant qu'on ne s'en aperçoive pas.

$\sqrt{1 - \dfrac{V^2}{C^2}}$ vaut pratiquement 1 et il semble donc que rien ne se passe : en fait, on ne peut rien observer. Pour un avion volant à 1 000 mètres à la seconde, cette expression est égale à 0 avec 11 fois le chiffre 9 après la virgule ; seule la douzième décimale a changé !

Mais si les conditions d'application sont si éloignées des situations courantes, comment peut-on vérifier expérimentalement la véracité de cette théorie ?

L'expérience est reine

Oui, l'expérience est reine !

Deux expériences simples ont permis de valider très vite la théorie proposée par Einstein.

D'abord, la célèbre expérience de Michelson et Morley réalisée avant même l'exposé de la théorie d'Einstein, en 1887.

Le but de cette expérience était de montrer que l'éther, ce fameux éther proposé par Christiaan Huygens pour justifier l'idée que la lumière était une onde – et donc qu'elle modifiait un milieu en s'y propageant à la façon d'une onde sonore.

Pour cela, Michelson et Morley ont mesuré la vitesse de la lumière dans la direction du mouvement de la Terre autour du Soleil (100 000 km/h) et dans la direction perpendiculaire. Pour y parvenir, ils avaient mis en place un montage astucieux, dans lequel ils faisaient interférer des rayons de lumière ayant parcouru les mêmes distances. Ils observèrent les franges d'interférences (toujours les interférences) et montrèrent qu'elles étaient identiques, ne se déplaçaient pas en fonction de l'orientation qu'on donnait au montage en le plaçant sur une plate-forme tournante. La valeur restait la même. Bref, il n'y avait pas d'effet induit par le mouvement de la Terre.

La vitesse de la lumière était bien la même dans toutes les directions !

La seconde expérience est celle dite des muons.

Le muon est une particule « élémentaire », moins connue du grand public que l'électron, le proton ou le neutron. Elle est instable et se désintègre avec une durée de vie de 2 microsecondes.

En se propageant presque à la vitesse de la lumière (299 000 km/s), les muons créés dans la haute atmosphère (peu importe comment) ne peuvent parcourir que 600 mètres.

Mais comme ils sont créés à plus de 6 000 mètres d'altitude, au sol, en plaine, on ne devrait pas en recevoir.

Or, on en reçoit, on en détecte, on en mesure au sol !

Ce paradoxe s'explique bien par la Relativité. Car les muons ont, dans notre système d'observation, notre référentiel lié à la Terre, une durée de vie très supérieure à celle mesurée au repos : seize fois plus grande, ce qui leur permet de parcourir 9 500 mètres et donc d'atteindre le sol.

Dans notre système de référence, le muon parcourt 9 500 mètres alors que pour son système de référence, il ne parcourt que 600 mètres !

Sans la Relativité, difficile à expliquer…

Le magnétisme dévoilé !

Le troisième succès de la théorie d'Einstein ne relève pas à proprement parler de l'expérience : c'est l'explication des forces magnétiques.

Le lien consubstantiel établi par Maxwell entre champ électrique et champ magnétique, chacun créant l'autre, mettait en jeu deux types de phénomènes qui apparaissaient liés mais distincts. À l'aide de la Relativité, Einstein ramène les phénomènes magnétiques à des effets électriques relativistes.

Ainsi, à propos de la fameuse expérience des deux fils électriques parallèles dans lesquels circulent deux courants parallèles et qui s'attirent par les forces magnétiques, Einstein démontre que si la neutralité électrique est bien établie dans les deux fils pour un observateur lié au laboratoire, il n'en va pas de même pour chacun des fils qui « voit » l'autre avec un léger décalage électrique. Si l'on prend comme repère les charges négatives d'un conducteur, il va « voir » un léger déséquilibre électrique dans le second par suite de la fameuse contraction des longueurs, etc.

En fait, ce sont ensuite des forces électriques qui s'exercent sur ces petits déséquilibres de charges qui vont faire que les deux fils s'attireront.

Bien sûr, ces effets relativistes sont infimes puisque les électrons ne se déplacent dans un conducteur qu'à des vitesses inférieures au millimètre/seconde, mais comme les forces électriques sont gigantesques…

Songez que le rapport des forces électrique et gravitaire pour un électron est 10^{42}, soit 10 suivi de 42 zéros ! Un tout petit effet (électrique) peut donc avoir des résultats (magnétiques) notables. Tel est l'essence du magnétisme.

Ainsi, nous avons encore progressé dans notre grande marche vers l'unification, force électrique et force magnétique sont de même nature !

Le voyageur de Langevin

Paul Langevin (1872-1946) fut l'un des grands physiciens français. Il fut, au début du siècle, l'un des rares Français défenseurs de la théorie de la Relativité, qu'il chercha à vulgariser de manière efficace.

Dans cette perspective, il inventa une petite histoire.

Soit deux jumeaux de vingt ans. L'un d'eux embarque dans un vaisseau spatial qui va faire un tour dans l'Univers à une vitesse proche de celle de la lumière (disons 80 % de celle-ci). L'autre reste sur Terre, et attend le retour de son alter ego.

Le périple du vaisseau correspond à 40 années-lumière, donc à une durée de cinquante ans (vérifiez que vous me suivez bien ; il n'y a qu'une petite division à faire).

Le jumeau sur Terre aura donc vieilli de cinquante ans au moment du retour de l'autre. Mais le jumeau embarqué a parcouru 60 % et n'a donc vieilli que de trente ans.

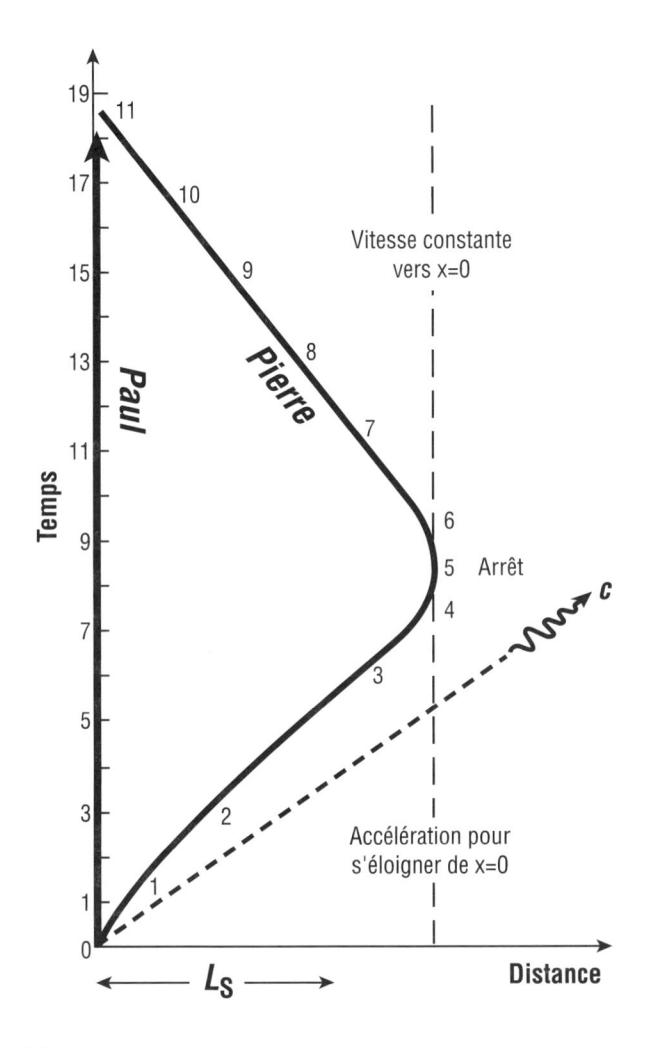

Figure 9.2
Le voyage de Langevin.
Diagramme distance-temps. Pierre voyage, Paul ne voyage pas (dans le référentiel arbitraire que l'on s'est fixé).

Lorsqu'ils se retrouvent à Terre, l'un a vingt ans de plus que l'autre !

En fait, cette histoire, qui en a troublé plus d'un, souffre d'une erreur fondamentale qu'on peut détecter aisément*. En effet, puisque tout est relatif, on aurait pu décider que le vaisseau spatial était fixe et que c'était la Terre qui voyageait à 80 % de la vitesse de la lumière. Le résultat aurait été l'inverse. Or, comment, à partir du même scénario, peut-on avoir dans un cas un jumeau plus jeune, dans l'autre le même jumeau plus vieux ?

En fait, il y a une faille dans le raisonnement.

La Relativité restreinte ne s'applique, nous l'avons dit, que dans des repères inertiels, c'est-à-dire se déplaçant à vitesse constante uniforme. Or, pour faire le voyage, le vaisseau a dû accélérer trois fois. Une fois pour partir, une fois pour atterrir et une fois pour changer de direction, tourner et revenir sur la Terre. Tout cela change le scénario.

On le comprend lorsqu'on représente l'expérience dans ce qu'on appelle l'espace-temps (voir la figure 9.2). On verra qu'au bout du compte, les jumeaux ont vieilli à l'identique (ou presque...) !

De quoi ruiner la fameuse série télévisée américaine *Star Trek* qui, pour être vraisemblable, devrait évoluer avec des vitesses de déplacement proches de celles de la lumière !

Masse et énergie

Avec une logique implacable, sans qu'il soit besoin de recourir à des mathématiques compli-

---

* Erreur qui n'avait pas échappé à Langevin, mais qui cherchait avant tout à frapper les esprits.

quées, on peut poursuivre le raisonnement et l'appliquer cette fois à la masse.

La conclusion est immédiate : la masse d'un objet en mouvement (par rapport à un repère arbitraire) est supérieure à la masse au repos lorsqu'on la mesure par rapport au repère fixe. On peut en déduire vis-à-vis de l'énergie la fameuse formule, promise au succès médiatique que l'on sait : $E = mc^2$ où E est l'énergie, m la masse, et c l'éternelle vitesse de la lumière.

Cette équation établit, non pas que la masse et l'énergie sont identiques, mais qu'il existe un lien si profond entre les deux que l'on peut espérer transformer l'une dans l'autre.

On cherchait quelle était la nature mystérieuse de cette grandeur qu'est l'énergie, on constate que de l'énergie est contenue, confinée dans la masse.

C'est, on le sait, de cette formule que sortira l'énergie atomique. On détruit un peu de masse pour obtenir beaucoup d'énergie, et cela prouve que la vitesse de la lumière élevée au carré est un facteur énorme.

Et puis, dix ans plus tard, en 1915, Einstein résoudra le problème plus difficile de la description des systèmes dans des référentiels non pas en vitesse uniforme, mais en accélération.

L'expérience courante de l'ascenseur nous apprend que lorsqu'il y a accélération, on peut déduire de l'intérieur d'un système qu'il est en mouvement (mais encore une fois, pas quand il est en mouvement constant, uniforme ; si l'on ressent des cahots, des frottements, des vibrations, c'est qu'il y a **accélération**).

Comment appliquer les principes de la Relativité dans ce cas ? Einstein le montrera et cela conduira à revoir entièrement la théorie de la gravitation de Newton et son action sur la lumière. Mais c'est une autre histoire… celle de la Relativité générale*.

Tout est relatif. N'en va-t-il pas de même pour les idées, les opinions, les croyances ? C'est la version « triviale », mais pleine de bon sens, que le grand public a retenue de l'œuvre d'Einstein, comme il s'en était lui-même aperçu.

Dans ces domaines non plus il n'y a pas de repères absolus, il n'y a que des références choisies. On n'estime, on ne mesure, on n'évalue jamais dans l'absolu, mais toujours « par rapport à »… Alors, oui, vraiment, évitons de professer l'absolu !

Tout est relatif…

---

* Que je me réserve d'aborder dans un volume ultérieur… Si j'en ai le courage (et l'aide de mes collègues spécialistes !).

10

Les secrets de la Vie

La Biologie sera LA grande discipline scientifique du XXIᵉ siècle. Contrairement à la façon dont je m'y suis pris pour les autres disciplines, je voudrais explorer la Biologie « à l'envers », en partant de son point focal, là où convergent son passé et son avenir – la structure et l'universalité de l'ADN*.

L'ADN

L'ADN est une molécule, une macromolécule, c'est-à-dire qu'elle est constituée par des milliards d'atomes liés les uns aux autres.

Sa forme est allongée, c'est une sorte de double filament enroulé, deux hélices solidaires comme les deux escaliers du château de Chambord. C'est

---

* Acide désoxyribonucléique.

la fameuse double hélice de l'ADN. C'est la double hélice de la Vie.

Chaque hélice, chaque filament est constitué par un chapelet de molécules plus petites.

On appelle ces molécules constitutives : **les nucléotides**.

Si c'étaient des molécules isolées, les nucléotides seraient déjà considérés comme des molécules complexes. Jugez un peu : chaque nucléotide est constitué par l'assemblage de trois éléments : un sucre, un **phosphate** et une **base**. D'un nucléotide à l'autre, une seule chose varie : **la nature des bases**. Il y a quatre types de base, donc il y a quatre types de nucléotides que l'on nomme par commodité ATCG*. Comme ces nucléotides sont organisés en chaîne, ils se suivent les uns après les autres comme les lettres d'un alphabet ATGATGCTA...

Les lettres de ce message se suivent donc, mais pas toujours dans le même ordre. Cet ordre n'est analogue que pour une même espèce vivante. Chaque espèce a sa séquence et son nombre de lettres spécifique, propre à lui, mais l'architecture de base, c'est-à-dire l'organisation en double hélice, et les lettres sont identiques – oui, les mêmes – pour tous les êtres vivants. De la bactérie à l'éléphant, du champignon à la rose, de l'algue marine à l'homme.

Ces séquences écrites de lettres identiques assemblées dans un « livre » doté de la même

---

* A = Adénine – T = Thymine – C = Cytosine – G = Guanine.

forme, « la double hélice », c'est ce que l'on appelle LE code génétique. Et celui-ci est le même pour tous. LE code génétique c'est un peu comme le morse : celui-ci s'écrit avec des points, des traits courts, des traits longs, des silences. Le code génétique est lui aussi écrit à l'aide de quatre signes. Il est basé sur l'existence de ce qu'on appelle des « codons » c'est-à-dire des triplets de 3 nucléotides. La signification des divers codons est la même pour tous les êtres vivants : c'est cela le sens profond de ce qu'on qualifie l'unicité du code génétique.

Mais pourquoi s'intéresser à cette macromolécule filamenteuse qu'on appelle l'ADN ? Après tout, il existe sans doute dans le corps humain des milliers de molécules complexes aussi intéressantes que l'ADN !

L'intérêt de l'ADN c'est qu'il porte le **code génétique**. Il porte en lui le message de l'hérédité, autrement dit ce qui définit et induit la manière dont les êtres vivants se reproduisent, se développent, se construisent.

Or, la reproduction, pour un être vivant, c'est la Vie.

Un être vivant, qu'il s'agisse d'une algue, d'un homme, d'un insecte ou d'un arbre, a pour propriété essentielle de se reproduire identique à lui-même – ou presque. Ni les pierres, ni les montagnes, ni les artefacts fabriqués par l'homme ne se reproduisent (même les robots ne se reproduisent pas, malgré les efforts et les annonces périodiques du professeur Minsky du MIT). Et toutes les tentatives pour synthétiser la vie en laboratoire se sont jusqu'à présent heurtées à cet obstacle. Jusqu'à présent, aucune molécule synthétique n'est parvenue à s'organiser de manière à se reproduire spontanément, sans aide extérieure.

C'est ce que sait faire l'ADN. L'ADN sait se reproduire, se recopier exactement et en se reproduisant, l'ADN transmet de génération en génération les caractères spécifiques des individus et des espèces.

Suivant les espèces, les molécules d'ADN sont plus ou moins longues, elles sont multiples à cause de la séquence différente des nucléotides qui les constituent, mais quelle que soit leur complexité, elles ont toujours la même structure et le même comportement général.

C'est bien cela qu'ont démontré les fondateurs de la Biologie moléculaire, dont les noms sont désormais gravés dans l'histoire des sciences : Crick, Watson, Monod, Jacob, Brenner et quelques autres. C'est à partir de là que s'est construite toute la biologie moderne.

Revenons un moment sur un aspect fondamental de l'ADN, son caractère de **double** hélice, et insistons à présent sur le mot **double**.

En effet, sur chaque hélice nous trouvons une grande séquence écrite avec les quatre lettres mais les deux séquences de chaque ADN ne sont pas parfaitement identiques. Ces deux hélices ne sont pas indépendantes, elles sont complémentaires. A fait face à T, G fait face à C. Toujours. C'est l'ensemble des deux hélices qui porte le message génétique, pas une seule hélice qui serait dupliquée à l'identique. Ces deux hélices sont liées entre elles par des forces atomiques « faibles », les ponts à Hydrogène que nous avons évoqués au chapitre 1. Ces ponts à Hydrogène assurent la cohérence de l'ADN, mais dans certaines circonstances, ils peuvent se rompre, les deux brins peuvent alors se séparer et suivre ainsi chacun sa propre vie. C'est cette dissociation qui est fondamentale – et l'on pourrait presque dire « magique ».

C'est le cas au cours de la **reproduction cellulaire** ou **sexuée** (voir la figure 10.1).

Il nous faut introduire ici un concept essentiel à la Biologie (qui a précédé la découverte de l'ADN et de sa structure) : celui des chromosomes.

Chaque chromosome est constitué d'une molécule d'ADN complète munie de sa double hélice, entouré d'une enveloppe de protéines. Ces chromosomes marchent par deux (deux doubles hélices) ; l'un provient du père, l'autre de la mère. Grâce à la double hélice de l'ADN, ces chromosomes peuvent se dupliquer, c'est-à-dire fabriquer des doubles.

Lors de la reproduction sexuée, les choses sont plus complexes.

Tout commence comme une reproduction cellulaire. Les molécules d'ADN se répliquent, semblables à elles-mêmes, mais il se produit ensuite un phénomène essentiel : la dissociation chromosomique.

Au lieu d'avoir deux chromosomes, à l'instar des cellules ordinaires, les cellules sexuelles n'en ont plus qu'un. Et c'est lors de la fécondation que la dualité chromosomique se reforme, mais avec un chromosome venant de la mère, et un venant du père. Et ceci pour tous les types de chromosomes.

Cela signifie que, pour l'homme qui a 23 paires de chromosomes, le phénomène se produit 23 fois, mais simultanément. Ce brassage, déjà considérable, augmente encore quand ces chromosomes appariés échangent des fragments d'ADN. Ainsi, sur un même chromosome, et sur une même double hélice d'ADN, on trouve des fragments venant du père et des fragments venant de la mère. Les différentes combinaisons possibles lors de ces processus sont proprement inimaginables. Et dans tous ces processus, la « plasticité » de l'ADN joue un rôle majeur.

Dans le cas de la **reproduction cellulaire** (encore appelée asexuée), où une cellule vivante donne naissance à deux cellules filles, chaque brin se dédouble, deux doubles hélices identiques vont donc se retrouver dans chaque nouvelle cellule. L'ADN se reproduit ainsi à l'identique, de cellule en cellule.

À Cambridge de 1951 à 1953

Un jeune biologiste américain, James Watson, débarque dans le laboratoire Cavendish, l'un des plus prestigieux des laboratoires de Physique du monde. Que vient-il y faire, lui le jeune biologiste ? Ne s'est-il pas égaré chez les physiciens à l'occasion de son stage post-doctoral ?

Le laboratoire Cavendish est alors dirigé par l'un des monuments de la Science mondiale, Sir

Lawrence Bragg. Il a reçu le prix Nobel de Physique, partagé avec son père, pour avoir découvert la manière dont les rayons X permettent de déchiffrer la structure des molécules et des cristaux. Depuis qu'il est directeur du Cavendish (où il a succédé à Ernest Rutherford), Bragg a décidé d'orienter les recherches vers la détermination des structures des grosses molécules qui constituent le vivant. Il a l'intuition (juste) que les grandes avenues de la science vont s'ouvrir en Biologie !

James Watson ne comprend pas grand-chose à cette cristallographie, discipline ardue et très technique, mais il a une conviction intime, c'est que les chromosomes sont constitués par de l'ADN et non par des protéines comme on le pense généralement à l'époque. Et il veut déterminer la structure de l'ADN pour percer, dit-il, « le secret de la Vie », et le Cavendish lui paraît être le lieu idéal pour réaliser ce projet.

Quelques années plus tôt, en 1944 exactement, un groupe de biologistes de l'Université Rockefeller animé par Oswald Avery avait avancé l'idée que les gènes sont constitués d'ADN. Mais cette hypothèse n'avait pas beaucoup retenu l'attention. Watson, lui, au sortir de sa thèse, est convaincu qu'Avery et ses collègues ont raison.

Il débarque à Cambridge et convainc vite un éternel étudiant, Francis Crick, physicien, toujours en préparation de thèse, de réfléchir avec lui à la structure de l'ADN. Comme on le sait aujourd'hui, cette collaboration va être extrêmement féconde.

À la même époque, non loin de là, à Londres, au King's College, un autre cristallographe, Maurice

Wilkins, travaille avec une jeune physico-chimiste du nom de Rosalind Franklin. Wilkins a publié des clichés de rayons X d'ADN, mais est incapable d'en déduire une structure précise, opération qui est loin d'être simple dès lors qu'on a affaire à de très grosses molécules.

Watson et Crick rendent visite à Wilkins et Franklin, discutent avec eux, sans parvenir à les convaincre d'engager une véritable collaboration pour tenter de déchiffrer la structure de l'ADN, mais en se promettant de rester en contact.

De retour à Cambridge, Crick, sous la stimulation constante de Watson, s'attaque au problème cristallographique, c'est-à-dire à l'interprétation des clichés ramenés de chez Wilkinsy, en déployant cette imagination flamboyante dont il fera preuve tout au long de sa vie, mais aussi une extraordinaire expertise technique en cristallographie.

L'idée d'hélice était dans l'air. Lawrence Bragg l'avait évoquée à propos de la structure de certaines protéines. Linus Pauling, le grand maître de la Chimie moderne, avait déjà construit un modèle d'ADN doté d'une hélice unique. Crick montra que les clichés de rayons X pouvaient s'interpréter à partir d'une structure en hélice mais double. (Il semble que Rosalind Franklin était arrivée à la même conclusion par des voies différentes.)

Parallèlement, Crick et Watson commencèrent à construire un modèle de molécule ayant la forme d'une double hélice. C'était une sorte de lego où les éléments moléculaires essentiels étaient liés par deux fils de fer en forme de double hélice. La difficulté, c'était d'y placer les nucléotides de telle manière qu'ils occupent l'espace de façon compacte et harmonieuse et que les deux hélices aient entre elles des liaisons chimiques à Hydrogène afin d'assurer la solidarité de l'en-semble. L'astuce et l'imagination étaient essentielles à la réussite de cette entreprise : or, ni Crick ni Watson n'en manquaient. Ce fut la raison profonde de leur succès.

Le modèle de molécule une fois réalisé, il fallait encore qu'il soit compatible avec les clichés de rayons X de plus en plus précis qu'obtenait Maurice Wilkins – et surtout Rosalind Franklin.

Discutant entre eux, mais aussi avec leurs collègues chimistes du campus de Cambridge, avec les spécialistes de rayons X, et sans nul doute aussi avec Bragg, tâtonnant, explorant, modifiant sans cesse leur modèle, bref, grâce à un bricolage tenace, Watson et Crick parvinrent à réaliser leur structure moléculaire et à la rendre compatible avec les images des rayons X. C'est ce bricolage génial qui débouchera finalement sur la structure de l'ADN.

Dix ans après Crick, Watson et Wilkins recevront ensemble le prix Nobel de Biologie, Physiologie et Médecine. À cette date, Rosalind Franklin était morte d'un cancer. On a beaucoup écrit sur le rôle réel de Rosalind Franklin. Le féminisme aidant, on en fit une victime. Mais les faits sont plus simples : si Rosalind Franklin avait vécu, elle aurait sans doute partagé le prix Nobel de Chimie avec Maurice Wilkins, laissant le prix Nobel de Physiologie et Médecine à Crick et Watson. Il ne fait pas de doute que ni elle ni Wilkins ne mesuraient l'importance de la structure qu'ils étudiaient – et surtout les implications de leurs découvertes. Mais ils étaient de fort bons cristallographes, parmi ceux qui, les uns après les autres, reçurent des prix Nobel en série, chacun pour une molécule différente. Ces récompenses traduisent l'influence exagérée de Bragg. Crick et Watson ont « utilisé » Wilkins et Franklin sans aucun doute, mais la suite l'a prouvé, ils étaient les vrais novateurs !

L'extraordinaire succès de cette structure de l'ADN ne doit pas surprendre, même s'il a fallu cinq ans pour bien l'apprécier. Il s'explique par le fait qu'elle permettait de rapprocher, de fusionner deux chapitres de la Biologie : la théorie de l'évolution proposée par Lamarck puis Darwin, la science de l'hérédité qu'avait inventée Gregor Mendel, la théorie cellulaire dérivée des travaux de Virchow, la théorie du développement et l'Embryologie, la Chimie biologique (qui cherche à définir le vivant en termes chimiques).

D'un seul coup, tout est réuni en une synthèse magistrale grâce à cette double hélice logée chez tous les êtres vivants au cœur même des cellules, dans leur noyau, dans toutes leurs cellules. C'est incroyable et c'est pourtant décisif.

Car, non seulement cette double hélice rapproche les concepts de diverses sous-disciplines biologiques qu'on croyait distinctes, mais elle fournit aussi à chacune d'entre elles des réponses à certaines questions cruciales.

L'évolution

La théorie de l'évolution des espèces est sans doute la théorie scientifique la plus connue : « L'homme descend du singe. Nous sommes tous de lointains descendants de la bactérie. » C'est elle aussi qui a suscité le plus de débats houleux, sous toutes les latitudes, avec les autorités religieuses les plus diverses.

En même temps elle est la théorie éponyme, le cœur, l'épine dorsale, le cadre général ultime des sciences du vivant.

À cette théorie, l'ADN apporte un élément de preuve absolu. Car tous les êtres vivants, de la bactérie à l'éléphant, de l'algue bleue à la rose, de la limnule à l'Homme, tous voient leur patrimoine génétique codé dans ces doubles brins d'ADN. Certes, les ADN n'ont pas la même longueur, les doubles brins (chromosomes) sont plus nombreux et compliqués chez l'Homme que chez la bactérie (l'ADN de l'Homme possède 3,5 milliards de nucléotides, de « lettres », organisés dans 46 chromosomes, celle de la bactérie 2 millions de nucléotides et un seul chromosome), mais il s'agit *toujours* d'ADN. Lorsqu'on sait l'extraordinaire complexité moléculaire que représente l'ADN, lorsqu'on mesure la délicatesse et la fabuleuse machinerie de précision dont il témoigne, il est impossible d'imaginer que des générations spontanées de lignées différentes, de séquences de réactions biochimiques séparées, aient pu déboucher sur une structure commune aussi complexe et aussi semblable. Et d'ailleurs tous les calculs de probabilité, tout le travail d'expérimentation des chimistes accumulé depuis deux siècles concluent à l'identique : il est impensable que la nature ait pu fabriquer séparément de l'ADN à travers plusieurs processus différents !

Au niveau de la molécule, autrement dit au niveau fondamental, nous sommes donc tous issus du même moule fondamental, l'ADN, créé en une fois, en un seul moment, en un seul lieu – il y a déjà fort longtemps...

L'ADN c'est le dénominateur commun, le gardien, le témoin, le symbole, l'architecte, le moteur de ce qui reste encore aujourd'hui le plus grand mystère de la Science : la Vie, et le plus solide argument pour cette théorie évidente dans sa généralité et encore incomprise dans ses modalités : l'évolution.

On attribue généralement cette théorie à Darwin, nous la ferons remonter, pour notre part, à Lamarck.

Lamarck et Cuvier

Jean-Baptiste Lamarck (1744-1829) est sans aucun doute l'un des plus grands professeurs qu'ait jamais eus le Muséum d'histoire naturelle. C'est lui qui inventa le mot **Biologie**, c'est-à-dire le concept selon lequel tout ce qui est vivant relève d'une même logique (*La Logique du vivant* est le titre d'un bel ouvrage de François Jacob*).

---

* François Jacob, *La Logique du vivant*, Paris, Gallimard, 1996.

À partir de là, il émit l'idée que tous les êtres vivants, dans leur formidable variété, dérivent les uns des autres suivant une filiation complexe. C'est là l'idée même de **la théorie de l'évolution**.

Ces deux idées fondamentales, Jean-Baptiste Lamarck les a conçues, ou plutôt les a exprimées formellement à l'occasion d'un cours public qu'il donna au Muséum autour de 1793.

Lamarck, dont l'activité scientifique s'était jusque-là concentrée sur les plantes, venait d'être élu à la chaire de Zoologie du Muséum d'histoire naturelle, domaine dont a priori il n'était pas spécialiste. Pour construire son cours, il partit tout naturellement de ce qu'il savait des plantes. Il rechercha les analogies, les ressemblances, les affinités entre plantes et animaux, et, de fil en aiguille, parvint à cette idée d'unité du vivant – puis d'évolution.

Georges-Louis Cuvier (1769-1832) était le contemporain de Lamarck, lui aussi professeur au Muséum d'histoire naturelle.

Ses spécialités étaient la paléontologie et l'anatomie comparée des vertébrés. Il devait son succès et sa gloire (qui durent toujours) au fait qu'il avait déterminé l'allure que devait avoir la sarrigue fossile de Montmartre à partir de l'étude de quelques os fossiles épars. Or, lorsqu'on retrouva le squelette entier de ce petit rongeur, ce fut un triomphe pour lui : il l'avait vraiment décrit (et dessiné !) avec une assez bonne précision.

Passé ce succès, Cuvier avait étudié les strates géologiques du Bassin de Paris, et plus précisément les fossiles qu'elles contenaient. Il avait noté l'existence de changements brutaux dans la nature des fossiles au fur et à mesure que le temps passait (de bas en haut bien sûr, puisqu'une couche géologique qui en recouvre une autre est plus jeune. À ses yeux, cela témoignait de la survenue de catastrophes qui, périodiquement, détruisaient faunes et flores. Dieu recréait alors de nouvelles espèces et le cycle recommençait jusqu'à la destruction suivante.

Lamarck interprétait les observations de Cuvier tout autrement.

Pour lui, ces changements dans la nature des fossiles étaient la preuve de l'évolution des espèces, de leurs transformations les unes dans les autres, graduellement, tout au cours des temps géologiques.

Du coup Cuvier se mit à détester Lamarck et à le combattre avec toute l'énergie dont il était capable.

Or, Cuvier était très puissant. Il était même sans aucun doute l'un des scientifiques français les plus puissants de l'époque.

Cuvier entrava ainsi toute la carrière de Lamarck, qui finit sa vie pauvre et ignoré (à l'époque, les savants vivaient de pensions et de subsides publics). Il n'eut pas droit à sa rue autour du Jardin des Plantes, comme les Buffon, les Cuvier, les Geoffroy Saint-Hilaire et autre Jussieu. Heureusement, la Troisième République le réhabilita. Elle lui érigea une statue au Jardin des Plantes et lui donna une belle et longue rue dans le XVIIIe arrondissement de Paris ! Mais Cuvier avait atteint son but : Lamarck passa aux oubliettes de l'Histoire (avec, il est vrai, l'aide efficace des Anglais).

Que reproche-t-on au chevalier Jean-Baptiste de Lamarck pour lui refuser le titre de père de la théorie de l'évolution ?

Pour Lamarck, l'évolution des espèces s'opère sous l'influence de deux facteurs : une tendance générale au perfectionnement, qui serait une caractéristique naturelle de la matière vivante, et l'adaptation au milieu. Mais pour Lamarck, cette adaptation est héréditaire. La girafe mange les feuilles des grands arbres, donc elle tend le cou, ce dernier s'allonge et de génération en génération il devient de plus en plus grand.

C'est ce que l'on appelle, en termes savants, l'« hérédité des caractères acquis ». Or, les développements ultérieurs de la Biologie ont conduit à montrer que c'était impossible. Une population de souris auxquelles on coupe la queue ne donne pas naissance à des souris sans queue !

En langage ADN, on dirait que les caractères codés dans l'ADN se transmettent, ceux qui sont acquis hors ADN meurent avec l'individu.

L'ADN est ce qu'on appelle le **Germen**, la constante de la ligne germinale, le reste des êtres vivants est le **Soma**, la partie qui disparaît de l'histoire avec la mort de l'individu.

L'ADN est immortel, il se transmet de génération en génération, le reste est mortel. Lamarck avait postulé l'hérédité pour le Soma. Lourde erreur ! Et Darwin alors ? Celui à qui tout le monde attribue la paternité de la théorie de l'évolution ? A-t-il été plus clairvoyant ?

Charles Darwin (1809-1882)

Nullement. Qu'a dit en effet Darwin ? Sa théorie de l'évolution est certes plus complète, mieux argumentée, mieux exposée que chez Lamarck, mais quelles en sont les différences fondamentales ? Il a cru, lui aussi, comme Lamarck, que l'hérédité des caractères acquis et l'adaptation au milieu étaient les facteurs essentiels de l'évolution, il a cru à l'hérédité du **Soma**, mais il y a ajouté un facteur supplémentaire et essentiel : **la sélection naturelle.** La Nature sélectionne les plus aptes, dit-il. Ceux qui se procurent la nourriture mieux que les autres, ceux qui séduisent les femelles mieux que les autres – et donc ont une plus grande chance d'assurer la transmission de leurs gènes –, ceux dont la couleur, la taille ou l'allure sont les mieux adaptées au milieu. La sélection a lieu sur le **Soma**, ce qui entraîne la sélection du **Germen** correspondant. On a beaucoup dit que cette idée de sélection naturelle selon Darwin fut empruntée par lui à Malthus. Pourtant, rien n'est prouvé, comme le dit Ernst Mayr. Quoi qu'il en soit, il est évident que Darwin fut un grand homme.

Darwin est quelqu'un de courageux, qui écrit bien, qui a l'esprit clair et est doué d'une culture encyclopédique. Géologue, zoologiste, paléontologue, il a beaucoup voyagé, notamment à l'occasion de la fameuse croisière sur le *Beagle*, autour du Monde. Il recourt à des arguments multiples, empruntés tant à la Paléontologie qu'à la Biogéographie (la fameuse faune des îles Galapagos, les faunes d'oiseaux sur les îles). Son livre est merveilleusement documenté et argumenté.

Suscite-t-il une polémique avec l'Église anglicane ? Il en souffre beaucoup, mais il ne cède pas un pouce de terrain sur le plan des idées ; ses amis vont d'ailleurs le défendre avec fougue, Thomas Huxley entre autres. Il est fustigé, menacé, réprouvé… mais il tient bon. Un de ses jeunes contemporains, Wallace, défend indépendamment la même théorie, ou presque, que lui. Ils vont bientôt s'épauler mutuellement et faire face. Darwin persiste donc et écrit même un livre sur l'origine de l'Homme. L'Homme descend d'un singe, dit-il. Émoi dans la bonne société victorienne.

Et puis, Darwin appartient à la fameuse Université de Cambridge, où il a fait ses études. Quand on a du talent et qu'on est de Cambridge, on n'a pas de souci à se faire pour que son talent soit reconnu ! C'est vrai encore aujourd'hui. À Cambridge, même les polémiques entre professeurs sont mises à profit au plus grand bénéfice des uns et des autres.

Mais à lire Darwin aujourd'hui, on ne peut que déplorer qu'il n'ait pas lu Mendel, le père de la génétique (1822-1884). Pourtant le livre de Mendel date de 1865, ceux de Darwin s'étalent de 1858 à 1871.

On ne peut que le regretter, car la théorie de Darwin souffre cruellement de l'absence de cette merveilleuse science biologique qu'est la Génétique.

La Génétique

Tout le monde ou presque se souvient de ce moine tchèque, Gregor Mendel, qui, dans son jardin, croise des pois de senteur et en observe le résultat.

Lorsqu'on croise des pois de senteur verts et jaunes, tous les pois de la première génération sont jaunes.

Lorsqu'on croise ces pois de première génération entre eux – ils sont donc jaunes –, les trois quarts des pois ainsi produits sont jaunes, mais un quart est vert.

Mendel en déduit que les pois de première génération possèdent le double caractère jaune-vert mais que parce que le jaune domine le vert, seul ce caractère apparaît. Lors de la fécondation, cependant, ces deux caractères se dédoublent et se recombinent, ce qui conduit à quatre possibilités, comme l'indique le schéma ci-après. Comme, dès lors que le caractère jaune est présent, il s'exprime (il domine), dans trois cas la fleur produite à la génération suivante est jaune. Seule celle qui possède le double caractère vert-vert apparaît elle-même verte.

Bref, les pois de seconde génération résultent de la combinaison jaune-vert.

De la même manière, si l'on provoque le « croisement » de deux personnes qui ont les yeux bruns mais qui portent le caractère brun-bleu, un quart seulement des enfants auront les yeux bleus, car le caractère « yeux bruns » est dominant sur « yeux

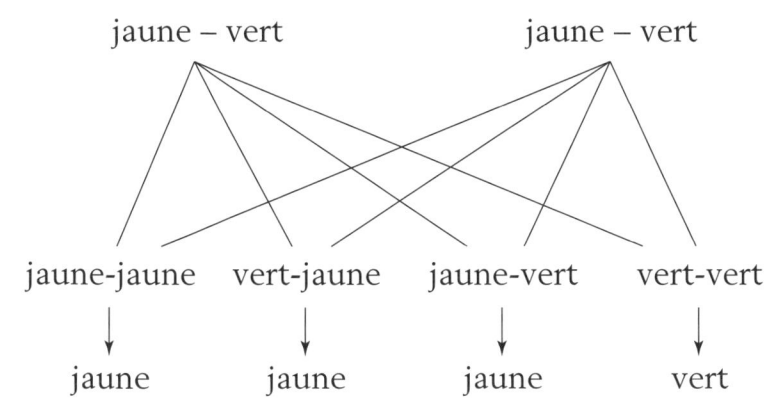

```
       jaune – vert              jaune – vert
```

jaune-jaune	vert-jaune	jaune-vert	vert-vert
↓	↓	↓	↓
jaune	jaune	jaune	vert

bleus ». En revanche, si les deux parents ont les yeux bleus, les enfants auront forcément les yeux clairs. En effet, chaque parent est nécessairement doté du caractère double bleu-bleu, et aucune variante dans la descendance n'est dès lors possible : toutes les combinaisons sont « bleu-bleu ».

Ces expériences de Mendel, fondatrices de la Génétique, s'expliquent bien sûr merveilleusement par la dualité des chromosomes formée de la double chaîne d'ADN. Lorsque les deux cellules s'assemblent pour donner un œuf fécondé, la dualité chromosomique se reconstitue, l'un venant du père, l'autre venant de la mère. Cet assemblage est suivi, on l'a dit, d'échanges de brins d'ADN entre les paires de chromosomes. Chaque suite de nucléotides porte sa double série de caractères, ceux qui sont dominants sont les seuls à s'exprimer et donc à apparaître chez l'individu (qu'ils viennent du père ou de la mère).

Mais lorsque cet individu se reproduira à son tour, les mêmes mécanismes auront lieu, fabriquant ainsi, de génération en génération, des ADN dont les brins seront d'origines extrêmement variées. Ces phénomènes pourront se mesurer par le seul calcul des probabilités.

Tout cela peut se calculer grâce aux formules mathématiques des combinaisons. La Génétique apparaît donc comme une discipline rigoureuse obéissant à des règles précises, mathématisables et relevant du calcul des probabilités, comme l'avait affirmé Mendel.

Pourtant, lorsque Mendel fait sa première conférence à Brno en 1865, puis publie son livre, personne ne fait attention à son travail.

Il faudra attendre cinquante ans (la même mésaventure arrivera à Wegener pour la dérive des continents !) pour que son travail soit sérieusement pris en compte. Ce sera le premier mérite de De Vries.

Comme l'écrit François Jacob : « Comment dire alors que l'esprit humain n'attend que des idées nouvelles pour s'en emparer et les exploiter ? » L'esprit humain n'aime pas la nouveauté lorsqu'elle est trop originale.

Dans la pratique, pour les animaux supérieurs, les choses sont un peu plus compliquées. Car si l'ADN porte le message codé de l'hérédité, il ne le porte pas sur une seule double hélice d'ADN. Disons que le message de l'hérédité, écrit sur l'ADN, sorte de parchemin universel, est écrit en plusieurs volumes.

Ainsi, le message héréditaire humain est écrit en 46 volumes, 46 doubles hélices d'ADN.

Ces doubles hélices d'ADN, ces volumes qui contiennent les secrets de l'hérédité, s'appellent, on l'a dit, **les chromosomes**. Comme un livre dispose d'une couverture qui le protège, l'ADN est protégé par une couverture de protéines*. Plus encore, chaque livre, chaque ADN, est lui-même structuré. Il contient des chapitres, séparés par des feuilles blanches. Ces chapitres dans lesquels sont consignées quelques recettes héréditaires seulement s'appellent les gènes. Chaque chromosome porte donc un certain nombre de gènes, les uns suivant les autres séparés par des séquences qui ne portent pas de message, qui sont autant de pages blanches et qu'on appelle en langage savant des introns.

Tout cela est écrit bien sûr avec les quatre nucléotides, les quatre lettres AGCT. Bref, on peut dire que la bibliothèque biologique est écrite à l'aide d'un alphabet de quatre lettres, qu'elle est organisée en livres chromosomiques et en chapitres génétiques.

Lors de la reproduction sexuée, chaque ADN, donc chaque chromosome, se scinde en deux.

La reproduction, c'est comme la photocopie. Lorsqu'il s'agit de reproduction cellulaire, interne à chaque individu, la photocopie du livre est complète. Lorsqu'il s'agit de la reproduction sexuée, on photocopie séparément les pages paires et les pages impaires. On reconstituera le livre avec les pages paires venant du père, les pages impaires venant de la mère. Un nouveau livre, un nouveau message !

Après la reproduction, la bibliothèque va se reconstituer, mais elle ne sera pas identique à celle

---

* C'est pourquoi on a longtemps cru que l'hérédité était portée par les protéines.

des parents bien sûr. Chaque volume, chaque chapitre sera une combinaison originale et unique des caractères du père et de la mère. Un nouveau message, un nouvel individu, une nouveauté ? Comme il y a beaucoup de messages, le petit jeu de combinaisons des pois de Mendel se rejoue autant de fois qu'il y a de chromosomes, et ça va devenir très vite très compliqué. Car si un chromosome vient du père et un autre de la mère, après s'être associés ces chromosomes vont s'échanger des bouts d'ADN si bien que dans la paire de chromosomes, chacun d'eux portera à la fois des bouts d'ADN (donc des messages) du père et de la mère. Ce phénomène existe pour toutes les paires de chromosomes d'un individu.

Chaque ADN sera ainsi constitué par une double hélice dont chaque brin contient des segments venus du père, et des segments venus de la mère.

Pourtant, dans cette mécanique bien huilée, de temps en temps, il se produit des accidents, des erreurs d'aiguillage, des erreurs de photocopie des pages du livre. Car ne l'oublions pas : tout cela est fait de molécules, elles-mêmes faites d'atomes, et il y a des milliards de milliards d'atomes qui doivent trouver leur place exactement là où il faut. Pas étonnant si de temps en temps, au cours de ces réactions moléculaires que sont les duplications et associations d'ADN un atome se retrouve au mauvais endroit.

Le message héréditaire en sera altéré.

Cela fait que, dans une même espèce, les individus sont tous différents, ou qu'à l'échelle de l'individu, certains organes sont particuliers. C'est la

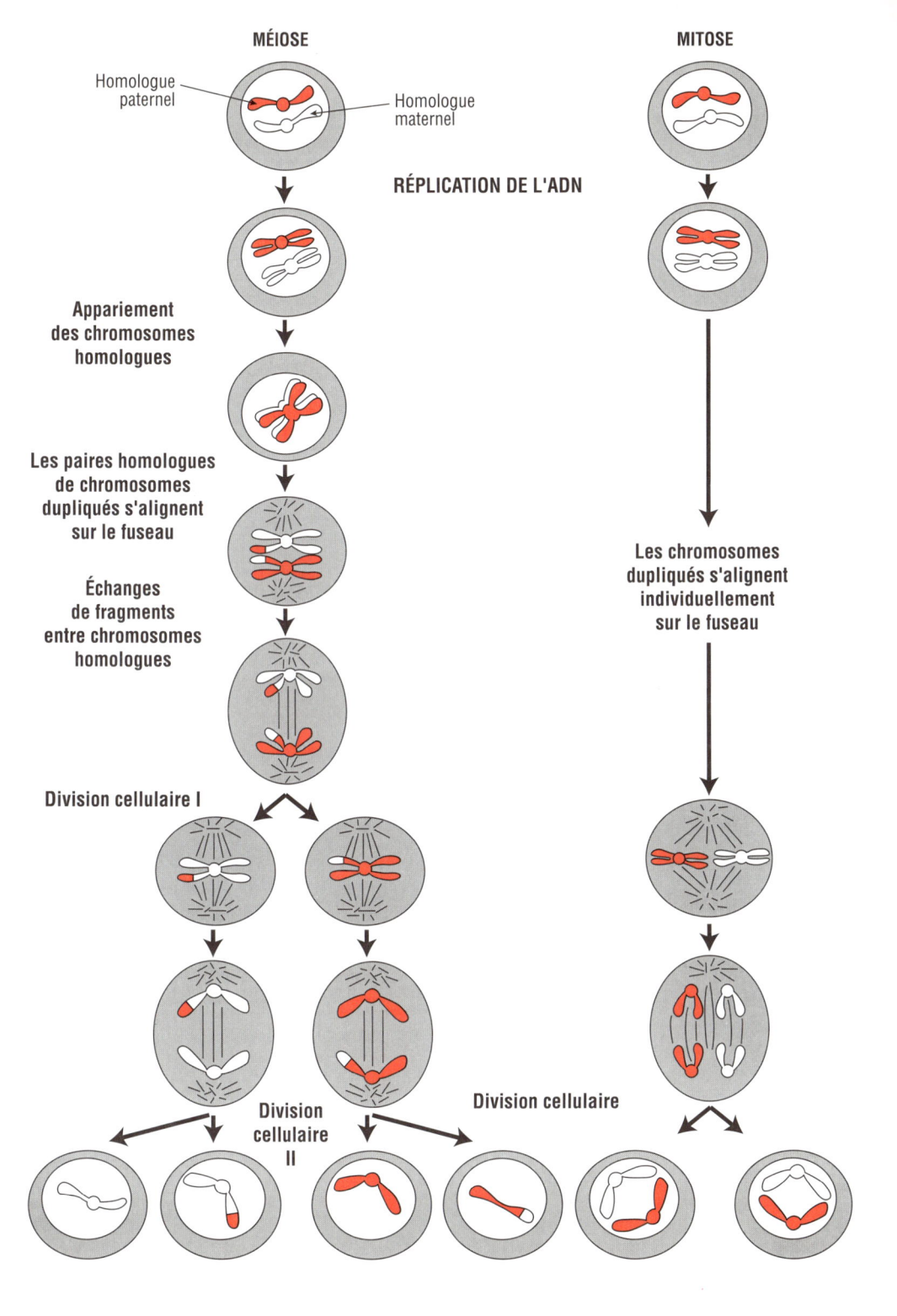

Figure 10.1
Schéma montrant la division cellulaire, d'après N. Le Douarin.
À gauche, dans le cas de la reproduction sexuée (méiose).
À droite, dans le cas de la reproduction cellulaire (mitose).
Les chromosomes sont les objets allongés, formés chacun par une double hélice.

source de la variété biologique qui fait que deux individus d'une même espèce ne sont jamais identiques. « Tous parents, tous différents*. » Mais les modifications, les erreurs de photocopie peuvent être parfois très profondes et altérer complètement le message. On a alors affaire à ce qu'on appelle **une mutation**, un changement tellement important qu'il ne s'agit plus de fabrication d'un nouvel individu mais d'une nouvelle variété ou, plus rarement, d'une nouvelle espèce.

Mutations

C'est le Hollandais De Vries qui, au début du XXe siècle, alors qu'il renoue avec les expériences de Mendel et les redécouvre avec ravissement, a cette intuition géniale : la reproduction des espèces ne se produit pas toujours en vertu des règles de Mendel. De temps à autre, surgit soudainement un nouveau caractère inconnu chez les parents. Ce changement brusque, il l'appelle mutation.

Quelques années plus tard, l'Américain Morgan, utilisant la mouche du vinaigre, la drosophile, qui se reproduit très vite et permet donc d'expérimenter « facilement », provoque artificiellement des mutations en soumettant la mouche à des rayons X ou des rayons ultraviolets.

La découverte des mutations donne la clef, le moteur, la cause des changements d'espèce, donc de

---

* Titre d'une excellente exposition de Jean-Pierre Langaney au Musée de l'Homme.

l'évolution. Cette cause ultime que ni Lamarck ni Darwin n'avaient découverte. L'hérédité des caractères acquis est définitivement enterrée. Elle n'est plus nécessaire. Le moteur de l'évolution, ce sont les mutations. Elles sont quelconques et aléatoires, fruit du hasard, elles font apparaître de nouveaux caractères, de nouveaux individus, de nouvelles familles d'individus lorsqu'elles sont légères, mais aussi de nouvelles espèces lorsqu'elles sont très importantes.

Et c'est à partir de ce jeu du hasard que la sélection naturelle va choisir, sélectionner les plus aptes, les plus compétitifs. Cette fois-ci, l'évolution biologique tient sa théorie. On l'appellera le néodarwinisme, la synthèse entre la théorie de l'évolution et les lois de la génétique, la combinaison mutation-sélection, ce que le grand biologiste moléculaire Jacques Monod traduira par une formule qui a traversé le temps : **le Hasard et la Nécessité.**

L'ADN permet immédiatement de comprendre les mutations, comme on l'a dit. Ce sont des « accidents » moléculaires profonds survenus lors de la réplication de l'ADN, à l'occasion de la reproduction sexuée. Lorsque les accidents sont mineurs, je l'ai dit, ils fabriquent la variété, lorsqu'ils sont profonds, ils donnent de nouvelles espèces que la sélection naturelle va conserver ou éliminer, ne laissant subsister que les plus aptes, les plus adaptés.

La cellule, « atome » biologique

Au XIXe siècle, un médecin allemand du nom de Virchow* découvre un fait fondamental : tous les êtres vivants sont constitués de cellules. « Tout animal apparaît comme la somme d'unités vitales dont chacune porte en elle tous les caractères de la vie », écrit Virchow. C'est l'affirmation de l'unité du vivant qu'avait défendue Lamarck, mais c'est aussi une affirmation prophétique.

Car Virchow ne savait pas que toutes les cellules d'un être vivant portent en leur sein l'ADN complet de l'animal ou de la plante dont ils sont le constituant élémentaire. Si, par exemple, on déroulait tous les filaments d'ADN contenus dans les 100 milliards de cellules d'un unique être humain et qu'on les mette bout à bout, on aurait une ficelle dont la longueur serait plus grande que la distance de la Terre à la Lune. Dans chaque cellule se tient le plan complet qui permet de refabriquer tout l'être vivant. C'est essentiel, fondamental, c'est la grande originalité de la Vie.

Une cellule comporte une membrane – c'est la frontière entre la cellule et son monde extérieur –, en général un noyau, et puis des organites (mot savant pour désigner de petits composés identifiables) nageant dans une matière albumineuse semi-liquide, le protoplasme (ou cytoplasme). Tels

---

* Rudolf Virchow (1821-1902), professeur de Médecine à Berlin, inventeur de la Biologie cellulaire, puis leader du Parti progressiste opposé à Bismarck.

sont, par exemple, les mitochondries et les ribosomes. Ces cellules sont agglomérées les unes aux autres par des forces encore mystérieuses et ces associations de cellules donnent des tissus. On parle de tissus osseux, de tissus nerveux, musculaires, etc. Ce qui veut bien dire qu'il existe plusieurs types de cellules comme il existe plusieurs types d'atomes. Le corps humain possède en tout 100 milliards de milliards de cellules, mais « seulement » 70 types de tissu.

Au début du siècle, Weismann affirme que c'est le noyau des cellules qui porte le facteur de l'hérédité cellulaire. C'est le noyau qui gouverne la cellule et sa reproduction. Johannsen va alors prononcer le mot de gène, l'unité élémentaire de l'hérédité. Profitant du progrès du microscope et des études cellulaires, on identifie au sein du noyau des cellules des petits bâtonnets flexibles qu'on va appeler chromosomes* (car, ils peuvent être colorés par des colorants dans les préparations de cellules).

On se concentre alors sur l'observation des chromosomes. On les compte pour chaque espèce. Ils vont par paires. Le nombre de paires de chromosomes semble spécifique pour chaque espèce. On observe leur comportement à l'occasion de la reproduction cellulaire : lorsqu'une cellule se scinde en deux pour donner naissance à deux cellules, lors de la reproduction sexuée, lorsqu'un spermatozoïde s'allie à un ovule pour donner un œuf fécondé, etc.

---

* *Chromos* veut simplement dire « couleur » en grec, et *soma* : corps, objet.

On constate que les chromosomes se dédoublent lors de la multiplication cellulaire, mais qu'ils se combinent lors de la fécondation.

Poussant plus loin le modèle de Génétique cellulaire, on propose alors que les chromosomes sont les porteurs des gènes (les fameux gènes héréditaires).

Ces découvertes renforcent la perspective tracée par Weismann : c'est lui qui distingue chez les êtres vivants ce qui est périssable, visible mais non transmissible, et qu'il appelle le **Soma** (qui donnera l'adjectif somatique), de ce qui est invisible, caché au cœur des cellules dans le noyau, mais qui se transmet de génération en génération et qu'on appelle le **Germen**.

À tout cela la double hélice donne un sens, on l'a déjà dit. Répétons-le.

Le chromosome, c'est une longue double chaîne d'ADN.

Sur cet ADN sont disposées les associations de nucléotides les uns à côté des autres ATGC… AGC… Ce sont, nous le savons, les lettres de l'alphabet génétique. Les séquences de quelques lettres ou d'une centaine constituent les gènes.

Ainsi, les gènes sont bien disposés le long des chromosomes comme l'avaient découvert les généticiens classiques. Certains, par des expériences astucieuses, avaient même commencé à dresser des cartes de certains fragments de chromosomes. C'est ce qu'on fait aujourd'hui avec le décodage et la cartographie des génomes entiers, avec toujours plus de finesse et de résolution.

Le triomphe de la Chimie

Pendant longtemps, l'étude chimique du vivant a été considérée comme une discipline distincte de la Biologie, une spécialité un peu besogneuse, utile, certes, mais non centrale. Cette Chimie biologique apparaissait comme distincte dans la mesure où ces molécules du vivant étaient très spéciales, puisqu'elles possédaient ce que les autres molécules n'avaient pas : **la force vitale.**

La meilleure preuve, c'était que ces molécules du vivant étaient très complexes, formées souvent par un grand nombre d'atomes de Carbone, dont la structure était compliquée et dont on ne pouvait même pas espérer dessiner la formule chimique sur une feuille de papier tant elle était complexe. Bien sûr, on avait appris à classer ces composés chimiques et l'on avait distingué très tôt trois types de « substances vivantes » : les protides (c'est-à-dire les ensembles de protéines), les lipides (c'étaient les graisses) et les glucides (ceux qui pouvaient donner des sucres), et l'on distinguait aussi les sucres, les acides aminés, etc.

Puis, en 1828, Wöhler réussit, en laboratoire, la synthèse de l'urée. On aurait pu penser qu'il avait démontré que la Chimie biologique appartenait bien à la Chimie et que la force vitale n'existait pas ! Hélas, il n'en fut rien. Les irréductibles défenseurs de la force vitale décidèrent que le vivant était composé de substances « ordinaires » comme l'urée et de substances vitales qui, elles seules, étaient de quelque importance au regard de la vie. Et l'on s'en tint à l'idée d'une chimie spéciale – la Chimie du vivant, la **Biochimie**.

Bien sûr les développements postérieurs de la Physiologie, à la suite des travaux de Claude Bernard notamment, vont donner quelque lustre à la Biochimie – avec l'étude de la fonction glycogénique du foie, du diabète, puis, plus tard, la découverte de l'importance des vitamines, notamment dans la prévention de maladies comme le scorbut –, mais elle restait marginale.

D'ailleurs, dans les années 1960, à la Faculté des sciences de Paris où les adversaires de la Biologie moléculaire régnaient encore en maîtres, on refusa d'élire comme professeur de Biologie Jacques Monod, alors en pleine gloire scientifique, l'un des pionniers de la Biologie moléculaire qui obtiendrait quelques années plus tard le prix Nobel. Ces « messieurs » allaient l'orienter vers une chaire de Biochimie dans la section de Chimie, à la périphérie de Paris. Et l'un des grands maîtres de la Biologie d'alors, le professeur P.P. Grassé, parlera avec dédain de la « Biologie Monoculaire » pour la tourner en dérision. Que reste-t-il de l'œuvre scientifique de P.P. Grassé aujourd'hui par comparaison avec celle de Jacques Monod ? La Science est un combat difficile et souvent blessant pour les novateurs. Quand on songe aux carrières universitaires tranquilles qu'auront ensuite les élèves de Monod, on doit bien constater qu'en France il vaut mieux être un héritier qu'un pionnier. Et pour rentrer dans les grandes institutions, c'est vrai aussi !

La France est le pays du bon goût, pas des pionniers un peu rudes qui déchiffrent les nouveaux espaces.

Avec l'avènement de l'ADN, tout change. La Chimie macromoléculaire, celle des grosses molécules, donc, s'installe au cœur de la Vie, au centre de la Biologie. Car bien sûr la question devient rapidement de savoir, non pas seulement de savoir comment ce code génétique est stocké par l'ADN, mais comment celui-ci se reproduit, et plus encore comment l'ADN qui stocke l'information génétique, le plan de constitution et de fonctionnement des êtres vivants, va le traduire pratiquement, va fabriquer les tissus, les organes, les organismes, les animaux et les végétaux. Tout cela, ce sont des réactions chimiques. La Vie, c'est la Chimie. Les mécanismes qui régissent la Vie, ce sont des mécanismes chimiques. C'est ainsi que la Chimie est devenue la science centrale du vivant et la molécule l'élément essentiel.

Synthèse de nouvelles molécules, associations de molécules, construction, d'un côté, dégradation de molécules, de l'autre, déchets moléculaires inutilisables et rejetés par l'organisme, tout cela participe à la grande machinerie du vivant. Un être vivant, c'est une immense et complexe usine chimique. Une usine qui produit l'énergie nécessaire à la Vie, mais qui, en outre, s'autoreproduit.

Et cette machinerie chimique de la Vie agit au niveau des cellules.

Comment les cellules se procurent-elles l'énergie nécessaire pour vivre et se multiplier ?

Comment se divisent-elles ? Comment l'ADN transmet-il ses instructions ?

Voilà les questions qui vont être à la base de la compréhension de la machinerie cellulaire.

La cellule, usine moléculaire et microcosme du vivant

Pour comprendre comment fonctionne le vivant, on ne peut se contenter de l'ADN. Il faut prendre en considération deux autres composés chimiques essentiels : les enzymes et l'ARN.

Les **enzymes** sont des protéines dont le rôle biochimique est déterminant. Elles permettent aux réactions chimiques de se produire. Sans elles, ces réactions seraient infiniment lentes ou même n'auraient pas lieu du tout. Ce sont, disent les chimistes, des **catalyseurs**, agents de la réaction chimique : entremetteurs indispensables, et qui pourtant, ne sont pas consommés par la réaction.

Ces enzymes permettent la synthèse des protéines (de la « viande » comme on dit en langage vulgaire), elles permettent la fabrication des organes, et, au total, de toute la matière vivante : os, muscles, nerfs, etc.

Ce sont les gènes qui portent en eux les secrets de fabrication des enzymes, au point qu'on a longtemps cru qu'**un** gène correspondait à une enzyme. On disait : un gène-une enzyme.

L'**ARN*** est une molécule très semblable à l'ADN.

---

* Acide ribonucléique.

L'ARN possède, comme l'ADN, un code de quatre nucléotides différents (sauf que le quatrième n'est pas un T mais un U), mais il n'est pas structuré en double hélice : sa molécule est allongée.

La thymine est remplacée par l'uracile – par ailleurs le sucre est du ribose, alors que dans l'ADN on trouve du désoxyribose, d'où le R à la place du D ! Mais tout cela est, en première approximation, fort secondaire.

La propriété essentielle de l'ARN est de savoir recopier une séquence de nucléotide du noyau. Il s'agit donc d'une sorte de Xerox (voir la figure 10.2).

Ce brin d'ADN, contenant un bout de message d'ADN, va se transporter jusque dans des « organites » qu'on appelle ribosome (une usine à protéines). L'ARN arrive, donne ses instructions et fabrique telle ou telle enzyme à la commande. L'ARN est un **messager** des instructions de l'ADN.

Chez les êtres vivants supérieurs dont la cellule dispose d'un noyau, c'est-à-dire la majorité d'entre eux, l'ADN se trouve dans le noyau, mais les « usines » qui fabriquent les enzymes (le ribosome) se trouvent hors du noyau : dans le cytoplasme.

L'**ARN messager** va donc, après avoir recopié un bout d'ADN, traverser la membrane du noyau pour donner au ribosome les instructions nécessaires à la fabrication des enzymes.

Le ribosome fabriquera ainsi les enzymes qui, elles-mêmes, vont permettre la synthèse des protéines nécessaires au vivant.

C'est cette machinerie complexe qu'ont déchiffrée François Jacob et Jacques Monod et leurs

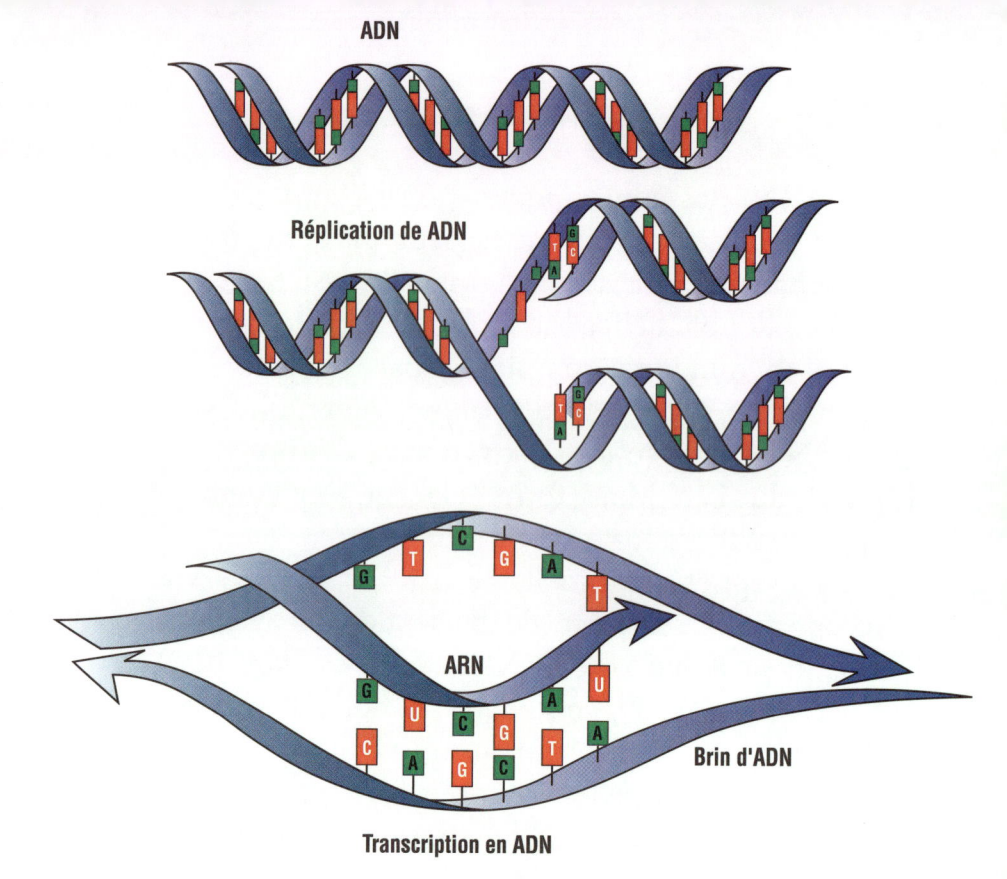

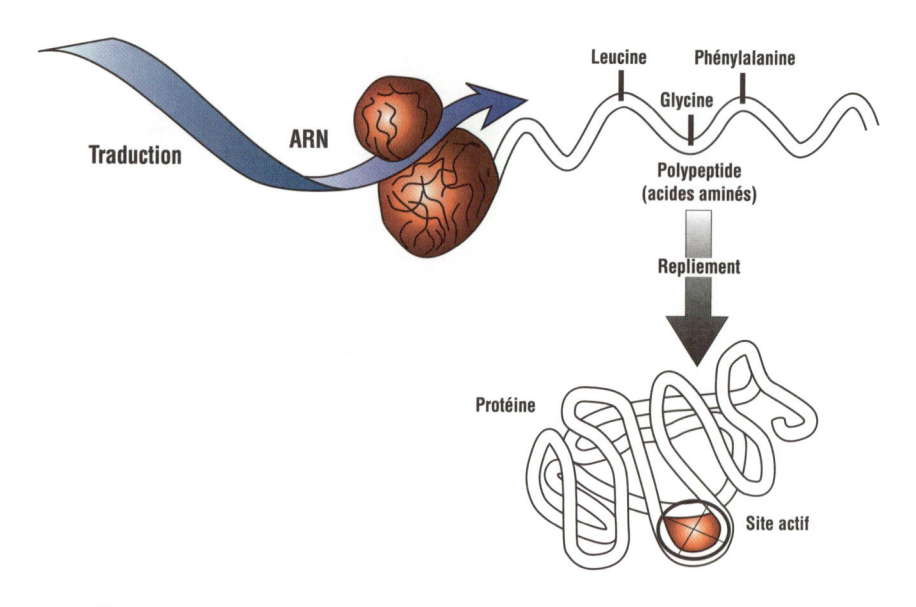

Figure 10.2
Détail de la réplication de l'ADN. Comment un ADN peut en donner deux. Au-dessous, comment le message d'un ADN est recopié par la molécule d'ARN messager. En bas, comment l'ARN messager donne ses instructions au ribosome qui fabrique les protéines.
En bas, l'allure d'une protéine.

collaborateurs à l'Institut Pasteur dans les années 1955-1960 – et qui leur a valu le prix Nobel.

Mais ce n'est pas tout. Il reste un point de mystère. Les protéines sont composées d'alignements d'acides aminés. Et ces acides aminés, ils sont au nombre de **vingt**. Or, il n'y a que quatre nucléotides ! Comment déterminer la nature de l'acide aminé au bon endroit avec un alphabet de quatre lettres ?

Si les groupements de lettres étaient de deux ($4^2 = 8$), ce ne serait pas suffisant, mais avec des groupements de trois lettres ($4^3 = 64$), c'est largement suffisant. Le message permettant de déterminer la nature des acides aminés, donc de fabriquer en séquences des protéines, est écrit avec des mots de trois lettres.

Le code génétique est donc un code écrit avec quatre lettres associées en mots de trois lettres.

C'est ce message que l'ARN recopie à partir de l'ADN, puis qu'il transporte hors du noyau pour fabriquer les protéines. C'est au niveau de petites organites, **les ribosomes**, que vont être synthétisées les protéines. Les ribosomes sont les usines à protéines. L'ARN leur transmet les instructions de fabrication. Ces protéines sont de plusieurs types. Certaines ont une structure qui ressemble à la myosine du muscle, d'autres sont des enzymes.

Les enzymes sont les éléments essentiels de la matière vivante. Ils permettent en effet à cette dernière d'avoir des réactions qui, sinon, seraient impossibles. Ce sont ce qu'on appelle des catalyseurs, des agents de réaction chimique. Toutes les réactions chimiques du vivant se font grâce aux enzymes, celles qui impliquent aussi bien les protéines que les sucres ou les lipides (graisses), l'oxygène (respiration) comme la digestion…

Les enzymes sont les éléments essentiels de cette extraordinaire usine chimique qu'est tout être vivant. Et les usines à enzymes sont les ribosomes.

Mais comment tout cela s'organise-t-il ? Il ne suffit pas de disposer des bonnes protéines pour fabriquer des tissus ou même des organes. Encore faut-il que cela s'organise harmonieusement et fabrique un être vivant où chaque organe sera au bon endroit… Où est l'architecte ? Nous avons déjà rappelé ce mot amusant et profond de Raymond Poincaré : « Un tas de briques ne fait pas une maison ! » C'est bien la question. Alors ?

Eh bien, on a découvert l'existence de gènes d'organisation. Ils ne fabriquent pas de nouvelles protéines, ils permettent seulement (si j'ose dire !) l'organisation des protéines entre elles.

Bien sûr, on est loin d'avoir compris complètement cette organisation qui, à partir de l'œuf, va conduire à fabriquer qui une souris, qui un éléphant, qui un homme, mais au moins on en perçoit le principe. Tout cela, à l'échelle de la cellule.

Pour mener à bien toute cette activité, provoquer toutes les réactions chimiques, de la duplication de l'ADN au recopiage de l'ARN, à sa migration vers le ribosome, etc., la cellule a besoin d'énergie. D'où vient-elle ?

La réponse se cache encore au niveau moléculaire. Le rôle clef y est joué par une molécule complexe, symbolisée de manière simple : ATP (adénosine triphosphate).

La respiration cellulaire est l'un des moyens de produire l'énergie qui sera stockée par l'ATP. En se cassant, cette molécule libère de l'énergie utilisable par la cellule. En se reformant, l'ATP stocke de l'énergie qu'elle pourra distribuer ensuite. Toutes ces réactions se réduisent en fait à des échanges et des cascades d'électrons… Il s'agit là d'un système de stockage d'énergie électrique très subtil !

Ces échanges d'énergie, et la fabrication de l'ATP, interviennent dans ces petits organes cellulaires qu'on appelle mitochondries.

La cellule est donc une véritable usine chimique en miniature, où des synthèses de molécules se produisent, où de l'information est transférée, le tout alimenté en énergie par l'ATP. Tout cela étant parfaitement coordonné, régulé, programmé.

De la bactérie à l'éléphant

En fait, toute cette délicate machinerie cellulaire a d'abord été découverte chez les bactéries, qui sont des êtres vivants unicellulaires, qui n'ont pas de noyau, mais se prêtent merveilleusement à l'expérimentation génétique dans la mesure où elles se reproduisent à toute allure. La bactérie qui vit dans nos intestins, que l'on appelle vulgairement colibacille et qui en termes savants s'appelle *Escherichia coli*, a ainsi été le support des progrès de la Génétique moléculaire, pendant de la drosophile (la mouche du vinaigre) qui a permis les grands progrès de la Génétique classique.

Puis, après avoir étudié la bactérie, on a commencé à étudier les êtres vivants plus complexes : les vers (nématodes), qui ont des cellules à noyaux mais dont les organes sont assez simples. On s'est alors aperçu que la logique du fonctionnement des bactéries était transposable aux vers.

Ainsi, dans les années 1970, alors que l'on venait de réaliser ces progrès extraordinaires dans la compréhension du vivant, Jacques Monod, l'un des héros de cette épopée scientifique, affirmait : « Ce qui est vrai pour la bactérie est vrai pour l'éléphant », annonçant par là qu'on avait fait le pas essentiel pour comprendre le fonctionnement de la Vie et qu'à partir de la connaissance de ces mécanismes cellulaires, on comprendrait vite comment fonctionnent les animaux supérieurs.

Il écrivait en outre dans *Le Hasard et la Nécessité* : « L'échelle microscopique du génome interdit pour l'instant et sans doute à jamais de telles manipulations... »

Deux visions d'avenir conçues par un très grand scientifique qui venait de contribuer à fonder une discipline. Deux visions qui se sont révélées en partie fausses (preuves s'il en fallait que la Science avance vite !).

De la bactérie à l'éléphant, le chemin est long, très long même, et d'ailleurs il n'a toujours pas été parcouru par les scientifiques, et la Nature a mis 4 milliards d'années à le parcourir. La mécanique qui conduit à fabriquer un être vivant supérieur complexe à partir de cellules multiples, des tissus multiples, des organes variés aux fonctions diverses, est infiniment plus complexe que le fonctionnement d'une bactérie, même si tout cela dérive de l'ADN.

J'écrivais, il y a quelques années, dans mon *Introduction à une Histoire naturelle*, parodiant les questions que posait Pierre Chambon dans sa leçon au Collège de France : « Les questions à régler avant de "transférer" ou d'extrapoler les résultats de la biologie moléculaire aux organismes supérieurs sont en effet redoutables. »

Au cours de l'histoire des divisions cellulaires vient un moment où les cellules-filles ne sont plus identiques à la cellule-mère, mais de nature variée : l'une devient une cellule nerveuse, une autre une cellule musculaire, une autre encore une cellule du tube digestif.

Comment se décide la différenciation ? Comment ces cellules « connaissent »-elles l'existence des autres cellules pour s'assembler, s'accoler à elles et fabriquer avec elles un tissu, puis un organe ? Quel est le code exact qui détermine la forme d'un organe, sa texture interne ? Comment une structure linéaire, unidimensionnelle comme l'ADN peut-elle en arriver à déterminer une série de formes tridimensionnelles, des organes emboîtés les uns dans les autres ? Et, plus encore, comment tout cela s'assemble-t-il avec tant de rigueur pour fabriquer un être vivant, cette machine qui fonctionne comme un tout ? Comment chaque cellule, chaque organe, chaque fonction sont-ils intégrés à un tout ? Comment ces milliards de petites usines cellulaires finissent-elles par travailler ensemble pour créer un système unique qui vit en cohérence, autrement dit qui reçoit de l'extérieur de l'énergie et des informations et qui, en retour, fabrique de la matière vivante, dissipe de l'énergie et se reproduit ?

Voilà le véritable défi de la Biologie du développement et de l'Embryologie moderne. Ce que le prix Nobel Gerald Edelman appelle la Topobiologie.

Pour aborder ces problèmes, on dispose aujourd'hui d'une technique qui contredit la seconde prédiction de Jacques Monod.

Moins de cinq ans après la formulation de son scepticisme sur la possibilité de manipuler le génome, on procédait aux premières manipulations génétiques.

On ne mesure pas toujours très bien ce que cela représente. Comment parvient-on à modifier une séquence de milliards de nucléotides alignés sur des doubles hélices à l'échelle de l'angström (1 Å = 10^{-8} cm) ?

Cette prouesse impensable avec les moyens classiques de la Physique (canons à électrons ou lasers) est réalisée par des bactéries qui coupent les chaînes d'ADN en des lieux précis et d'autres qui recollent les bouts épars. On imagine le degré d'abstraction qu'il faut développer pour maîtriser de telles méthodes...

C'est donc désormais dans ce contexte que se déroule la grande aventure de la Biologie moderne. Une aventure qui suscite à la fois l'admiration et la crainte : manipuler, transformer l'ADN, c'est trancher au cœur de la vie.

N'est-ce pas extraordinaire de manipuler le vivant ? D'apprendre à remplacer les gènes porteurs de maladies héréditaires par des gènes sains ? De parvenir à remplacer les cellules malades par des cellules saines, et d'ouvrir ainsi la porte à une médecine régénératrice ? De comprendre aussi, sans doute, ce que signifie la mort, la cessation de la vie !

En même temps, l'idée qu'on puisse manipuler ce qui constitue notre intimité la plus profonde, nos cellules, nos noyaux, nous fait un peu peur... D'autant plus que certains films de science-fiction, comme *Jurassic Park*, nous fait croire que désormais tout est possible.

Sans se lancer ici dans de longs développements, disons tout net deux choses.

D'une part, il est évident que certaines questions d'éthique vont se poser au fur et à mesure que la Biologie se développera. Elles sont fondamentales, elles concernent la société autant que les biologistes. Et il est bon que s'ouvrent de grands débats publics.

Mais, d'autre part, il n'y a aucune urgence, car nous sommes très loin de tout comprendre – et donc de pouvoir faire n'importe quoi avec le vivant. Quelques évidences doivent être rappelées. D'abord, *Jurassic Park* est impossible à réaliser réellement. Le **Soma** et le **Germen** sont deux entités séparées, ce qui veut dire que nous pouvons manger des kilogrammes d'ADN de n'importe quoi, ça n'aura aucune influence sur notre santé, ni a fortiori sur notre patrimoine génétique, notre ADN. Lorsqu'on mange un aliment toxique, ce n'est pas l'ADN qui nous intoxique, c'est la composante toxique contenue dans le **Soma**. J'ai pourtant entendu certains « écologistes » dire avec horreur : « Jamais on ne me forcera à manger des gènes ! » Nous comprenons bien maintenant combien cette affirmation est stupide : nous avons toujours mangé des gènes, sans cela nous serions morts !

C'est ainsi que l'ADN du maïs transgénique n'a aucune influence sur nous ! Heureusement d'ailleurs, car nous mangeons des milliards de kilomètres d'ADN étranger chaque jour.

Tout cela justifie sans doute que l'on s'informe davantage à propos de la Biologie moderne. Comment passe-t-on d'un œuf fécondé à un être vivant ? C'est la Biologie du développement qui l'étudie. Comment nos organismes se défendent-ils contre les agressions extérieures, maladies, infections, etc. ? C'est l'immunologie qui nous fournit les réponses.

Comment, et jusqu'où, peut-on modifier le génome pour soigner, guérir ou prévenir ? C'est le programme de la Nouvelle Médecine. Mais tout cela s'appuie sur la connaissance que nous avons de l'ADN et de la Mécanique cellulaire. La vie livre petit à petit les clefs pour comprendre ses mécanismes. Mais elle n'a pas (encore ?) livré SON secret. Celui qui permettrait de passer de la matière à la vie, de l'inorganisé à l'organisé, du minéral au vivant…

11

Terre-patrie

L'étude de la Terre est à la fois l'une des plus vieilles sciences et l'une des plus jeunes.

L'une des plus vieilles en effet, parce que l'Homme s'est sans aucun doute interrogé sur la nature de la Terre, sa forme, son mouvement, sa situation dans le cosmos dès qu'a émergé une pensée humaine organisée.

Ce sont ces interrogations qui ont été à l'origine de l'essor de la Physique et de la géométrie.

C'est aussi l'une des plus jeunes sciences, car on peut dire que ce n'est que depuis à peine cinquante ans (soixante-dix peut-être, un peu plus de quatre-vingts si l'on remonte à Wegener, qui le mérite bien…) que les sciences de la Terre ont véritablement élaboré un corpus de connaissances qui en font désormais une science autonome à part entière.

J'ai eu la chance de vivre, de participer, de baigner dans cette extraordinaire aventure, qui n'est d'ailleurs pas terminée. Pourquoi ce lent démarrage et ces hésitations ? Pourquoi cette soudaine émergence ?

Les sciences de la Terre partagent avec l'Astronomie, l'Écologie ou la Démographie le handicap (?) de ne pouvoir recourir à la méthode expérimentale en laboratoire.

Comme historiquement la première démarche scientifique a consisté à observer ce qui nous entoure, il était assez naturel que l'observation de la Terre, des roches, des minéraux, des fossiles, mais aussi de la mer, de l'air, du climat soit liée aux débuts de la Science.

Et puis, à partir de Galilée, la Science s'est organisée autour du diptyque expérimentation-théorie. À partir de là s'est développée la grande aventure de la Physique. Aventure indispensable, pas seulement pour l'avancée de la connaissance ou pour la physique elle-même, mais aussi pour les sciences de l'Univers et les Géosciences, car sans maîtrise des sciences physiques, il n'est pas d'explication causale.

Par la suite, c'est la Biologie qui a connu un extraordinaire développement. Et celui-ci, en dépit des extraordinaires résultats déjà atteints, n'en est qu'à ses débuts.

Du coup, les sciences d'observation pure ont pu parfois être considérées comme des sciences archaïques. Pourtant, avec l'avènement de l'exploration spatiale, de la Tectonique des Plaques, mais aussi avec l'émergence des problèmes d'environnement, les sciences d'observation (Astronomie,

Géosciences, Écologie) sont redevenues des sciences de premier plan, et, en outre, des sciences historiques – dimension qui faisait cruellement défaut aux sciences expérimentales de laboratoire. L'Astronomie c'est, en toile de fond, l'histoire de l'Univers ; la Géologie, c'est l'histoire de la Terre ; l'Écologie, c'est l'histoire de la vie et de son évolution en tant que « collectivité organisée » et niche pour l'évolution des espèces.

Ce renouveau des sciences de la Terre est tel que Michel Serres a pu écrire que le XXIe siècle serait celui des sciences de la Terre. Je ne suis tout de même pas aussi optimiste que lui, mais je crois que les Géosciences seront effectivement l'une des disciplines fondamentales du nouveau siècle. Elles ont été surtout, sans peut-être qu'on s'en aperçoive toujours, l'une des grandes disciplines neuves du dernier demi-siècle.

J'ai écrit beaucoup de livres sur la Terre et les sciences qui l'étudient, et ce n'est point le lieu ici d'en proposer une synthèse.

J'ai préféré tenter d'exposer ce qu'il est nécessaire de connaître des sciences de la Terre d'un point de vue essentiellement culturel, renvoyant le lecteur qui souhaiterait aller plus loin aux exposés plus spécialisés de mes livres précédents ou... futurs.

La forme de la Terre

La Terre est ronde, chacun le sait, avec un léger aplatissement aux pôles et un gonflement concomitant à l'équateur. Son rayon est d'environ 6 400 kilomètres, sa circonférence de 40 000 kilomètres (l'un des chiffres que nous connaissons le mieux).

Depuis quand savons-nous cela ?

Que la Terre est ronde, nous le savons depuis longtemps. Pour prendre une référence commode, Aristote ne doutait pas que la Terre fût ronde. Les marins grecs l'avaient compris en voyant disparaître les navires à l'horizon, et Aristote, qui faisait de la Terre le centre de l'Univers et celui des sphères fixes, n'avait pas eu de mal à théoriser leur observation.

Quelques siècles plus tard, c'est Érathosthène, à Alexandrie, qui mesura le rayon de la Terre. Encore par une méthode de triangulation (voir la figure 11.1).

Ayant observé qu'à Alexandrie, au solstice d'été, le soleil était au zénith et éclairait le fond d'un puits, ce qui attestait que ses rayons étaient bien perpendiculaires à la surface terrestre, il mesura au même moment la longueur de l'ombre portée par un obélisque à Syène (proche de l'actuelle Assouan). Connaissant la distance d'Alexandrie à Assouan, il calcula le rayon de la Terre comme l'explique la figure ci-après.

Naturellement, la difficulté était de mesurer la distance de Syène à Alexandrie. À l'époque, on procédait par l'entremise de marcheurs qui s'étaient entraînés à marcher au pas cadencé et avaient « calibré » leurs pas. En plusieurs étapes, ils firent le trajet aller puis retour.

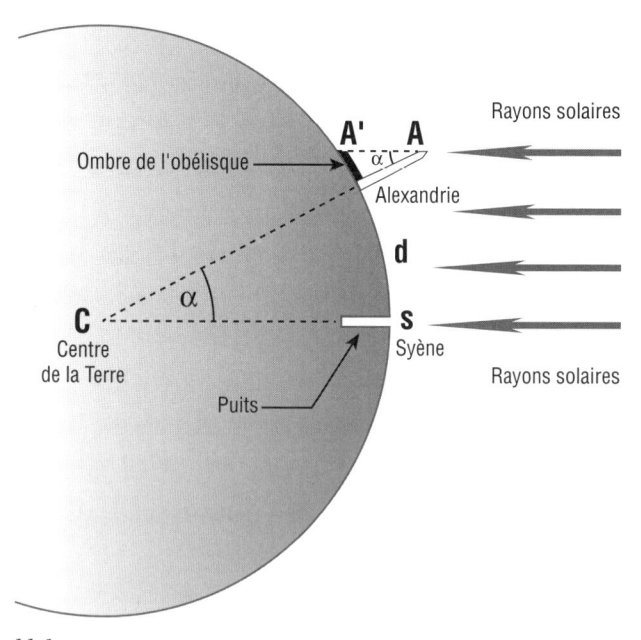

Figure 11.1
Schéma montrant comment Érathostène a mesuré le rayon de la Terre.

Érathosthène trouva une valeur qui, exprimée en unités modernes, est estimée à 4 600 kilomètres, ce qui est déjà tout à fait remarquable par rapport à la valeur réelle (6 400 kilomètres, je l'ai dit).

C'est à partir de cette mesure que l'on déterminera le diamètre de la Lune – en prenant la mesure de la durée de son passage dans l'ombre portée par la Terre lors d'une éclipse de Lune (voir la figure 4.2), puis, comme on l'a vu à propos de Newton, on calculera la distance Terre-Lune en recourant, à nouveau, au principe de triangulation.

Nous avons tous appris à l'école que les Grecs d'Alexandrie savaient que la Terre était ronde, puis que cette idée s'était perdue et qu'au Moyen Âge on pensait que la Terre était plate. On nous a même dit parfois que les grands navigateurs, Vasco de Gama, Magellan ou Colomb avaient entrepris leurs voyages périlleux au XVIe siècle pour démontrer que la Terre était ronde.

Cette croyance, hélas répandue, est fausse. À l'exception d'un petit cercle de clercs hantant le monde monastique, la rotondité de la Terre a continué d'être admise tout au long du Moyen Âge. Ce sera la théorie enseignée à la Sorbonne aussi bien qu'à Oxford, par Nicolas Oresme comme par Francis Bacon, et bien sûr celle des navigateurs*. Il n'en reste pas moins vrai que l'idée qu'il puisse se trouver des gens vivant la tête en bas aux antipodes a dû sembler bien curieuse à tous jusqu'à ce que les théories de Newton viennent résoudre l'énigme.

L'idée d'Ératosthène va demeurer le fondement de la mesure du rayon de la Terre. Si la Terre est sphérique, une coupe méridienne correspond à 360° d'angle à partir du centre. Donc, pour calculer le rayon, il suffit de mesurer exactement la longueur de l'arc de cercle correspondant à un degré. En multipliant par 360, on obtient la circonférence méridienne qui, on le sait, est égale à ($2 \pi R$). D'où l'impérieuse nécessité de mesurer un (ou plusieurs) degrés de méridien.

---

* Voir Rudolf Simek, « Sphère ou disque, la forme de la Terre », in *Pour la science*, n° hors série : *Les Sciences au Moyen Âge*, 2003.

Pour mesurer la distance correspondant à un degré à la surface terrestre, les scientifiques du XVIIIe siècle vont recourir à une méthode plus précise que celle des marcheurs au pas cadencé. C'est la triangulation. Cette technique consiste à mesurer avec soin, je le rappelle, la base d'un premier triangle, puis à viser des points remarquables (montagnes, arbres, clocheton d'église…), dont chacun est repéré par l'angle formé par sa ligne de visée (à partir d'un des deux sommets de la base) et la base elle-même. En mesurant les angles que font les directions de ces objets pointés à partir des bases, on peut déterminer la distance du repère à la base.

C'est en appliquant cette méthode qu'au XVIe siècle, on avait commencé à estimer le rayon de la Terre à plus de 6 000 kilomètres, allongeant l'estimation d'Ératosthène.

C'est autour de cette question que va éclater, au milieu du XVIIe siècle, une querelle qui a comme sujet central les oscillations du pendule – mais comme cause ultime, la forme exacte de la Terre.

Un pendule est un poids attaché à un fil vertical. Lorsqu'on lui donne une impulsion, il oscille. Galilée s'en était servi de chronomètre. Christiaan Huygens, lui, calcula la période de battement du pendule et montra que celle-ci dépendait de la longueur du pendule, mais nullement de la masse qui se trouvait au bout. C'est ainsi qu'il établit les fondements de l'horlogerie… et que l'on établit que, pour qu'un pendule batte la seconde, il fallait à Paris un fil de 99 centimètres*.

En 1672, le Français Jean Richer, après une mission à Cayenne en Guyane (organisée dans un tout autre but), affirma que le pendule oscillait plus lentement à Cayenne qu'à Paris. En 1676, l'astronome anglais Halley annonça, après une mission sur l'île volcanique de Sainte-Hélène : « Lorsqu'on se trouve sur un sommet en altitude, le pendule bat plus lentement qu'en plaine. »

Newton, immédiatement, interpréta ces observations à l'aide de la théorie de l'attraction gravitationnelle. Si le pendule bat plus lentement au sommet d'une montagne, c'est, dit-il, qu'il est plus éloigné du centre de la Terre et que l'attraction y est plus faible**. S'il bat plus lentement vers l'équateur, c'est pour la même raison. C'est ainsi qu'il comprit que la Terre devait être enflée à l'équateur et aplatie au pôle, que la Terre n'était pas ronde !

À Paris, où règne alors l'Académie royale des sciences, on est cartésien et anti-newtonien. L'action à distance est toujours considérée comme absurde. On y préfère les tourbillons de Descartes. Ceci n'empêcha pas Huygens (solidement installé à Paris bien que hollandais), lui aussi hostile à la théorie de Newton, d'accepter immédiatement l'idée de l'apla-

---

* C'est-à-dire presque un mètre. Une seconde, un mètre ! vous ne trouvez pas cela bizarre ? C'est en fait une façon de définir le mètre.

** N'oubliez pas la fameuse loi en $\frac{1}{R^2}$. Plus R est grand (plus on est loin du centre), plus l'attraction est faible.

tissement du pôle, qu'il attribue (à juste titre) à la force centrifuge.

Mais le reste de la compagnie, et notamment le directeur de l'Observatoire de Paris, Jean-Dominique Cassini, restait violemment hostile à cette idée. Se fondant sur des mesures géodésiques effectuées avec son fils, Cassini affirmait même le contraire : la Terre n'est pas aplatie au pôle, mais allongée vers les pôles comme une olive ou un ballon de rugby.

La polémique va alors se développer entre la Royal Society de Londres et l'Académie royale de Paris.

Elle prit même un tour très vif lorsqu'en France même Pierre-Louis Moreau de Maupertuis prit fait et cause pour Newton, secondé par la plus belle plume du temps en la personne de Voltaire. La belle Émilie de Breteuil, marquise du Châtelet*, qui partagea bientôt ses faveurs entre les deux hommes, dans une pieuse communion pour les thèses newtoniennes, fut en fait à l'origine de cette double conversion. Elle avait traduit Newton en français et sut convaincre ses deux amis que son œuvre était un puits de vérité.

En 1735, l'Académie royale de Paris décida d'organiser deux expéditions, chargées de mesurer un degré méridien au pôle et à l'équateur : l'une en Laponie, l'autre au Pérou**. L'expédition au Pérou,

---

* La marquise est l'auteur de la première (et unique) traduction des *Principes* de Newton du latin en français.
** En fait dans ce qui est aujourd'hui l'État d'Équateur et qui, à l'époque, était sous domination péruvienne.

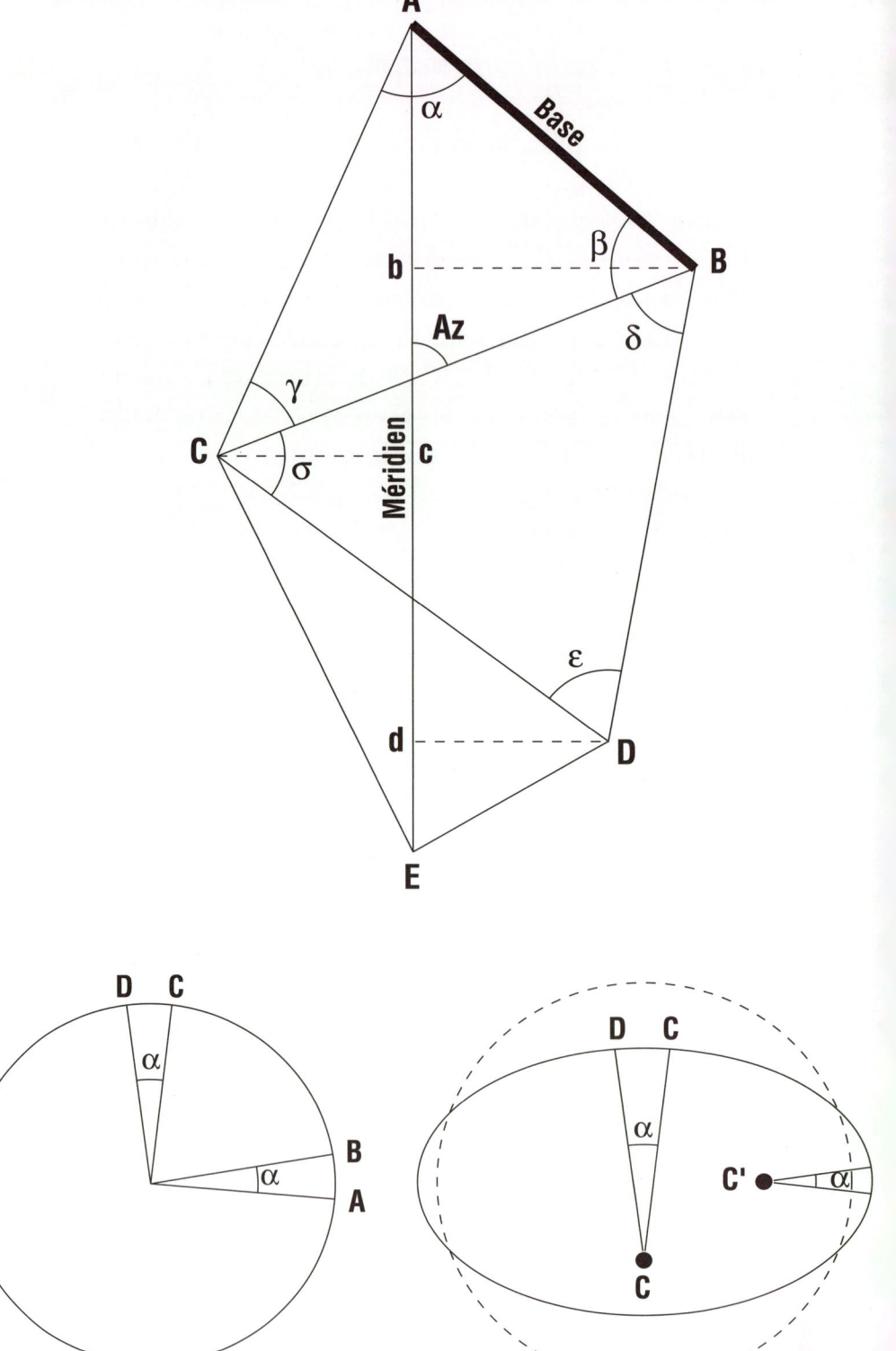

Figure 11.2
En haut, le principe de triangulation.
En bas, schéma montrant l'aplatissement au pôle.

placée sous l'autorité d'un personnage douteux, Louis Godin (que l'Académie exclura à son retour), comprenait quelques fortes personnalités comme Pierre Bouguer, Charles Marie de La Condamine, Joseph Jussieu et le chirurgien Seniergue.

Nous ne raconterons pas ici les péripéties dignes de romans* que connurent ces deux expéditions, nous nous contenterons d'en donner les conclusions.

Maupertuis établit assez rapidement que le méridien était plus court en Laponie qu'à Paris. L'expédition au Pérou sera plus romanesque, et dans certains de ses développements** plus tragique, et, avec beaucoup de retard, parviendra à la conclusion (complémentaire) que le méridien était plus long à l'équateur qu'à Paris.

Au retour des expéditions, les cartésiens ne s'avoueront pourtant pas battus. Ils déclareront les mesures de terrain irrecevables, par trop entachées d'erreur.

Maupertuis se fâchera, se défendra avec énergie, mais commettra aussi beaucoup de maladresses : l'Académie royale finira donc par l'exclure (ainsi que Godin), et il ira se réfugier en Prusse auprès de Frédéric II.

Aujourd'hui, bien sûr, il n'y a plus de débat. Tout le monde admet que la Terre est aplatie au pôle, et cet aplatissement est évalué à 1/298 (Newton disait

---

* Voir le livre d'Arkan Simaan, *La Science au péril de sa vie*, Paris, Vuibert-ADAPT, 2002. Et aussi celui de Florence Trystan, *Le Procès des Étoiles*, Paris, Seghers, 1999.

1/230, Huygens 1/576)*. La raison en est la rotation de la Terre, et, de ce point de vue, Huygens et Newton avaient tous deux raison.

Les mouvements de la Terre

La Terre tourne sur elle-même et autour du Soleil. On sait cela depuis les Grecs de l'École de Pythagore, idée reprise bien sûr par Aristarque puis par Copernic, Kepler et Galilée, et plus encore par Newton qui en a établi la théorie physique et mathématique.

Pourtant, la première démonstration physique directe que la Terre tourne sur elle-même est assez tardive. Elle date de la fameuse expérience que Léon Foucault fit en 1851, et qu'il répéta en grande pompe au Panthéon en 1852.

Léon Foucault, expérimentateur de génie, qu'on retrouve en compétition avec Fizeau pour la détermination de la vitesse de la lumière, recourt à la théorie démontrée par Newton suivant laquelle l'attraction exercée sur une masse extérieure à la Terre peut être ramenée à l'attraction exercée par un point situé au centre de la Terre et contenant toute la masse.

Si l'on suspend un pendule externe à la Terre et qu'on l'écarte de la verticale, la droite constituée par le fil du pendule et le centre de la Terre définissent

---

* Comme le rayon de la Terre mesure, rappelons-le, environ 6 400 kilomètres, cela fait une différence d'un peu plus de 20 kilomètres entre le rayon au pôle et celui à l'équateur.

un plan. Le pendule va osciller dans ce plan puisque aucune force ne tend à l'en écarter (à condition que son point d'attache soit suffisamment lâche). Mais tandis que le pendule oscille, la Terre tourne et le plan d'oscillation du pendule semble donc tourner : c'est bien ce que Léon Foucault constate parce qu'il a muni la boule de son pendule d'une pointe qui érafle une surface de sable fin – la trace du pendule sur un cercle matérialisé par une petite crête de sable va évoluer d'ouest en est.

L'idée fondée sur des observations astronomiques et mathématiquement justifiée par Newton est donc physiquement, expérimentalement démontrée.

Mais les études ultérieures vont montrer que cette rotation n'est pas simple.

L'axe de rotation de la Terre est incliné par rapport au plan de l'écliptique (le plan dans lequel la Terre tourne autour du Soleil).

Le fait que la répartition des masses à l'intérieur de la Terre ne soit pas uniforme et que la Terre soit déformable permet des fluctuations dans l'axe de rotation de la Terre.

Les fluctuations sont pour l'essentiel provoquées par l'attraction du Soleil, de la Lune et des autres planètes, et notamment la plus grosse de toutes : Jupiter.

Ces attractions « newtoniennes » sont faibles, très faibles même, mais suffisantes pour modifier la rotation du Globe, ainsi que la forme de l'ellipse suivant laquelle la Terre tourne autour du Soleil. Variations de l'axe de rotation de la Terre comme dans un gyroscope (on parle de « précession »), variation de la forme de l'ellipse de rotation autour du Soleil, variation de l'inclinaison de l'axe de rotation sur l'écliptique*, tout cela provoque des perturbations significatives sur la manière dont la Terre reçoit du Soleil l'énergie lumineuse – qui est le déterminant essentiel du climat, un climat propice, on le sait, au développement de la vie.

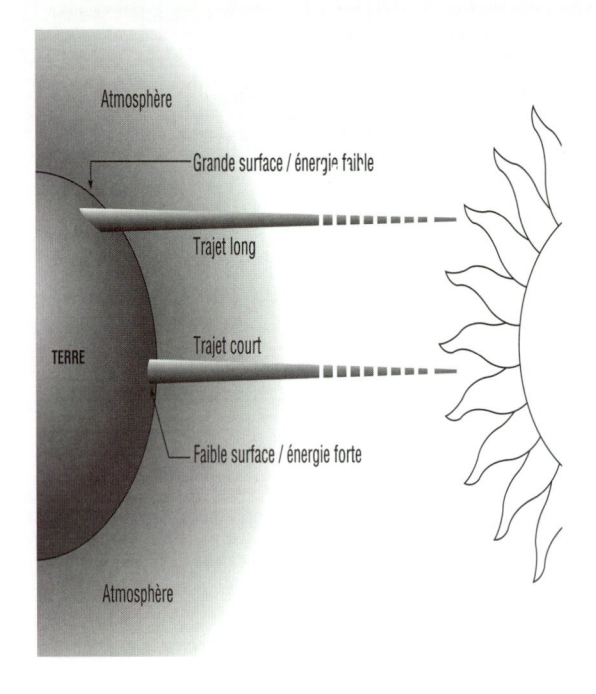

Figure 11.3
Schéma montrant comment l'ensoleillement aux pôles est moindre qu'à l'équateur.

---

* Autrefois les enfants jouaient avec des toupies, puis, plus tard, avec des gyroscopes. Ces jeux faisaient bien comprendre les perturbations qui peuvent affecter les corps tournants.

Les cycles de Milankovitch

Entre 1920 et 1938, l'astronome yougoslave Milutin Milankovitch se lance dans le calcul (à la main !) de ces perturbations de l'ensoleillement solaire sur la Terre. Il met au jour une série de périodicités de l'ordre de 20 000, 40 000, 100 000 et 400 000 ans, traduisant autant de cycles d'ensoleillement. Or, l'étude des sédiments prélevés dans les océans va bientôt révéler, dans les propriétés sensibles à la température (pourcentage de calcaire, types de fossiles), des périodicités correspondant aux calculs de Milankovitch*.

Cette idée a été combattue avec acharnement par les météorologues comme par les géologues. Et pourtant Milankovitch disait vrai. Sa théorie des cycles est aujourd'hui démontrée dans ses grandes lignes, moyennant quelques petites complications. Et les observations géologiques vérifient effectivement dans le détail ces prévisions...

Le climat

Mais si le premier déterminant du climat est astronomique, celui-ci n'est pas le seul. L'atmosphère terrestre joue son rôle, elle aussi.

L'atmosphère terrestre est composée de deux gaz principaux : l'Azote (80 %), l'Oxygène (20 %),

---

* Vous pouvez même aller voir ces fameux cycles de Milankovitch « à pied sec » dans les falaises blanches qui dominent les plages à quelques kilomètres d'Agrigente en Sicile.

mais aussi de gaz moins abondants comme le Gaz carbonique et l'Ozone.

Ces gaz mineurs jouent un rôle majeur dans la détermination du climat. Ils absorbent, en effet, soit les rayonnements solaires directs qui sont situés dans le spectre de la lumière visible, soit les rayonnements réémis (et non réfléchis) par la surface terrestre et qui sont situés dans les fréquences plus basses que le rouge visible – et qu'on appelle infrarouges.

Cette absorption des rayonnements réémis constitue un piégeage de l'énergie par l'atmosphère terrestre, ce que l'on appelle effet de serre, par analogie avec la serre du jardinier dont les vitres inclinées réfléchissent les rayons et les piègent à l'intérieur de la serre.

Or, l'abondance de ces gaz varie par suite de l'activité de la Terre elle-même. Ainsi les volcans émettent du Gaz carbonique. Les plantes vertes, à l'inverse, absorbent du Gaz carbonique par le processus qu'on appelle photosynthèse. L'océan dissout le Gaz carbonique et le dissout d'autant mieux que la température est plus basse.

Tous les ingrédients sont donc réunis pour que fonctionne et fluctue un système complexe.

Une petite augmentation de la température pour des raisons astronomiques provoque le dégazage de l'océan. Le Gaz carbonique ainsi libéré absorbe un peu plus de rayonnements infrarouges et augmente ainsi un peu plus la température qui amplifie le phénomène. D'un autre côté, l'excès de Gaz carbonique favorise la photosynthèse, et donc le développement des plantes vertes, une nouvelle absorption du Gaz carbonique, et donc un abaissement de la température. Mais tout cela se produit à une certaine vitesse, prenant un certain temps, d'où les fluctuations.

Ce que l'on sait de ces fluctuations, c'est que depuis 4 milliards d'années elles ont été telles que les conditions générales sont restées acceptables pour la vie sur Terre et que celle-ci ne menace ni de devenir une planète glacée (comme Mars aujourd'hui) ni une planète torride (comme Vénus).

Il existe ainsi un régulateur, un homéostat, de la température terrestre et de son climat.

Ce qui aujourd'hui provoque une certaine effervescence, scientifique aussi bien que politique, c'est que l'Homme, en brûlant des charbons et du pétrole, dégage du Gaz carbonique et accroît sa teneur dans l'atmosphère. Il augmente ainsi artificiellement l'effet de serre. Dans ces conditions, la température du Globe devrait augmenter, l'océan devrait se dilater, les glaciers fondre et le niveau des mers s'élever.

Cela, c'est le scénario théorique. Mais jusqu'à présent, ces prévisions quantitatives n'ont pas été confirmées par l'observation, même si le climat semble effectivement perturbé et se réchauffer un peu. Alors ?

La seule conclusion acceptable par tous aujourd'hui, c'est que notre compréhension du climat est très insuffisante...

La masse de la Terre

Lorsque Cavendish publie sa célèbre expérience pour rendre compte de la force universelle de gravitation qui s'exerce entre deux masses, il l'intitule « Mesure de la Masse de la Terre ». Pour ce faire, il mesure l'attraction qu'exercent deux masses l'une sur l'autre à l'aide d'un pendule de torsion. Expérience difficile s'il en est. Pourtant, la détermination de la constante de gravitation, le grand G de la formule $\left(G\dfrac{mm'}{r^2}\right)$ obtenue par Cavendish, est fort précise et remarquable.

Dès lors, il devenait assez facile de calculer la masse de la Terre en mesurant par ailleurs l'accélération de la pesanteur, à savoir environ 10 mètres par seconde au carré.

Cavendish trouva 4.10^{27} grammes*.

Connaissant le volume de la Terre, il put en déduires sa masse spécifique** moyenne, c'est-à-

---

* La valeur admise aujourd'hui est $5,873.10^{27}$ grammes.
** On confond souvent densité et masse spécifique, d'autant plus qu'elles s'expriment par le même nombre dans le système ancien c.g.s. (centimètre, gramme, seconde), mais **pas** dans l'actuel système international. La masse spécifique, c'est la masse divisée par le volume ; la densité, c'est la masse spécifique rapportée à la masse spécifique de l'eau, qui vaut 1 gramme par centimètre cube. Donc la masse spécifique de la Terre, c'est $5,5$ g/cm^3 (SI), sa densité c'est tout simplement 5,5.

dire sa masse par unité de volume, et il trouva 5,5 grammes par centimètre cube.

Ce résultat posait d'emblée le problème de la structure de la Terre, dans la mesure où la densité des roches de surface n'est que de 2,5. Il fallut, en effet, admettre qu'il se trouvait vers le centre de la Terre des matériaux dont la densité était beaucoup plus élevée. Quels étaient-ils ? De l'or ? Du diamant ? À quelle profondeur se trouvaient-ils ?

Avec cette mesure, l'une des grandes interrogations des Géosciences était posée.

Comment connaître la composition et les propriétés de l'intérieur de notre planète alors qu'elle a 6 400 kilomètres de rayon, que les forages les plus profonds atteignent à peine 15 kilomètres et que l'on sait avec certitude que la nature (la densité tout au moins) des matériaux est différente à l'intérieur et à l'extérieur ?

Lorsque, aujourd'hui, on expose la structure et la composition de la Terre profonde, on se heurte toujours à un fond de scepticisme chez les profanes qui rappelle celui qui obscurcissait l'esprit de ceux qui niaient la théorie atomique. Comment en est-on sûr puisqu'on ne le voit pas ?

La Science n'est pourtant pas fondée sur le simple constat visuel, même si la vision directe est souvent essentielle ! Ou, si l'on préfère, il est de nombreuses manières de « voir » l'intérieur à partir des signaux qu'il nous envoie – à condition, bien entendu, de savoir les lire : tremblements de terre, lave des volcans, pesanteur, magnétisme… autant de signaux qu'il va falloir apprendre à déchiffrer et grâce auxquels on connaît désormais assez bien la structure et la composition de la Terre.

La Terre invisible

Je ne vais pas entrer ici dans le détail des choses, ni expliquer la manière dont on s'y prend pour connaître l'intérieur de la Terre, sa structure et sa composition. Cela fait partie de l'aventure moderne de la Science et nécessiterait des développements techniques trop complexes. Évoquons-en l'esprit.

Cet esprit, c'est celui de Sherlock Holmes : rassembler des indices, les mettre bout à bout, les rendre cohérents, bâtir un scénario possible, c'est-à-dire compatible avec les lois de la Physique et de la Chimie.

Les sources d'information ?

La séismologie, d'abord. Les tremblements de Terre émettent des ondes qui traversent la Terre. On utilise ces ondes comme le fait tout médecin à l'aide d'un scanner à ultrasons. C'est ainsi que nous auscultons le Globe.

Les volcans, de leur côté, ramènent des profondeurs des matériaux vers la surface : on analyse ensuite leur nature. Mais on procède aussi à l'exploration géologique des parties superficielles. Et puis il existe bien d'autres indices encore dont la valeur est inestimable.

Les météorites, par exemple. Ces pierres qui tombent du ciel sont autant de messages des premiers instants du système solaire. Ces pierres ont erré dans l'espace depuis cette époque, échappant à l'attraction de toutes les planètes, avant d'être finalement capturées par la Terre. Sans ces témoins, rien ne serait possible.

Mais à tout cela il faut encore ajouter l'étude du champ magnétique terrestre présent et passé, les expériences de laboratoire au cours desquelles on cherche à reproduire les conditions extraordinaires de pression et de température (1 million d'atmosphères, 5 000 degrés) qui règnent dans le Globe jusqu'en son cœur.

Et puis, et puis bien sûr beaucoup de raisonnements, de calculs, de recoupements.

Le résultat ?

La Terre a la structure d'un œuf à la coque. Une coquille rigide, la croûte, divisée en deux types, océans et continents, un manteau de 3 000 kilomètres d'épaisseur solide entourant un noyau liquide dans lequel flotte, en son centre, une graine solide.

Le manteau et la croûte, ce sont des atomes d'Oxygène empilés dont la cohésion est maintenue à l'aide du Silicium. On appelle ces assemblages silicates. Le noyau, au contraire, est fait de fer métallique liquide. Ce sont les tourbillons de ce fer métallique liquide qui vont créer le champ magnétique terrestre en vertu d'un mécanisme que nous ne comprenons toujours pas très bien, mais qui relève de ce que nous avons dit sur les relations champs électriques-champs magnétiques, traduit par les équations de Maxwell.

L'âge de la Terre

Pendant longtemps la question de l'âge de la Terre ne s'est pas posée. Notre planète paraissait avoir existé depuis toujours, identique à elle-même, les mêmes phénomènes se reproduisant depuis l'infinité des temps passés jusqu'à l'éternité du futur.

Ainsi, James Hutton (1798), fondateur de la Géologie moderne, affirmait : « *No vestige of a beginning, no prospect for an end**. »

C'est un physicien, Lord Kelvin, qui posa le premier le plus nettement la question de l'âge de la Terre, vers 1850. On avait déjà mesuré de combien de degrés augmentait la température lorsqu'on s'enfonçait à l'intérieur du Globe, phénomène que les mineurs connaissaient depuis les Romains. S'appuyant sur les travaux de Joseph Fourier sur la propagation de la chaleur, Lord Kelvin affirma que si la température augmente avec la profondeur, c'est que la Terre se refroidit et perd de sa chaleur. Après calcul, il annonça que la Terre avait 100 millions d'années d'âge.

De même, considérant l'énergie lumineuse émise (et donc perdue) par le Soleil, il calcula aussi son âge, et trouva aussi 100 millions d'années.

Les géologues protestèrent en chœur : 100 millions d'années, c'était beaucoup trop jeune. La Terre était beaucoup plus vieille ! Parmi eux,

---

* Pas de trace d'un début, pas d'indices pour une fin.

Charles Lyell, mais aussi un certain Charles Darwin, autant géologue que biologiste, étaient les plus véhéments des contradicteurs de Lord Kelvin. Ils n'avaient pas beaucoup d'arguments quantitatifs solides à faire valoir, mais une sorte d'intuition, d'extrapolation hardie fondée sur l'observation des vitesses d'érosion des roches ou d'accumulation des sédiments dans la mer ou les lacs. Ils parlaient, eux, en milliards d'années. Ce qui semblait considérable, incroyable même. Pourtant ils avaient raison !

La démonstration de « l'erreur de Lord Kelvin » est venue de la découverte de la radioactivité. Pierre Curie et Laborde ont en effet montré, en 1902, que la radioactivité dégage de la chaleur. Ils comprirent vite que cette découverte impliquait l'existence d'une source de chaleur à l'intérieur du Globe, cette source étant la désintégration des éléments radioactifs (Uranium, Thorium, Potassium) dispersés dans les roches. Rutherford fit lui aussi, indépendamment des deux Français, le même raisonnement.

Au cours d'un des échanges qui avaient opposé Lord Kelvin à Lyell à la Société géologique de Londres, Lord Kelvin avait dit à Lyell : « Pour que mon calcul fût inexact, il faudrait que la Terre possédât en son sein une source de chaleur. » Lyell lui avait répondu : « Et pourquoi n'en aurait-elle pas ? » À quoi Lord Kelvin aurait répliqué : « C'est avec ce genre d'idée qu'on invente le moteur perpétuel ! »

Et pourtant, l'intuition de Lyell était exacte. La Terre est dotée d'une source de chaleur interne : la radioactivité.

Lord Kelvin, alors très vieux, l'admit sportivement auprès de l'étoile montante de la physique britannique, Ernest Rutherford lors d'un exposé de celui-ci devant la Société de Physique anglaise, où il parla de milliards d'années.

L'âge de la Terre était donc de l'ordre du milliard d'années.

Mais quel était-il exactement ? Comment l'estimer ou le calculer ?

C'est encore la radioactivité qui permettra à Pierre Curie, d'une part, à Ernest Rutherford de l'autre, deux des grands héros de l'aventure radioactive, d'apporter la réponse.

Comme nous l'avons dit, la désintégration radioactive se produit avec la régularité d'une horloge, un isotope radioactif se désintégrant avec une régularité absolue que rien ne saurait perturber : ni la température, ni la pression, ni la formule chimique dans laquelle il se trouve. On aura beau chauffer le Radium jusqu'à le faire fondre, on peut le dissoudre, on peut le faire évaporer, on peut le soumettre aux pressions les plus élevées, bref, on peut lui faire subir les conditions les plus extrêmes, rien de tout cela n'aura d'influence sur sa radioactivité. Le Radium se désintègre imperturbablement, insensible qu'il est à son environnement.

La radioactivité, c'est une horloge qui fonctionne comme un sablier. Il suffit de connaître l'élément qui se désintègre et l'élément stable qui en est le résultat. Encore faut-il, pour que le chronomètre géologique soit utilisable, qu'il existe des éléments radioactifs qui ne se désintègrent pas trop vite et dont les caractéristiques soient compatibles avec la durée de temps géologiques. Eh bien, il y en a. Ils ont pour noms Uranium, Thorium, mais aussi Potassium ou Rubidium entre autres.

On dispose ainsi d'un excellent outil pour mesurer l'âge des roches, celui des minéraux, c'est-à-dire le temps qu'ils ont mis pour se former, pour cristalliser. C'est l'outil qui manquait au géologue. Historien de la Terre, il n'avait aucun moyen d'établir une chronologie !

Certes, il savait qu'une strate qui en recouvre une autre est plus jeune que l'autre et, en vertu de ce principe, on avait dressé une chronologie relative. Grâce aux fossiles, on avait même divisé les temps géologiques en ères : Primaire, Secondaire, Tertiaire, Quaternaire, puis chaque ère en étages, le Primaire était divisé en Cambrien, Ordovicien, Silurien, Dévonien, Carbonifère, Permien, etc. Mais tout cela était relatif. On ne savait pas à combien de temps correspondaient les ères géologiques.

En somme, le géologue était un peu comme un historien qui saurait que Napoléon vient après Louis XIV et après Vercingétorix, mais qui ne saurait pas quels intervalles de temps séparent les périodes.

La chronologie absolue, ce fut la grande révolution de la Géologie historique, c'est-à-dire de la Géologie tout court lorsque l'on sait que tout est historique pour le géologue.

Cette chronologie scande l'Histoire de la Terre en un grandiose panorama. Les plus vieilles roches ont presque 4 milliards d'années. Les premiers êtres organisés reconnaissables sont apparus il y a 550 millions d'années, mais les premières algues existaient déjà il y a 3,4 milliards d'années. Il aura donc fallu attendre près de 3 milliards d'années pour que s'affirme une vie qui, pourtant, était apparue très vite. 3 milliards d'années ont été nécessaires à l'évolution pour trouver son chemin…

Et les ères géologiques, qu'on avait définies en imaginant des périodes à peu près égales ? Le Primaire a duré 300 millions d'années, le Secondaire 150, le Tertiaire 60, le Quaternaire 4. Comme si notre vision classique avait été entachée d'une énorme myopie.

Et l'Homme, quand est-il apparu ?

4 millions d'années, 5 ou 6 peut-être. Face aux 4 milliards d'années des premières roches, c'est peu !

Bref, la chronologie des étapes de l'évolution biologique contenait le développement régulier, uniforme, bien rythmé que d'aucuns auraient espéré. On a affaire à une longue évolution, très longue même, chaotique, où aura dominé surtout la contingence. Le hasard et la nécessité.

Et l'âge de la Terre ? Comme le Soleil, la Terre a 4,5 milliards d'années. Déterminer cet âge a été une entreprise fort délicate qui n'a été possible qu'avec l'aide des météorites. Le nom de Clair Patterson restera à jamais attaché à cette découverte – le 1er janvier de notre calendrier géologique.

À partir de là, la Physique nucléaire va envahir les sciences de la Terre, inspirant même une discipline nouvelle qu'on appellera Géologie isotopique ou Géologie nucléaire.

Mais c'est une autre histoire.

La Terre dynamique

La conséquence sans doute la plus importante de l'établissement de la chronologie radioactive, c'est d'avoir permis l'émergence de la dynamique terrestre.

On savait depuis longtemps que la surface de la Terre était soumise à des transformations importantes. Les reliefs sont usés, altérés, érodés par la pluie et les vents. Des matériaux sont transportés par les fleuves jusqu'à la mer. Ces particules tombent au fond pour donner naissance aux sédiments. On savait aussi que ces transformations résultaient du cycle de l'eau, évaporation au-dessus de l'océan, nuage, transport, pluie, ruissellement et retour à l'océan.

On savait aussi que l'atmosphère était animée de mouvements rapides (jusqu'à la violence des tornades), on savait aussi que les océans étaient animés de mouvements rapides de surface, et plus lents lorsqu'il s'agissait d'échanges entre profondeur et surface.

Mais on ne savait rien de ce qui se passait sous nos pieds. Certains soupçonnaient une activité terrestre interne qui se manifestait de temps à autre par les événements intempestifs que sont les éruptions volcaniques au sommet des « montagnes ardentes » comme les appelait Buffon, ou les tremblements de terre, mais quelle était la logique de tout cela ? Ces événements apparaissaient incongrus, aléatoires, imprévisibles.

C'est la découverte de la Tectonique des Plaques dans les années 1960-1970 qui a donné un sens, une trame à l'activité interne du Globe vu de la surface.

Cette découverte, qui a révolutionné les sciences de la Terre, n'en était pas vraiment une. Car Alfred Wegener, en 1910, avait déjà avancé la théorie de la dérive des continents. Mais personne alors ou presque n'avait cru le météorologue allemand dont les arguments sur la reconstitution des côtes de l'ancien continent de Gondwana de part et d'autre de l'Atlantique étaient pourtant solides. Et puis, vers les années 1960, l'exploration des océans incita les scientifiques à s'intéresser à une structure sous-marine particulière : les dorsales océaniques.

Ces reliefs sous-marins de forme allongée, qui découpent tous les océans du Globe comme une gigantesque lanière, ont une origine volcanique. Ce sont des volcans en continu. Mais parce qu'ils sont situés à 1 000 mètres sous la mer, on ne les voit pas. Or, ces volcans, ou plutôt leur lave, constituent le plancher des océans et les dorsales océaniques ont pour propriété essentielle de fabriquer le plancher des océans.

Pour découvrir cela, il avait fallu disposer d'une méthode géologique très originale : le paléomagnétisme.

Nous savons depuis William Gilbert (c'est-à-dire 1600) que la Terre est dotée d'un champ magnétique d'origine interne. Ce qu'on a découvert autour des années 1910, sous l'impulsion des Français Mercanton et Brunhes, c'est que lorsqu'une lave volcanique se refroidit, elle fige la direction du champ magnétique dans lequel elle a cristallisé.

La lave est ainsi devenue un petit aimant qui a gardé la mémoire magnétique. Or, cette mémoire nous indique l'existence d'un phénomène extraordinaire découvert par Bernard Brunhes, alors à l'observatoire de Clermont-Ferrand : le champ magnétique terrestre s'est inversé dans le passé. À certaines époques, le pôle Nord est devenu le pôle Sud, et vice versa.

Ainsi, lorsqu'on mesure le champ magnétique actuel au-dessus d'un champ de laves volcaniques, le champ fossile enregistré dans la lave s'ajoute ou se retranche au champ actuel suivant que le champ ancien mémorisé était identique ou inverse.

Lorsqu'on « lève » le champ magnétique terrestre dans les océans, on constate que de part et d'autre des dorsales, le champ fluctue. Il est tantôt plus élevé que ce qu'on attendait, tantôt plus faible.

Mais ce qui est encore plus étrange, c'est que ces « bosses » et ces « creux » sur l'enregistrement sont symétriques par rapport à la dorsale. Ils dessinent des bandes par rapport à elle. Or, nous l'avons dit, le plancher des océans est fait de laves volcaniques émises au centre de la dorsale même, sur sa crête. De là l'idée que la « peau de zèbre » que dessinent les enregistrements magnétiques constitue le reflet des champs magnétiques anciens, gravés dans les laves de la dorsale, puis qui ont dérivé de part et d'autres avec le temps.

L'idée en vint à Fred Vine, étudiant en thèse à Cambridge, alors qu'il était en mission dans l'océan Indien où, sur le même bateau, se trouvaient d'autres étudiants qui deviendront autant de gloires en sciences de la Terre comme Dan Mc Kenzie et John Sclater. Matthews, le directeur de thèse de Vine, était alors en voyage de noces. Vine, conscient qu'il avait mis la main sur une mine d'or, ne savait pas comment communiquer avec lui sans éveiller l'intérêt de ses condisciples qu'il savait intelligents, rapides et ambitieux. Garder une grande idée pour soi dans un milieu clos comme un bateau, ne la communiquer à personne est pour un jeune scientifique une épreuve difficile. Vine la franchit. Après quoi il télégraphia à Matthews, qui fut instantanément convaincu par l'idée. Les « anomalies » magnétiques de Vine et Matthews étaient nées, et avec elles la théorie de l'expansion des fonds océaniques (*sea-floor spreading* en anglais). La datation absolue des inversions du champ magnétique terrestre fournit immédiatement la vitesse du phénomène d'expansion. C'est le centimètre par an. C'est la vitesse à laquelle s'est formé l'océan Atlantique. Une ère nouvelle s'ouvrait pour la Géologie. Cette théorie sera prolongée, quelques années plus tard, par la fameuse théorie de la Tectonique des Plaques à laquelle est associée la dérive des continents (voir la figure 11.4).

Le Globe est divisé en plaques rigides qui naissent aux dorsales et disparaissent dans le manteau au niveau des grandes fosses océaniques, qu'on appelle fosses de subduction. Leur comportement

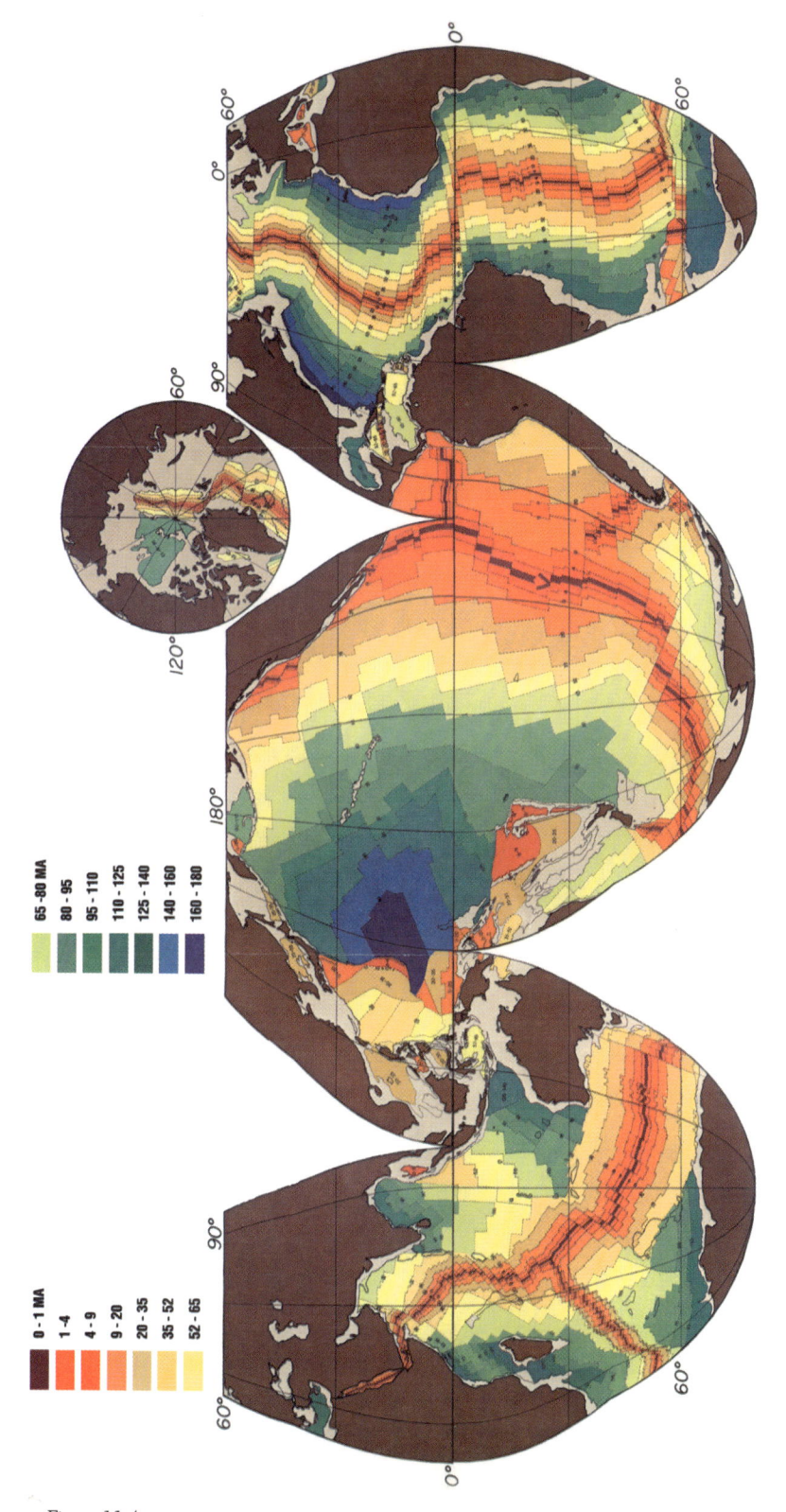

Figure 11.4
Carte des planchers océaniques montrant le mécanisme de l'expansion des fonds océaniques.
Chaque couleur correspond à l'âge où la portion de plancher s'est formée.

obéit aux règles de la Géométrie sur la sphère. Les continents, morceaux de liège emprisonnés dans les plaques, ne sont jamais réengloutis dans le manteau. Ils dérivent comme l'avait dit Wegener, se cassent, se soudent, entrent en collision, mais restent à la surface terrestre. Les océans sont jeunes et éphémères, les continents sont vieux et portent donc la mémoire de la Terre !

Cette théorie va devenir le cadre de tous les raisonnements géologiques, et par ailleurs établir un principe fondamental, à savoir que c'est à l'échelle du Globe qu'il faut situer la Géologie. Ce qui va bouleverser sa perspective, si surprenant que cela puisse paraître à première vue. La Terre entière, globale, est son objet, comme la vie est l'objet de la Biologie. L'objet d'étude n'est ni la roche, ni la série sédimentaire, ni la région, ni même le continent comme elle l'a cru pendant toute sa période classique, l'objet d'étude c'est la Terre elle-même : il s'agit de connaître son histoire, de comprendre son comportement.

Nous avons décrit ailleurs les batailles, les péripéties, les blessures d'amour-propre aussi qui sont liées à l'acceptation difficile de cette théorie par la communauté scientifique, une entité humaine qui a accepté avec difficulté de remettre en cause tout ce qu'elle croyait savoir...

La phase suivante, ce fut de comprendre les causes. Pourquoi ces plaques tectoniques bougeaient-elles ?

Cette question conduisit à montrer que les mouvements de surface ne font que traduire des mouvements de l'intérieur. Mais comment ce manteau solide peut-il se déformer comme un fluide ? Cela paraît, à première vue, impossible. La réponse c'est, encore et toujours, le temps, le temps géologique.

Avec des millions d'années, les pierres les plus dures se transforment en une pâte déformable. En vertu d'une physique dont on ne rencontre pas tous les jours les effets, mais qu'on comprend de mieux en mieux.

Ainsi, les diverses enveloppes terrestres sont toutes en mouvement. Le noyau qui crée le champ magnétique, le manteau qui induit la Tectonique des Plaques, et bien sûr l'océan et l'atmosphère. **La Terre est bien une planète vivante**.

Aujourd'hui, tout en cherchant à comprendre l'origine et le mouvement des diverses enveloppes, on s'interroge sur les interrelations entre ces enveloppes.

Le Système-Terre

Dans le langage scientifique moderne, on parle de système lorsqu'on a affaire à un ensemble de phénomènes qui sont liés les uns aux autres et constituent un réseau d'actions mutuelles. Pour indiquer qu'il ne s'agit pas d'une structure inerte, figée, mais d'une structure dont les éléments échangent et évoluent, on parle de système dynamique. Ainsi, un être vivant est-il un système dynamique – qu'on songe aux influences mutuelles des divers organes et des diverses fonctions. De la même façon, l'économie d'un pays, aujourd'hui l'économie mondiale, est un système dynamique

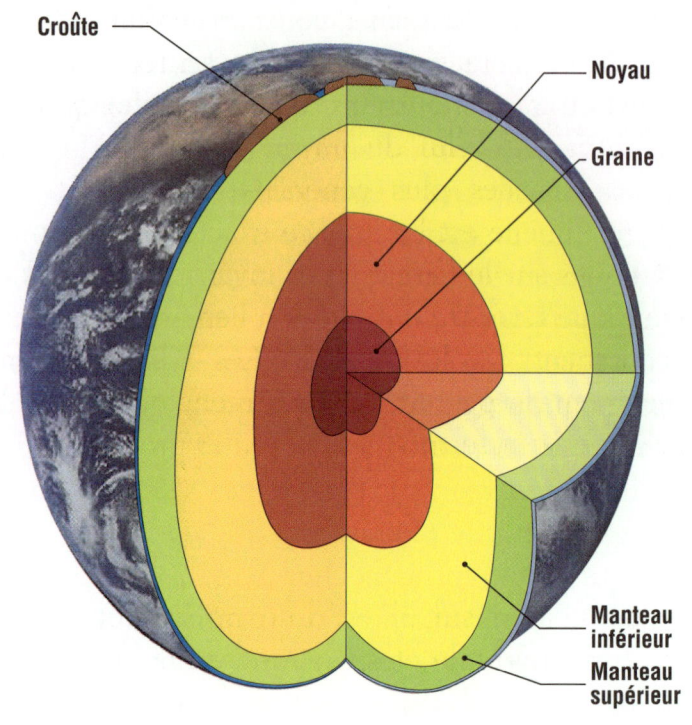

Figure 11.5
Coupe de la Terre mettant en évidence les diverses enveloppes.

qui échange, transforme et transporte cette « substance » spéciale qu'on appelle la monnaie.

Pour comprendre ces systèmes dynamiques, la Science moderne a développé des concepts et des méthodes d'étude fortement appuyés sur la simulation à l'aide d'ordinateurs.

La question centrale que nous nous posons aujourd'hui est la suivante : la Terre est-elle un système dynamique global ? Jusqu'où vont les interactions mutuelles entre les enveloppes ?

Certes, l'océan et l'atmosphère interagissent, et de cette interaction stimulée par le Soleil naît le climat.

Certes, la Tectonique des Plaques est en étroite relation avec le manteau et ses mouvements, et l'on suspecte même aujourd'hui que le fonctionnement du manteau et celui du noyau sont liés. Mais ces liaisons sont-elles plus générales encore ? Et, par exemple : quelle est l'influence exacte des éruptions volcaniques sur le climat ? Les inversions du champ magnétique terrestre ont-elles un lien avec les grands épanchements volcaniques ? Les diamants ne proviennent-ils pas de calcaires réengloutis dans le manteau et transformés par les hautes pressions ?

Gaia

Et puis, bien sûr, il est une interaction essentielle, fondamentale et spécifique de la Terre, celle qu'entretient la Biosphère avec toutes les enveloppes externes.

On appelle Biosphère l'ensemble des êtres vivants de la planète considérés comme un tout, comme une pellicule de matière vivante appliquée à la surface de la Terre. Comment le développement de la vie, sa répartition, son évolution modifient-ils ou induisent-ils l'évolution des réservoirs de surface ? On sait déjà bien sûr que la photosynthèse chlorophyllienne modifie et transforme le cycle du Gaz carbonique, on sait que lorsque l'Oxygène est devenu un gaz important de notre atmosphère – cela s'est passé il y a 2 milliards d'années –, la dynamique de la Terre s'en est trouvée bouleversée. Les plantes à respiration, puis les animaux ont pu se développer. Les continents se sont couverts de végétation et sont devenus verts. La planète, qui était rouge et bleue, est devenue verte et bleue – avec un peu de jaune (les zones désertiques).

Nous savons qu'à l'occasion de catastrophes planétaires (cosmiques et volcaniques), le climat de la Terre s'est brusquement détérioré, provoquant des changements considérables dans la faune et la flore. L'évolution des espèces, chère à Darwin, ne s'est pas déroulée à un rythme uniforme, elle a été ponctuée par des périodes de repos et d'accélérations brutales.

Certains imaginent dans ce cadre que lors des inversions du champ magnétique terrestre, la Terre se trouvant momentanément non protégée par son bouclier magnétique de l'action des particules chargées venant de la Galaxie, ces particules auraient provoqué des cascades de mutations biologiques. Peut-être…

Enfin, une hypothèse encore plus séduisante, mais pas plus prouvée que les autres, est celle de Gaia…

Pour le chercheur anglais Lovejoy, l'homéostat terrestre serait la Biosphère tout entière. À une variation climatique, elle réagirait de manière à faire revenir le système à l'état initial, mettant en jeu les plantes vertes, mais, plus encore, les bactéries, dont on soupçonne de plus en plus le rôle essentiel en Géologie. La Biosphère serait le principal régulateur, la cause du maintien en « équilibre » du climat terrestre. Peut-être…

L'Homme, agent géologique

Mais au sein de la Biosphère, nous devons désormais distinguer une autre « sphère vivante » très particulière, celle qui est constituée par l'ensemble des êtres humains répartis sur tous les continents, ce que Teilhard de Chardin appelait la Noosphère.

Cette Noosphère de 6 milliards d'individus, demain 8 milliards, agit désormais sur le Système-Terre car l'Homme est devenu un agent géologique. On connaît le problème du Gaz carbonique de la combustion des charbons et du pétrole et de leurs possibles répercussions sur le climat, ou encore la question de la couche d'Ozone qui se détruit au-dessus du pôle sud suite à l'émission de composés riches en chlore, mais il est des influences beaucoup plus simples et bien plus profondes. Désormais, par exemple, l'homme transporte autant de sables et graviers que les fleuves. Sauf que les fleuves transportent ces matériaux vers l'océan, tandis que l'homme les transporte des carrières ou des deltas vers les zones habitées, plus hautes en altitude. L'homme joue donc à l'envers le jeu de l'érosion.

À l'inverse, par l'utilisation d'engrais à la chaux ou à la potasse ou aux nitrates, l'homme accélère la dissolution des sols – et donc leur destruction d'un facteur trois ou quatre. Il accélère l'érosion d'un facteur deux ou trois.

L'homme devient ainsi un agent d'érosion qui menace de bouleverser le cycle géologique traditionnel : déchets urbains, distribution de l'eau, déforestation, etc., sont autant de facteurs qui déterminent l'histoire future de la planète. Considérées sur des millions d'années, ces actions vont radicalement modifier la mécanique terrestre. Et cela est certain. Ce qui nous préoccupe, c'est évidemment de savoir si ces actions seront perceptibles à l'échelle humaine, si elles seront néfastes. Et si oui, comment y remédier et à quel niveau.

Voilà un beau programme pour les géologues de demain : l'Anthropogéologie…

Comme nous pouvons le constater, de nombreuses interrogations et hypothèses subsistent et sont autant de sujets de recherche pour les sciences de la Terre de demain… Passionnants…

Épilogue

Après la période de la Physique fondamentale, qui domine dans ce volume, fait suite le développement des sciences de la Nature.

La Science d'aujourd'hui cherche à percer d'un côté les secrets de la Vie, de l'autre ceux de la Terre et de l'Univers.

Biologie, Écologie, Géosciences, Astronomie seront les sciences du XXIe siècle.

Nous disposons de nombreux outils techniques et intellectuels, au premier chef ceux bâtis à partir de la Physique et de la Chimie, pour comprendre ces systèmes complexes. Mais nous sommes encore loin de tout comprendre... L'aventure de la Science continue. Ce sera l'objet d'un autre livre... pour tout le monde... peut-être...

Annexe

ANNEXE

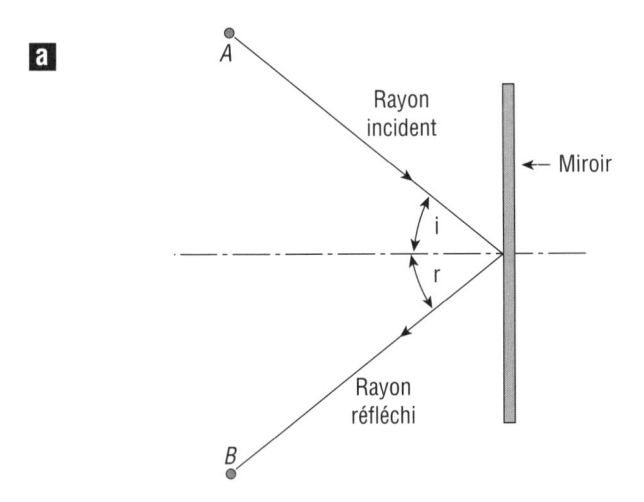

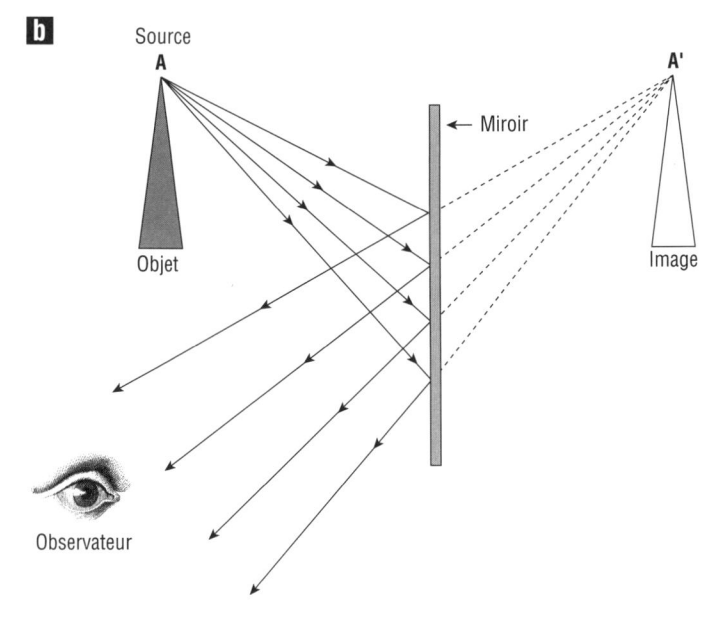

a

b

Figure 1 a/b
a) Principe de la réflexion de la lumière sur un miroir.
L'angle d'incidence = l'angle de réflexion.
b) Principe de la formation d'une image dans un miroir.

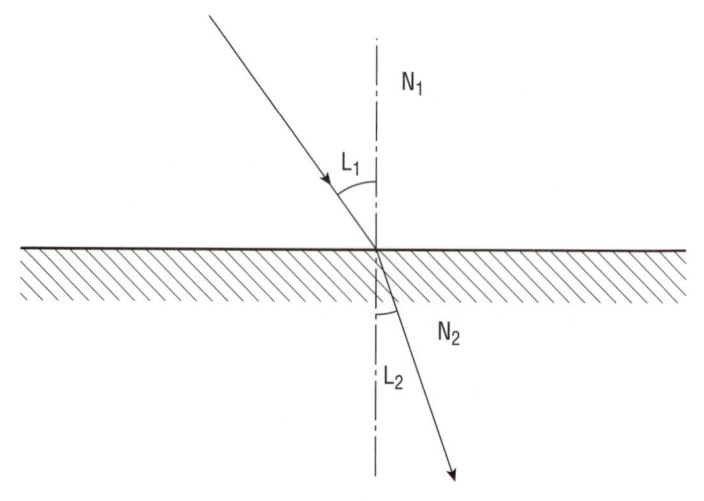

Figure 2
Principe de la réfraction d'un rayon lumineux lorsqu'il traverse la séparation entre deux milieux transparents. L'angle de réfraction est différent de l'angle d'incidence.

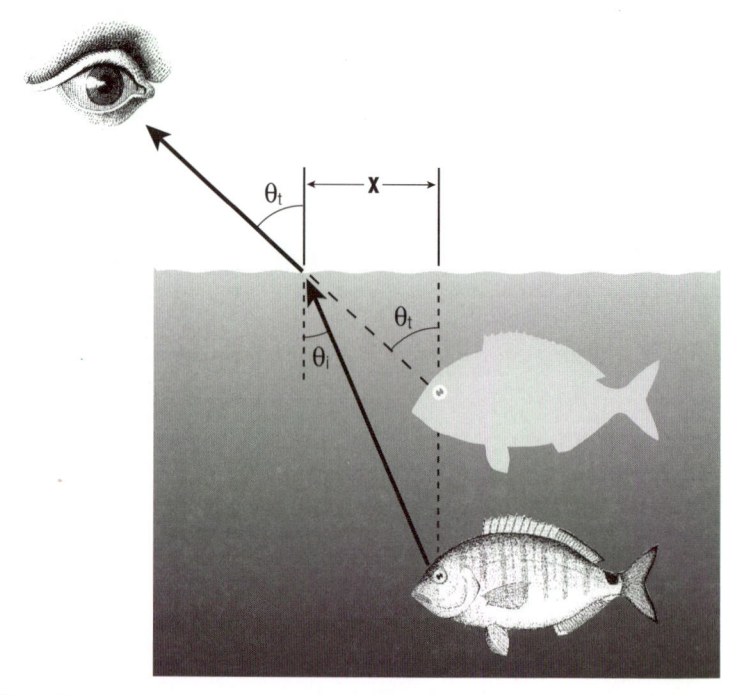

Figure 3
En application des principes précédents, voilà comment on voit un poisson dans l'eau. On a l'impression que le poisson est plus proche de la surface que ce qu'il est en réalité.

ANNEXE

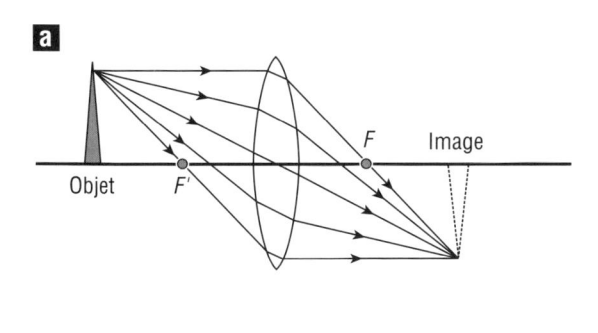

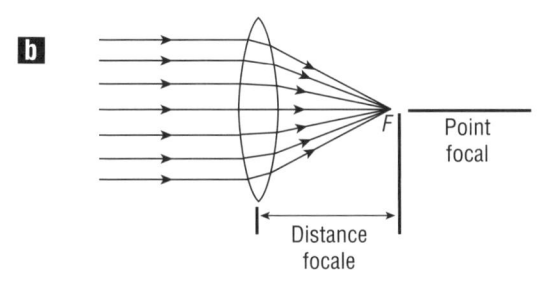

Figure 4 a/b
Principe de fonctionnement des lentilles convergentes :
En a), formation de l'image d'un objet proche.
En b), focalisation des rayons lointains (Soleil).

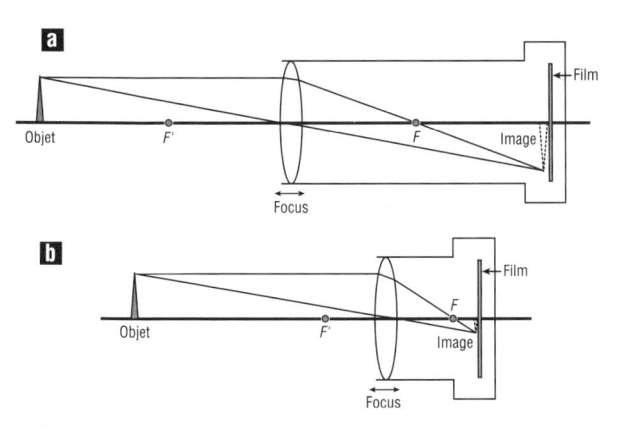

Figure 5 a/b
Principe de l'appareil photographique :
En (a), avec une grande focale.
En (b), avec une petite focale.

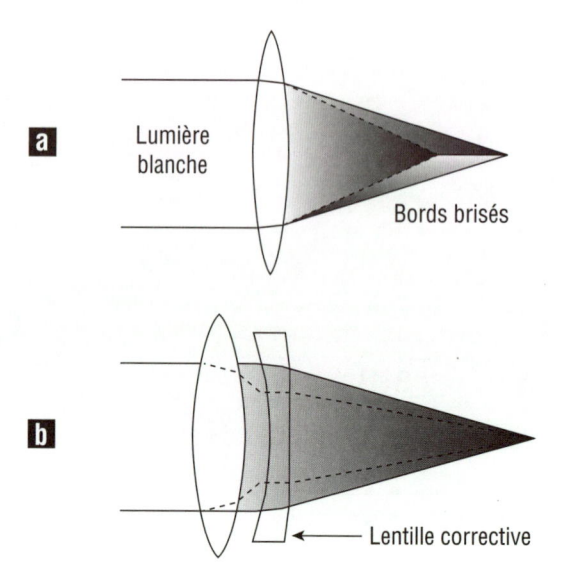

Figure 6
Principe de la manière dont on corrige l'irisation dû aux couleurs dans une lentille :
    a), en associant une lentille,
    b), en assemblant une lentille convexe à la lentille concave.

Table des matières

Introduction — 7

Chapitre 1. Atomes, clef du Monde — 11

Sur les bords de la mer Égée, 400 av. J.-C. — 12
Aristote a tué les atomes ! — 15
L'Atome impie ! — 18
Déjà l'Amérique — 21
Atomes contre Molécules : match nul ! — 23
Le code chimique — 27
Les réactions à l'hypothèse atomique — 31
Positivement nuisibles — 32
La boîte à outils du chimiste — 34
Les liaisons fortes et faibles — 35
Les cristaux — 39
La matière et sa variété — 41

Chapitre 2. La chute des graves — 43

Boules de pétanque et balle de tennis — 43
Galilée et la chute des corps — 45
Les musiques des graves — 48
Rien ne sort du néant ! — 52

Les boulets de canon	54
Newton, le génie détestable	57
Mécanique	60
La Force à distance	68
Après Newton	71
Satellites et sondes planétaires	73

Chapitre 3. La lumière — 83

La nature des rayons lumineux	85
Ondes ou particules ?	87
Newton et les couleurs	89
Blanc + Blanc = Blanc ou Noir ?	93
Un jeune homme timide	99
Polarisation	101
Les raies noires du Soleil	102
La vitesse de la lumière	105
Les couleurs	109

Chapitre 4. Les triangles magiques — 115

Planètes et étoiles	116
Le triangle magique, ou l'outil fondamental de l'astronome	118
Le mouvement des planètes : Copernic contre Ptolémée	124
Aristarque	126
Copernic	128
Tycho Brahe	130
Galilée	137
Le Zoo cosmique	138
La classification des étoiles	141
Galaxies	148
La Machine à remonter le temps	149
Un Univers en expansion	150

Chapitre 5. Le mystère de l'énergie, premier épisode — 157

Le travail — 159
Retour sur Galilée — 161
La machine à vapeur — 163
Le piston — 165
Thermodynamique — 167
De l'énergie interne de la matière à la Chimie — 168
Quelle est la mesure de l'énergie ? — 171

Chapitre 6. La Fée Électricité — 175

Michael Faraday — 177
L'électron — 181
Le magnétisme — 184
Champ de force — 188
Électromagnétisme — 192
La théorie de l'électromagnétisme — 195
La Radio — 197
Lumière et énergie — 200
L'électromagnétisme
   et les bases de la révolution industrielle — 202
Les fondements de l'essor du capitalisme américain — 206
La grandeur de l'Amérique — 212

Chapitre 7. Le hasard au secours des atomes et des molécules — 215

Le calcul des probabilités — 216
La courbe en cloche — 222
Il y a plus de pauvres que de riches — 223
Le calcul des probabilités au secours
   de la Chimie atomique et de la Physique ! — 225
La théorie cinétique des gaz — 228
Les éclairages de la Statistique d'atomes — 229
Zéro absolu — 233

Mystérieuse entropie	235
La Chimie statistique	238
Le rayonnement du corps noir et la naissance de la Physique quantique	239
Einstein et l'effet photoélectrique	243
Le Transfert d'Échelles	247

Chapitre 8. La révolution atomique — 251

La structure de l'atome « moderne »	252
La bataille des rayons cathodiques	255
La cascade des hasards féconds	259
Dans un appentis du Jardin des Plantes…	261
La compétition franco-anglaise	263
La découverte du noyau atomique	268
« Un tas de briques ne fait pas une maison »	270
Le filtre du temps	272
La lumière éclaire l'atome	274
L'énergie en échelons	283
Le retour vers la Chimie	284
Atomes et molécules	287
Vers la Mécanique quantique	287
Les niveaux d'énergie	289
Le laser	290

Chapitre 9. Tout est relatif — 295

Déjà Galilée	296
Einstein, le génie absolu	299
Le raisonnement central	301
Le Temps est relatif	302
L'expérience est reine	305
Le magnétisme dévoilé !	307
Le voyageur de Langevin	308
Masse et énergie	310

Chapitre 10. Les secrets de la Vie — 313

- L'ADN — 313
- À Cambridge de 1951 à 1953 — 318
- L'évolution — 323
- Lamarck et Cuvier — 324
- Charles Darwin (1809-1882) — 328
- La Génétique — 330
- Mutations — 336
- La cellule, « atome » biologique — 338
- Le triomphe de la Chimie — 341
- La cellule, usine moléculaire et microcosme du vivant — 344
- De la bactérie à l'éléphant — 349

Chapitre 11. Terre-patrie — 355

- La forme de la Terre — 357
- Les mouvements de la Terre — 366
- Les cycles de Milankovitch — 369
- Le climat — 370
- La masse de la Terre — 372
- La Terre invisible — 374
- L'âge de la Terre — 376
- La Terre dynamique — 381
- Le Système-Terre — 387
- Gaia — 389
- L'Homme, agent géologique — 391

Épilogue — 393

Annexe — 395

Ouvrage imprimé par Mateu Cromo (Espagne)
pour le compte des Editions Fayard
n° d'edition : 38411
Dépôt légal: août septembre 2003
ISBN 2-213-6149-70
35-57-1697-8/02